本书由
　　大连市人民政府资助出版

The Published book is sponsored
by the Dalian Municipal Government

落叶树木冬态检索图志

Search map of deciduous tree in winter condit

黄健秋　编著

辽宁科学技术出版社

沈　阳

图书在版编目（CIP）数据

落叶树木冬态检索图志 / 黄健秋编著 . — 沈阳 : 辽宁科学技术出版社 , 2016.1
ISBN 978-7-5381-9466-1

Ⅰ . ①落… Ⅱ . ①黄… Ⅲ . ①园林树木 – 图谱 Ⅳ . ① S68-64

中国版本图书馆 CIP 数据核字 (2015) 第 239007 号

出版发行：辽宁科学技术出版社
　　　　　（地址：沈阳市和平区十一纬路29号　邮编：110003）
印 刷 者：辽宁新华印务有限公司
经 销 者：各地新华书店
幅面尺寸：185 mm × 260 mm
印　　张：37
插　　页：4
字　　数：810千字
出版时间：2016 年1月第1版
印刷时间：2016 年1月第1次印刷
责任编辑：李伟民　郑　红
特约编辑：王奉安
封面设计：嵘　嵘
版式设计：于　浪
责任校对：李淑敏

书　　号：ISBN 978-7-5381-9466-1
定　　价：450.00 元

投稿热线：024-23284526
邮购热线：024-23284502
http://www.lnkj.com.cn

序

　　《落叶树木冬态检索图志》编著者、林业高级工程师黄健秋先生从事林业科研、造林、园林绿化工作40多年，在林业生产过程中、亲力亲为，考查了华北、东北的许多林区以及大大小小的植物园、树木园，对植物分类及树木冬态识别方面做了大量的艰辛工作，积累了很多实践经验。精心专研，细致观察，及时拍照，认真编写，终于完成了这部林业专著。

　　这不是一部普通的林业专业工具书，而是一部极具创新意识的、高深的、精准的、图文并茂的、能够解决同属中形态相近的树种间冬态识别关键科学技术难点的工具书。

　　树木的冬态，是树木一生中重要的环节。而落叶树木冬态的识别和鉴定，历来是林业教学及冬季林业生产过程中随时遇到的大难题。而当前这方面的检索图志尚未见到。因此，本书的问世，正是填补了这一空白，是对林业科研、教学以及冬季林业生产的一大贡献。

　　本书虽然受篇幅所限，收集的树种不多，只有53科131属249种，但对于具有漫长冬季的北方来说，造林、绿化、施工、教学还是完全够用的。

　　本书的编写过程十分严谨，是完全按照落叶树木冬态识别方法，逐项对树木形体，树皮，一、二年生枝，冬芽，叶痕，叶迹以及宿存的枯叶、果序果实等，进行现场拍照、标本采集、文字编排、图片制作，最后成书的。

　　本书就是一本检索表、一本图文并茂的落叶树木冬态检索表。而本检索表的编写也一改传统按科、属、种的顺序编制方法，而是采用归纳法、排除法，根据树种的形态特征逐一检索，一步到位，直达目的树种。是一部通俗易懂、查阅简单、最具实效的林业专业工具书。

　　我阅读此书之后，深受其益，为编著者的认真与辛勤劳动而感动，也为我能有这样的学生而骄傲。希望有更多的林业工作者多抽时间学习此书。也希望有更多的林业学者多写一些这方面的书。

东北林业大学植物学科奠基人、教授　　　
中国著名植物学家

2013 年 6 月 18 日

前　言

　　落叶树木的形态在我国的北方，随着一年四季的变化而有明显的变化。春天开花了，夏天长叶了，秋天结果了。而一到冬天，这一切都脱落了，只剩下光秃秃的树干、树枝以及小枝上的冬芽、叶痕、叶迹、残存的枯叶和部分果实果序。这是什么，这就是树木的冬态——冬天的形态。

　　树木种类的识别和鉴定，是林业工作者必须具备的基础知识和技能。同时也是林业院校的学生和从事林业研究的科技人员的必修课。落叶树木的识别在春、夏、秋三季要相对容易一些，有关的书籍也比较多。而落叶树木冬态的识别就要难上许多，关于这方面的书籍也很少。不光是一般林业工作人员和学生感到困难，就是有些缺少实践的林业科技人员，在实地、现场也很难识别得很好。

　　在我国北方长达半年之久的冬天里，仍然有很多林业工作者在为祖国的造林事业、园林绿化事业而奔忙。他们多么希望有一部落叶树木冬态识别的图书面世，尤其是一部具备检索功能的、彩色实物照片的、图文并茂的落叶树木检索图志面世，来帮助他们更多地、更好地识别树种，更有力地投身于工作。

　　《落叶树木冬态检索图志》编著的目的及其作用就在于此。鉴于实际树种繁多，本书篇幅有限，只能收集一些造林及园林绿化中使用过的树种以及将来应该利用的树种，共53科131属249种。

　　本书的编著过程漫长而艰辛。多少个北方的冬天里，本人跑遍了大小植物园、树木园，跑遍了城乡的绿化景区、边远的原始山林。现场实际拍摄、采集各种标本，精心制作图片，严密整理和编辑，使本书尽力达到通俗易懂，查阅简单，运用灵活，不落俗套。

　　本书中的检索表，一改传统的分科分属的编排方式，灵活运用检索表的编制方法，把所要编辑的树木直接按树种生活型——乔木、灌木、木质藤本归成3类，再根据树种有刺无刺，把乔木和灌木各分成2类。在有刺的树种中，再按枝刺、托叶刺、叶刺、皮刺细分。在无刺的树种中，按冬芽在枝上的着生位置，按一年生枝有无顶芽、叶迹数等进行对比、筛选、排除，逐一缩小范围，让检索文字与实拍照片相结合，一次到位，通过检索目录就可以很快查到目的树种，省时、省力、简单、易懂。

　　这样的检索图志，不仅专业人士能一目了然，就是非专业人员只要看完书中的总论，掌握一些基础知识，都能在短时间内查出想要查的树种。

　　本书在编著过程中，受到了所到之地的领导和同志们的大力支持及帮助，提供了很多有利条件，使得编著能够顺利进行。尤其是大学时期教我植物分类的导师，现代著名植物学家聂绍荃先生，虽已80多岁高龄，还不辞辛劳地为我审阅修改书稿，严格把关。我真的万分感激。

　　书终于定稿完成、就要面世了。我希望它能像我期望的那样，为祖国的林业建设事业作一些贡献。

黄健秋

2013 年 5 月

目　录

总　论

1. 生活型

木本植物的总称叫树木。活着的成年树木的形态叫树木的生活型。主要是按树干形态划分。

（1）乔木：具有明显直立主干和旺盛分枝的树木，树高5 m以上。

（2）灌木：不具有明显主干，树干基部即行分枝，树高5 m以下。

（3）木质藤本：茎干较细，虽属木质，但不能直立，生长时匍匐地面或攀附、缠绕他物而生。

2. 树形

由树木枝干形成的总体形态。简述为：

尖塔形，如水杉。

圆柱形，如新疆杨。

卵形，如白玉兰。

圆球形，如白榆。

平顶形，如合欢。

广卵形，如国槐。

扁球形，如杏。

伞形，如龙爪槐。

3. 树皮

（1）主要看外皮的形状、质地、厚度和色泽。

不开裂：光滑，如梧桐，绿色。

　　　　平滑，如小叶朴，灰色。

　　　　粗糙，如臭椿，深灰色。

纵裂：浅纵裂，如麻栎，灰褐色。

　　　深纵裂，如刺槐，灰褐色。

非纵裂：环状横裂，如樱花，暗灰褐色。

鳞片状开裂，如金钱松，灰褐色。

剥落：鳞片状剥落，如日本落叶松，灰褐色。

片状不规则剥落，如悬铃木，灰绿色。

纸状剥落，如白桦，粉白色。

（2）有时也看内皮，如内皮姜黄色：黄波萝。

4. 枝条

树木的主体为树干，树干生出主枝，主枝生出枝条，枝条生出小枝，小枝生出一年枝。

（1）小枝。2年以上枝条的总称。

（2）一年生枝。凡是已经木质化的当年生枝。

顶生枝：着生在枝顶的，由顶芽发育而成的一年生枝。

侧生枝：着生在枝侧的，由侧芽发育而成的一年生枝。

长枝：节间长，即侧芽间距大的一年生枝。

短枝：节间短缩、叶痕与芽鳞痕密集的枝（一年至多年生枝）。

（3）枝条的排列。可分为对生、互生、轮生、簇生。

（4）枝条的颜色。

不同树种的枝条颜色不同。如梧桐、国槐的一年生枝绿色。

同一种树不同年龄的枝条颜色不同。

有的树种一年生枝的颜色受光照影响颜色不同。如垂柳一年生枝、背光面绿色、受光面紫红色。

5. 冬芽

（1）芽的类型。

按芽的性质可分为：

叶芽：发芽后形成枝和叶的芽。

花芽：发芽后形成花序和花的芽。

混合芽：发芽后同时形成枝、叶、花的芽。

潜伏芽：保持休眠状态、不在同一时间发芽的芽。

按芽的着生位置可分为：

顶芽：位于枝条顶端的芽。

假顶芽：枝无顶芽，由近枝顶的侧芽代替顶芽部位的芽。

　　侧芽：生于叶腋的芽。

　　近柄芽：位于叶痕上部。

　　柄下芽：藏于叶痕下部，如悬铃木。

　　隐芽：隐藏在枝条内部不外露的芽，如软枣子。

　　主芽：侧芽有2枚以上时最发达的芽。

　　副芽：侧芽有2枚以上时主芽以外的芽。

　　叠生芽：副芽与主芽上下叠生，如紫穗槐。

　　并生芽：副芽与主芽左右并生，如鸡麻。

（2）鳞芽与裸芽。

　　鳞芽：具有芽鳞的芽，芽鳞有保护芽体的作用。

　　裸芽：芽体裸露、没有芽鳞的芽，如枫杨。

（3）冬芽的排列方式。对生、互生、轮生、丛生。

（4）冬芽的形态。圆形、圆锥形、纺锤形、披针形、椭圆形、倒卵形等。

（5）冬芽的颜色。如红瑞木、顶芽紫红色。白丁香、侧芽绿色。

6. 叶痕

（1）叶痕。树叶从树枝上脱落后留下的痕迹。

（2）叶痕的大小和形状。因树种不同而不同，有圆形、半圆形、扁圆形、心形、肾形、V形、U形、C形、五角形、三角形等。

（3）叶痕的排列。

　　对生：指同一个枝节上的两个侧芽相背而生。

　　交互对生：一个枝节上的对生芽与下个枝节上的对生芽成90°交错而生，即两个垂直平面内。如早花忍冬、接骨木。

　　近对生：一个枝节上两芽相对，但有些偏差。

　　轮生：一个枝节上有3个以上芽着生，如梓树。

　　丛生：集生于枝顶端3个以上的芽，不准确的对生或轮生，如大字杜鹃。

　　互生：2列互生，每个芽与相邻枝节的芽相背而生在同一个平面内即成180°，如白榆、板栗。

　　螺旋状互生：两个相邻芽所在平面小于90°、依次旋转排列螺旋状，如灯台树。

7. 叶迹

在叶痕中，也称维管束痕。是茎维管束和叶维管束连接的部分。

（1）叶迹1个，如桃叶卫矛。

（2）叶迹1组或1束，由多个叶迹合生在一起，形成弧形、新月形、V形等许多形状，如水曲柳。

（3）叶迹2个，只有银杏。

（4）叶迹3个，由3个单叶迹组成，如五味子。

（5）叶迹3组，由3束叶迹组成，如无患子科。

（6）叶迹多个，由4个以上叶迹组成，排列整齐或不整齐，如臭椿。

8. 髓

（1）髓的分类。

　　实心髓（均质髓）：髓心连续、坚硬、均质，如壳斗科。

　　海绵质髓：髓质松软，如海棉状，如臭椿。

　　薄膜髓：髓质更松软，有连绵的片状横隔膜，海州常山。

　　分隔髓：髓有空洞的片状横隔，如核桃、枫杨。

　　空心髓：髓部芽节间有中空的髓腔，如泡桐、金银忍冬。

（2）髓横切面形状。有圆形、三角形、五角形、六角形、方形等。

（3）髓的色泽。有白色、黄色、绿色、淡褐色、桃红色、黑褐色等。

9. 针刺

有枝刺、叶刺、叶轴刺、托叶刺、皮刺。

10. 附属物

　　皮孔：皮孔是枝条的呼吸孔。有圆形、扁圆形、线形、菱形。色泽不同。

　　毛：有硬毛、刚毛、柔毛、腺毛、绢毛、星状毛等。

　　白粉：存在于一年生枝上。

　　鳞片：存在于一、二年生枝上，如沙枣，小枝上有白色盾形鳞片。

　　木栓层：多存在于一、二年生枝上，如黄榆。

　　木栓翅：多存在于一、二年生枝上，如卫矛。

　　枝痕：为不育枝或枯枝脱落后留下的，如山皂角。

　　卷须：为枝条、叶、托叶或花序梗的变态产物，如葡萄科。

　　吸盘：生长在卷须顶端能吸附他物的小盘形物，如爬山虎属。

　　气生根：为枝茎节部生出的能攀附他物的根，如凌霄、木通马兜铃。

各 论

检索目录

叶痕螺旋状互生
　小枝具明显环状托叶痕

落叶乔木

1. 枝干具有刺
　2. 具枝刺
　　3. 叶痕对生
　　　（叶痕对生且具有枝刺的乔木石榴树，并非北方园林绿化常用树种，特此略去）
　　3. 叶痕互生
　　　4. 具有分枝的枝刺，刺粗长
　　　　5. 枝刺横切面为圆形，红褐色或棕色
　　　　　宿存荚果直伸或微弯，不扭曲，长 10~30 cm，芽红褐色或棕色
　　　　　豆科，皂角属
　　　　　　——皂角 *Gleditsia sinansis* Lam

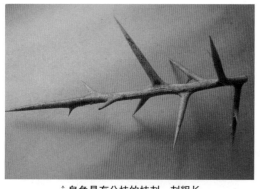

↑皂角具有分枝的枝刺，刺粗长

↑枝刺横截面圆形，红褐色或棕色

↑宿存荚果平直或微弯，不扭曲

↑皂角叶迹 3 个，叶痕不明显，芽红褐色，无毛

↑皂角乔木，树高 30 m。树冠卵圆形

↑树皮灰色至深灰色，粗糙

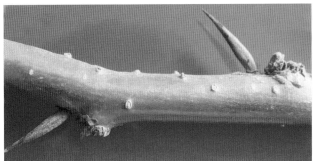

↑皂角一年生枝灰绿色

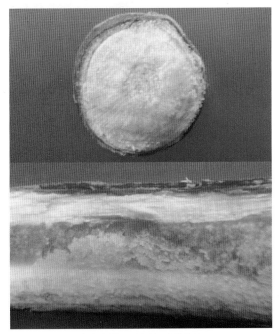

↑皂角髓心淡绿色或乳白色

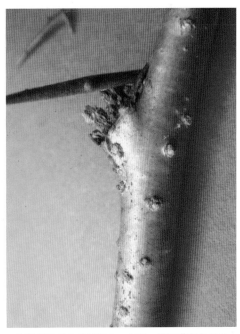

↑皂角二年生枝节膨大，灰色，疏具黄白色皮孔

5. 枝刺横切面为扁圆形，黄褐色，宿存荚果扭曲，长 20~30 cm
　6. 一年生枝黄褐色，表皮剥落后露出绿色内皮，表皮残存，芽暗紫色

　　　　豆科，皂角属
　　　　——日本皂角 *Gleditsia japonica* Miq

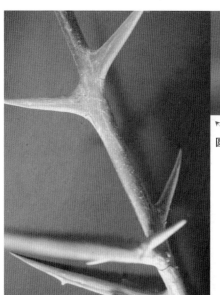

↖ 日本皂角具有分枝的枝刺，粗壮，扁平，黄褐色，刺的横切面长圆形或长椭圆形

↑ 日本皂角一年生枝表皮紫褐色，剥落残存，露出绿色内皮

↑ 日本皂角顶芽缺，侧芽 2 个叠生，暗紫色，半隐于叶痕中

↑ 日本皂角宿存荚果扭曲，长 20~30 cm

↑日本皂角树冠扁卵形，枝曲折粗壮

↑日本皂角树皮粗糙，灰黑色，常具锈
色隆起皮孔及粗壮枝刺

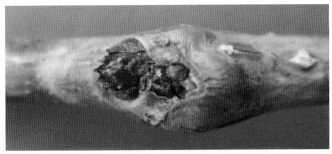

↑日本皂角叶痕肾形或倒三角形淡黄褐色，边缘黑褐色，隆起，叶迹3个

↑日本皂角髓横切面近五角形，白色

↑日本皂角二年生枝绿色

6. 一年生枝绿色或灰绿色，紫褐色表皮早期剥落，不残存，芽棕褐色

　　豆科，皂角属

　　　　——山皂角 *Gleditsia melanacantha* Tang et Wang

↑山皂角与日本皂角的区别就在于一年生枝绿色或灰绿色，紫褐色表皮早期脱落

4. 具有不分枝的枝刺或刺状小枝

5. 具有不分枝的枝刺

6. 枝刺粗壮，特长，可达 13 cm

树高 15 m，树皮淡灰色纵裂，一年生枝细，红褐色，光滑无毛

叶痕扁圆形

侧芽卵圆形，单生或并生

榆科，刺榆属

——刺榆 *Hemiptelea davidii* （Hance）

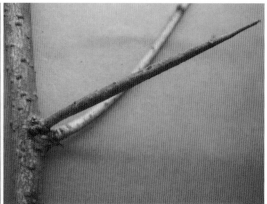

↑ 刺榆具有不分枝的枝刺，粗壮，特长，可达 13 cm。一年生枝细，径 1.5~2.5 mm，红褐色，光滑无毛多皮孔。二年生枝暗灰色，表皮粗糙，具皮孔

↘ 刺榆无顶芽、侧芽单生或 2~3 个并生，卵形或卵状圆锥形，径 2~3 mm，褐色，芽鳞边缘有白色柔毛

↑刺榆树形，乔木状

↑刺榆树皮淡灰色，纵裂

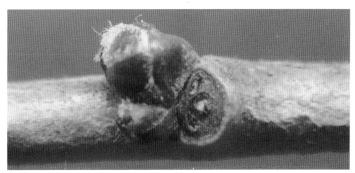

↑叶痕 2 列互生，扁圆形，叶迹 3 个

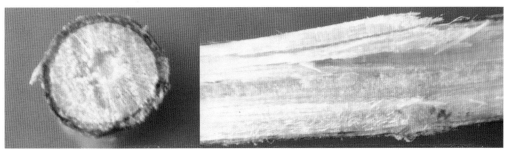

↑刺榆均质髓，较细，白色至淡绿色

6. 枝刺不粗壮，刺长 5 cm 之内

  7. 小枝和芽被银色或锈色盾形鳞片

    8. 一年生枝被银色盾形鳞片，花芽、叶芽同形，椭圆形或宽卵形

        胡颓子科，胡颓子属。

          ——沙枣 *Elaeagnus angustifolia* L

↖ 沙枣枝刺不粗壮，刺长 5 cm 以内。一年生枝被银色盾形鳞片，枝顶端有时具刺尖

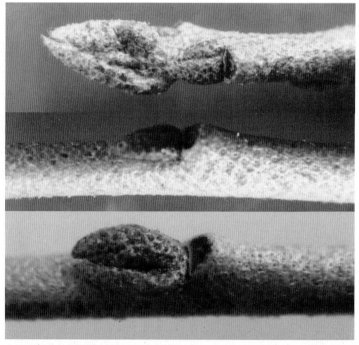

↑沙枣枝端无刺时有顶芽，花芽和叶芽同形，单生或 2 个并生，椭圆形或宽卵形，密被银白色盾形鳞片及星状毛

↑沙枣有乔木和灌木之分

↑沙枣树皮灰褐色，纵裂

↑沙枣叶痕半月形，长1mm，叶迹1个

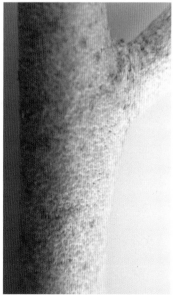

↑沙枣二年生枝褐色，外被银白色盾形鳞片

↑沙枣海绵质髓，淡褐色

8. 一年生枝被锈褐色盾形鳞片，花芽，叶芽异形，叶芽小，宽卵形，长 1 mm，花芽大，椭圆形，长 2.5~3.0 mm。

胡颓子科、沙棘属

——沙棘 *Hippophae rhamnoides* L

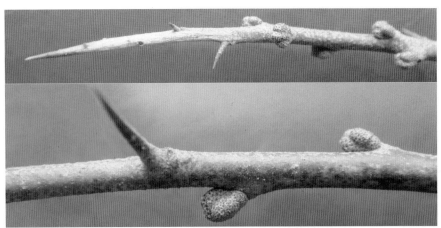

↑沙棘枝顶端及枝上均具枝刺，一年生枝被锈色盾形鳞片

↑沙棘无顶芽，侧芽中花芽，叶芽异形，叶芽小，宽卵形，长 1 mm，花芽大，椭圆形，长 2.5~3.0 mm

↑沙棘灌木或小乔木，树高达 8 m

↑沙棘树皮灰褐色

↑沙棘叶痕半圆形，黑褐色，叶迹 1 个

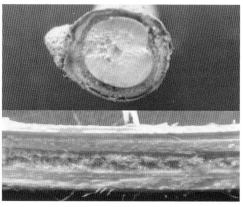

↑沙棘具海绵质髓，黄褐色

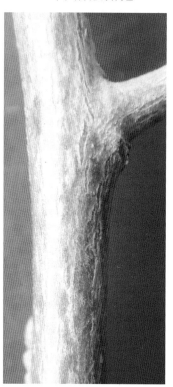

↑沙棘二年生枝灰绿色，具片状白粉

7. 小枝和芽被银色或锈色鳞片

8. 无顶芽

　　树高 8 m，树皮灰黄色，浅纵裂，枝有明显长短枝之分

　　枝刺长 0.5~3.0 cm，一年生枝灰绿色，有白色柔软毛

　　侧芽单生或并生，近球形，褐色，长 2~3 mm、疏被粉粒状毛

　　　　桑科，柘属

　　　　　——柘、柘桑、柘刺 *Cudrania tricuspidata*（Carr）Bur

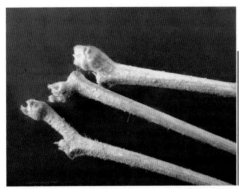
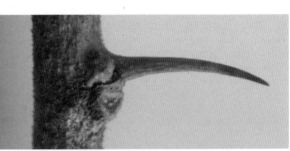

↑柘树无顶芽，侧芽单生或 2 个并生，近球形，褐色，长 2~3 mm，疏被粉粒状毛

↑一年生枝灰绿色，具白色柔软毛

↑柘树有明显的长短枝之分，短枝炬形

↑ 柘树树冠卵形

↑ 柘树树皮具硬刺，灰黄色，浅纵裂

↑ 柘树叶痕半圆形或肾形，灰黑色边缘淡褐色，极度隆起，下面有 1 条下延的棱线，叶迹 3 个

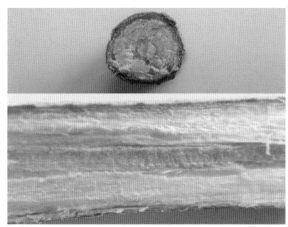

↑ 柘树木质部具有射线，海绵质髓，白色或黄褐色

↑ 柘树二年生枝灰色或灰褐色

8. 无宿存托叶

9. 顶芽肥大，被毛，卵状圆锥形，一年生枝粗壮，径 3~6 mm

黄白色，侧芽为单芽

蔷薇科，梨属

——山梨（秋子梨）*Pirus ussuriensis* Maxim

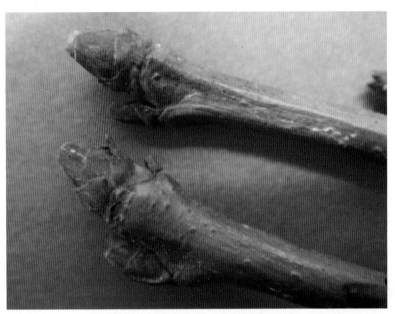

↑山梨顶芽肥大，卵状圆锥形，芽尖及芽鳞边缘被少量毛

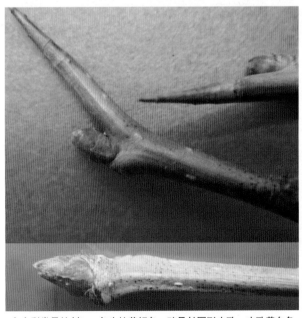

↑山梨常具枝刺，一年生枝黄褐色，疏具长圆形皮孔，皮孔黄白色

↑山梨侧芽扁卵形，黑褐色，长 4~6 mm

↑ 山梨树冠卵圆形

↑ 山梨树皮暗灰色，浅纵裂

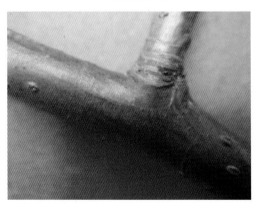

↑ 山梨二年生枝灰褐色，微具亮光

↑ 山梨具均质髓，横切面圆形，白色

↑ 山梨叶痕上缘略隆起，倒三角形，黑褐色，叶迹3个，中间的略大

9. 顶芽不大，无毛，近球形

  10. 一年生枝无毛

    11. 一年生枝有棱，黄褐色或向阳面紫红色，刺长 1~2 cm

      果不宿存

      蔷薇科，山楂属，别名山里红

        ——山楂 *Crataegus pinnatifida* Bunge

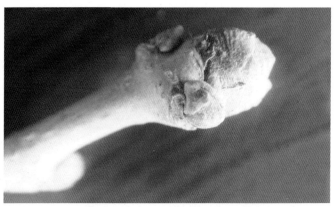

↑ 山楂顶芽不大，红褐色，无毛，近球形

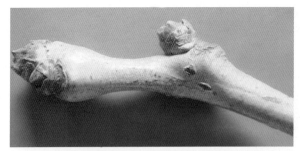

↑ 一年生枝微有棱，无毛，黄褐色或向阳面紫红色

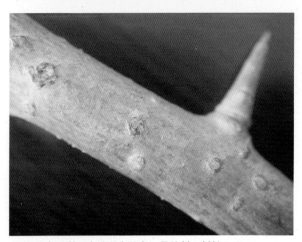

↑ 山楂二年生枝灰绿色，具枝刺，刺长 1~2 cm

↑ 山楂树冠多为扁球形或近球形

↑ 树皮灰褐色，浅纵裂

↑ 有明显长短枝

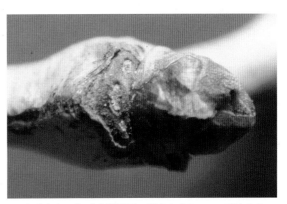

↑ 叶痕扁三角形或新月形，长 2.0~2.5 mm，叶迹 3 个

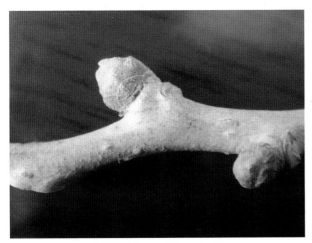

↑ 侧芽略小，红褐色，近球形

↑ 山楂均质髓，白色

11. 一年生枝圆柱形无棱，紫红色，径 2.5~4.0 mm，有刺或无刺
　　　顶芽扁卵形，宿存果球形，径约 1 cm
　　　蔷薇科，山楂属
　　　——辽宁山楂 *Crataegus sanguinea* Pall

↑辽宁山楂一年生枝圆柱形无棱，紫红色，无毛，径 2.5~4.0 mm，具淡黄色长圆形皮孔，有刺或无刺

↑辽宁山楂顶芽卵形，侧芽小，扁卵形，紫红色，无毛

↑辽宁山楂宿存果球形，径约 1 cm

↑辽宁山楂小乔木，树冠宽卵形

↑辽宁山楂树皮灰褐色，片状纵裂

↑辽宁山楂叶迹3个，叶痕锈色，扁三角形或新月形

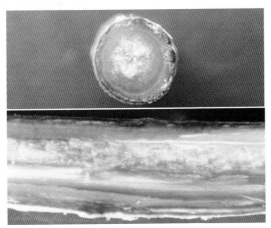

↑辽宁山楂均质髓，白色

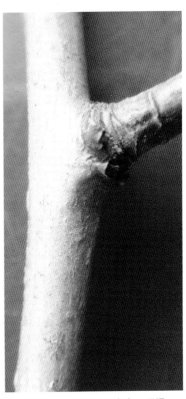

↑辽宁山楂二年生枝灰色，平滑

10. 一年生枝被毛，粗壮，棕红色，径 3~5 mm，有刺或无刺

　　顶芽卵形，长 4~5 mm，紫红色，无毛

　　　侧芽较小，长约 3 mm

　　　　蔷薇科，山楂属

　　　　　——毛山楂 *Crataegus maximowiczii* Schneid

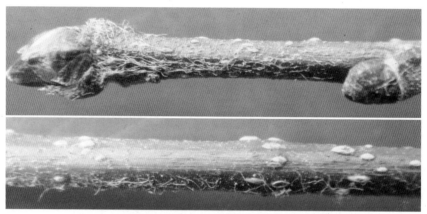

↑毛山楂一年生枝被毛，粗壮，棕红色，径 3~5 mm，有刺或无刺

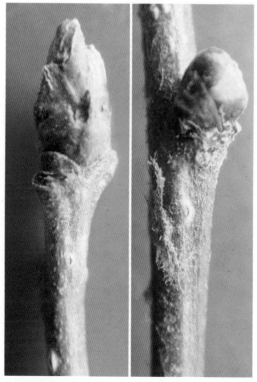

↑毛山楂顶芽卵形，长 4~5 mm，紫红色，无毛，侧芽较小，长约 3 mm

↑毛山楂树高 7 m，树冠宽卵形

↑毛山楂树皮灰褐色，片状纵裂

↑毛山楂叶迹 3 个，叶痕扁三角形或新月形，紫黑色

↑毛山楂二年生枝灰色，无毛，粗糙，
具短枝

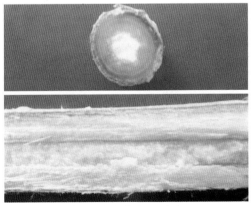

↑毛山楂海绵质髓，白色

5. 具刺状小枝

  6. 顶芽缺

    7. 侧芽单生或多数 2 个并生，在短枝上簇生，紫黑色

      树皮灰黑色，深纵裂，木栓层不发达

      一年生枝灰色或灰褐色，无毛，节间较长，枝节部稍膨大

      二年生枝紫灰色，表皮剥裂

        蔷薇科，李属

          ——山杏（西伯利亚杏）*Prunus sibirica* L

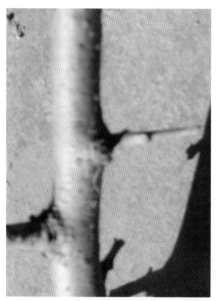

↑山杏具刺状小枝

↑山杏一年生枝灰色或灰褐色，无毛，节间较长，枝节部稍膨大

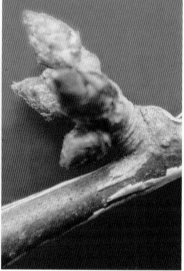

↗山杏顶芽缺，侧芽单生或多数 2 个并生，在短枝上簇生，紫黑色

↑山杏小乔木，树冠宽卵形

↑山杏树皮灰黑色，深纵裂，木栓层不发达

↑山杏叶迹3个，叶痕半圆形，紫黑色，隆起

↑山杏海绵质髓，白色至淡黄色

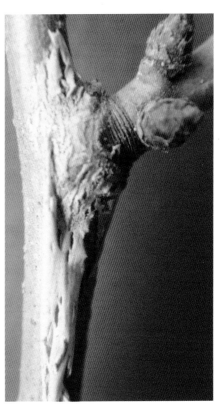

↑山杏二年生枝紫灰色，表皮剥裂

7. 侧芽单生或多数 3 个并生

8. 侧芽 3 个并生时，两侧芽大，中间芽小，紫红色

树皮灰褐色，浅纵裂，木栓层不发达

一年生枝较细，淡褐色或灰褐色，无毛，节间较长，枝节部不膨大

二年生枝灰褐色，光滑无毛

蔷薇科，李属

——野杏 *Prunus armeniaca* L var *ansu* Maxim

↑野杏具刺状小枝

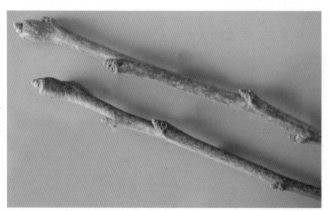

↑一年生枝淡灰褐色或淡绿褐色，较细，节间较长，枝节部不膨大

↘野杏有长短枝之分，芽在长枝上单生或并
生，在短枝上为多个丛生，侧芽 3 个并生时，
中间的叶芽小，两侧的花芽大

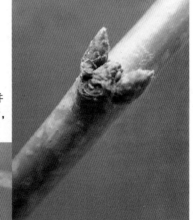

↑野杏树形圆形或近扁圆形

↑野杏树皮灰褐色浅纵裂，纹深处褐色

← 野杏叶痕半圆形，黑褐色，
不凸起，叶迹３个

↑野杏二年生枝灰褐色

↑野杏海绵质髓，圆形，白色

8. 侧芽 3 个并生时，两侧芽小，中间芽大，紫褐色

　　树皮暗灰色，纵裂，木栓层发达

　　一年生枝微有钝棱，暗红色或淡绿色，无毛，疏生皮孔

　　二年生枝灰紫色，具有裂纹

　　　　蔷薇科、李属。

　　　　　　——辽杏（东北杏）*Prunus mandshurica*（Maxim）Koehne

↑辽杏侧芽 3 个并生时，中间芽大，两侧芽小

↗辽杏无顶芽，侧芽单生或 2~3 个并生，卵形或长卵形，黑紫色，无毛

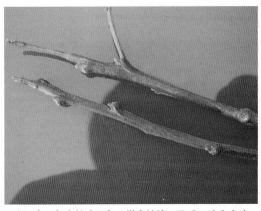

↑辽杏一年生枝暗红色，微有钝棱，无毛，疏生皮孔

↑辽杏花芽在短枝上丛生

↑辽杏树形近圆形

↑辽杏树皮暗灰色，纵裂，木栓层较发达

↑叶痕半圆形黑紫色，隆起，托叶痕线形，叶迹3个

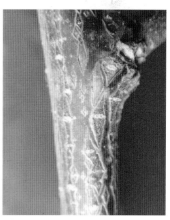

↑辽杏二年生枝紫灰色，具有裂纹

↑辽杏也有刺状小枝

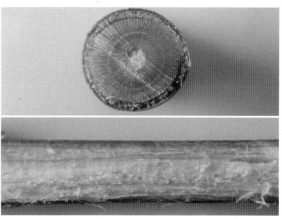

↑辽杏海绵质髓，白色

6.有顶芽，顶芽长卵形，叶迹3个

一年生枝略呈"之"字形曲折，微有棱，红褐色，无毛，具白色膜状表皮

侧芽单生，扁卵形，贴枝而生，下部紫红色，上部棕黄色

蔷薇科，苹果属

——山丁子 *Malus baccata* L Borkh

↑山丁子叶迹3个，叶痕近新月形，与芽之间无毛

↗山丁子侧芽单生，扁卵形，贴枝而生，下部紫红色，上部棕黄色

↑山丁子一年生枝略呈"之"字形曲折，微有棱，向阳面红褐色，背光面绿色，无毛，具白色膜状表皮

↑ 山丁子树冠宽卵形

↑ 山丁子树皮灰褐色，薄片状开裂

↑ 山丁子宿存梨果，近球形，红色

↑ 山丁子二年枝灰紫色，有光泽，常具刺状小枝

→ 山丁子海绵质髓，白色

2.具托叶刺，叶刺，叶轴刺，皮刺

　3.具托叶刺

　　4.柄下芽（芽生于叶痕中离层下）

　　　5.小枝具托叶刺，略扁，刺长 1~2 cm

　　　　高大乔木，树高 25m，宿存带状荚果，果长 5~10 cm

　　　　　豆科，刺槐属

　　　　　　——刺槐（洋槐）*Robinia pseudoacacia* L

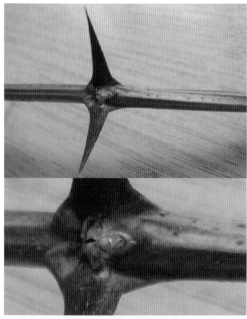

↑刺槐小枝具托叶刺，略扁，刺长 1~2 cm，叶迹 3 个，叶痕倒卵形或盾形

↑刺槐柄下芽，黑褐色或黑紫色

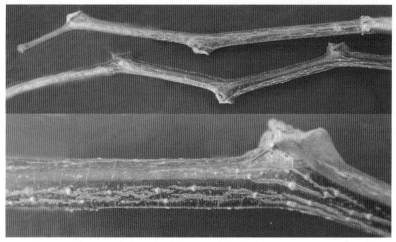

↑刺槐一年生枝呈"之"字形，灰绿色至灰褐色，微具棱，无毛，疏具淡褐色皮孔

↑刺槐大乔木，高25 m，树冠倒卵形

↑树皮灰褐色，不规则深纵裂

↑刺槐宿存带状荚果，果长5~10 cm

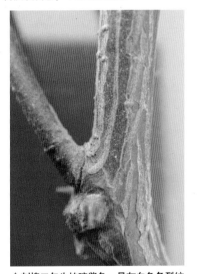

↑刺槐二年生枝暗紫色，具灰白色条裂纹

↑刺槐海绵质髓，白色

具托叶刺

　托叶刺较短，长 10 mm 左右

　　柄下芽

　　　树皮灰褐色，纵裂

　　　　豆科，刺槐属

　　　　　——香花槐 *Robinia pseudoacacia* L cv. idaho

↑香花槐具托叶刺，刺长 10 mm左右，无顶芽，一年生枝暗紫红色，有棱，疏生黄白色圆形皮孔

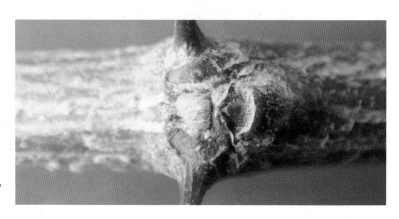

→香花槐叶迹 3 个，距离较远，叶痕倒三角形或猴脸形，隆起

↑香花槐树冠圆卵形

↑香花槐枝皮灰褐色至灰紫色，细纵裂呈褐色条纹

↑香花槐二年生枝灰紫色，具棱

→ 香花槐侧芽为柄下芽，半隐于叶痕中，紫红色，具黄白色绒毛

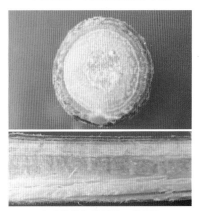

↑香花槐海绵质髓，淡褐色

5. 小枝具短小托叶刺，刺长不足 1 cm，且小枝密生淡棕色刚毛状皮刺

　　小乔木，树高 5~6 m，有时灌木状

　　　　豆科，刺槐属

　　　　　　——毛刺槐（江南槐、红花洋槐）*Robinia hispida* L

↑江南槐一年生枝具短小托叶刺，刺长不足 1 cm，密生淡棕色刚毛状皮刺

↗江南槐无顶芽，侧芽为柄下芽，隐藏于叶痕的离层下

↑江南槐小乔木或灌木状

↑江南槐树皮褐色，纵裂

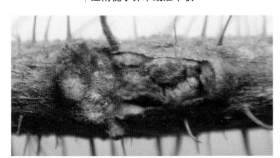

↑江南槐叶迹3个，叶痕螺旋状互生，上有一小凸点

↑江南槐海绵质髓，较粗，白色

↑江南槐二年生枝灰色，枝皮粗糙，密生灰褐色刚毛

4.近柄芽，具托叶刺，有长枝，短枝，无芽枝之分

5.乔木，主干明显，树高可达 10 m

　　长枝光滑无毛，紫红色，有皮孔，芽两侧具托叶刺，一直伸长刺
　　与一短小钩刺相对而生

　　短枝炬形，粗短，无芽小枝常<u>丛</u>生于短枝上，宿存或与叶同落

　　　　鼠李科，枣属

　　　　——大枣 *Ziziphus jujuba* Mill

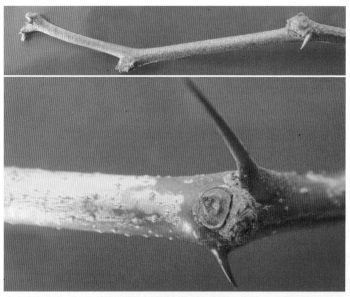

↑大枣长枝呈"之"字形曲折，光滑无毛，红褐色，具有白色圆点形皮孔及
蜡层，具托叶刺，一直伸长刺与一短小钩刺相对而生

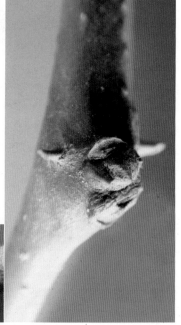

↗大枣无顶芽，侧芽单生，扁宽卵形，暗紫红色，长 2~3 mm

↑大枣小乔木，树高可达 10 m

↑大枣树皮灰褐色，纵裂

↑大枣叶迹 3 个，叶痕半圆形，微隆起

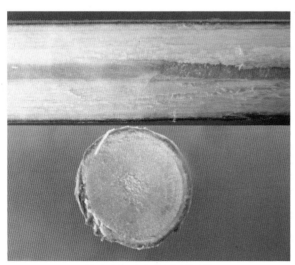

↑大枣均质髓，白色近透明

↑二年生枝灰褐色，具同色皮孔，短枝炬形，粗短

5. 灌木或小乔木，有时主干不明显，树高 3~5 m

长枝具淡灰白色或灰褐色薄膜状表皮，脱落后表皮为紫褐色，有褐
色圆点形皮孔

芽节部具托叶刺，一直伸长刺与一短小钩刺相对而生，短枝瘤形

鼠李科，枣属

——酸枣 *Ziziphus jujuba* Mill var *spinosa*（Bunge）Hu

↑酸枣长枝具淡灰白色薄膜状表皮，脱落后皮为紫褐色，有褐色圆点形皮孔，酸枣芽节部具托叶刺，一直伸长刺与
一短小钩刺相对而生

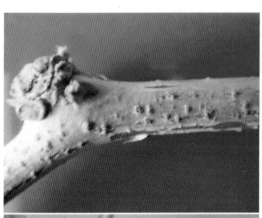

↑酸枣短枝瘤形，无顶芽，侧芽单生，扁宽卵形，暗红褐色，
长 2~3 mm

↑酸枣二年生枝灰褐色，具凸起的圆形皮孔

↑酸枣灌木或小乔木

↑酸枣树皮灰褐色，纵裂

↑酸枣叶迹3个或3组，呈三点式或环形，叶痕2列互生，半圆形，微隆起

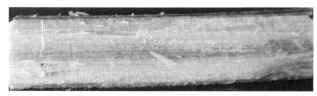

↑酸枣均质髓，白色至淡绿褐色

↑酸枣果近球形，径1~1.5 cm

3. 不具托叶刺，仅具皮刺（乔木中没有具叶刺和叶轴刺的品种略去）

4. 高大乔木，树高 20~30 m

　　树皮暗灰色，残存皮刺，一年生枝粗壮，无毛。径 7~15 mm

　　褐灰色，皮刺与枝垂直，不弯曲，紫褐色，叶痕 V 形

　　顶芽发达，半球形或圆锥状球形，紫褐色

　　　　五加科，刺楸属

　　　　——刺楸 *Kalopanax pictus* （Thunb）Nakai

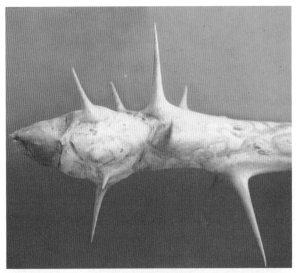

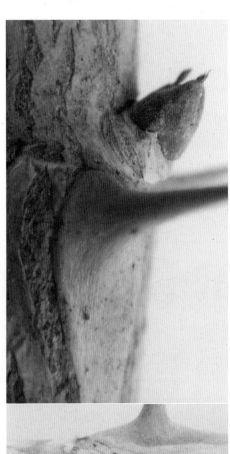

↑刺楸顶芽发达，半球形圆锥状球形或卵形，暗紫色或紫褐色，光滑无毛

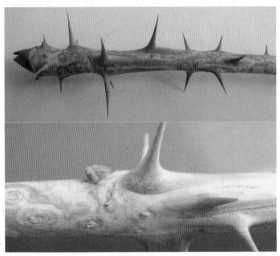

↑刺楸一年生枝粗壮，径 7~15 mm、紫灰色，皮刺与枝垂直，不弯曲，紫褐色，无毛

↑刺楸侧芽小，圆锥状球形或卵形，暗紫色或紫褐色，光滑无毛

↑刺楸高大乔木，树高 20~30 m

↑刺楸树皮暗灰色，浅裂，存皮刺

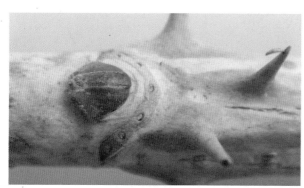

↑刺楸叶迹 9~15 个，叶痕螺旋状互生，V 形或 C 形，绕枝径不足 1/2

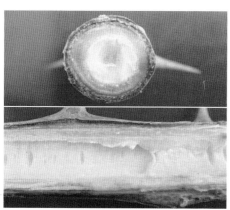

↑刺楸海绵质髓，较粗，白色

↑刺楸二年生枝暗灰褐色，浅纵裂

4. 小乔木，树高 5~10 m

5. 枝上具疏生皮刺，皮刺较细，纵截面呈三角形

树高 5 m，分枝多而密，树皮黑褐色，一年生枝灰褐色，无毛

皮孔圆点形，隆起，叶痕 U 形，隆起，果序宿存，核果黑色

五加科、五加属（短梗五加）

——无梗五加 *Acanthopanax scssiliflorus*（Rupr et Maxim）

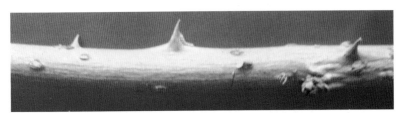

↑无梗五加枝上具疏生皮刺，皮刺较细，纵截面呈三角形

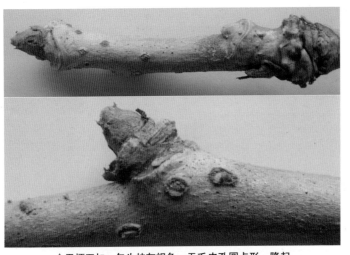

↑无梗五加一年生枝灰褐色，无毛皮孔圆点形，隆起

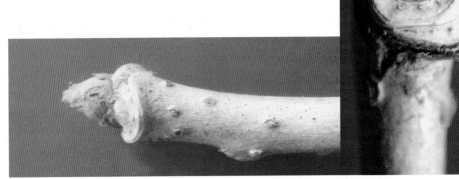

↗无梗五加有顶芽、卵形或卵状圆锥形，具灰黄色缘毛，侧芽卵形，褐色，具缘毛

↑无梗五加树皮褐色或黑褐色，浅纵裂

↑无梗五加灌木，高5m，枝密

↑无梗五加叶迹7~9个，叶痕U形，灰白色

↑核果宿存，黑色

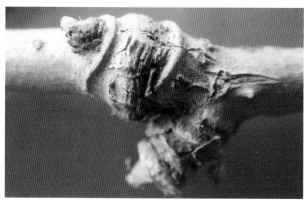

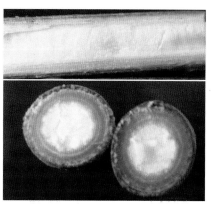

↑无梗五加具有炬形短枝

↑海绵质髓，粗，白色

5. 枝上密生皮刺，皮刺粗壮，弯曲，与枝同色

　6. 假顶芽卵状圆锥形，无毛，黑紫色

　　　树高可达 10 m 以上，一年生枝极粗壮，径 10~20 mm

　　　淡灰黄色或淡灰褐色

　　　　五加科，楤木属

　　　　　——辽东楤木（刺龙牙） *Aralia elata*（Miq）Seem

↖ 辽东楤木一年生枝极粗壮，径 10~20 mm，淡灰褐色，枝上密生皮刺，被短刚毛，刺长 3~12 mm，刺有的斜生，有的直生，基部膨大，先端弯曲，与枝同色，皮孔多，圆点形，黑褐色

↑顶芽缺，假顶芽卵状圆锥形，黑紫色，无毛，侧芽单生，比假顶芽略小，卵状圆锥形，褐色或紫褐色

↑ 辽东楤木树形及枝干

↑ 辽东楤木树干上有刺

↑ 辽东楤木叶迹 30~40 个，叶痕 V 形或马蹄形

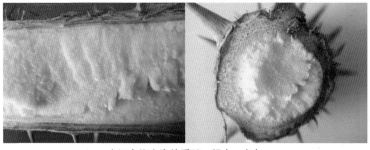

↑ 辽东楤木海绵质髓，粗大，白色

↑ 辽东楤木二年生枝褐色

6.假顶芽卵状圆锥形，褐色，密被棕黄色绒毛

　　侧芽小，密包在棕黄色绒毛之中，树高可达8 m，分枝少

　　一年生枝极粗壮，径10~20 mm，灰白色或灰绿色，疏生棕黄色长绒毛

　　五加科，楤木属

　　　　——楤木（虎阳刺） *Aralia chinensis* L

↗楤木假顶芽卵状圆锥形，褐色，密被棕黄色绒毛，或被棕黄色纸质芽
鳞所包裹

↑楤木一年生枝极粗壮，径10~20 mm，灰褐色或灰绿色，疏
生棕黄色长绒毛

↑楤木侧芽小，密包在棕黄色绒毛之中

↑楤木树高可达 8 m，分枝少

↑楤木树皮暗褐色，条裂，密生粗壮皮刺

↑楤木叶迹 30~40 个，叶痕 U 形或马蹄掌形

↑楤木海绵质髓，粗大，白色

1. 枝干不具刺

　2. 叶痕对生或叶痕 3 个轮生

　　3. 叶痕对生

　　　4. 有顶芽

　　　　5. 裸芽

　　　　　6. 顶芽较大，长 6~12 mm，扁长方形，密被黄色短绒毛

　　　　　　树冠近圆形，树皮灰色，平滑，老时有横裂纹

　　　　　　一年生枝灰色或紫灰色，初被短柔毛，散生圆形或椭圆形白色皮孔

　　　　　　二年生枝灰色，叶痕三裂半圆形，侧芽单生，扁圆锥形，有短毛

　　　　　　海绵质髓，较粗，白色，聚伞状圆锥花序，蓇葖果，果序宿存

　　　　　　　芸香科，吴茱萸属

　　　　　　　　——臭檀（吴茱萸）*Evodia daniellii*（Benn）Hemsl

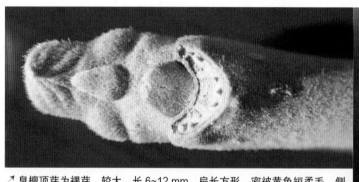
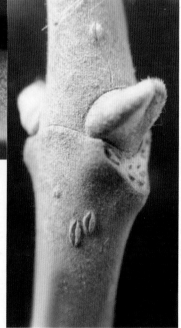

↗ 臭檀顶芽为裸芽、较大，长 6~12 mm，扁长方形，密被黄色短柔毛，侧芽单生，扁圆锥形，有短毛

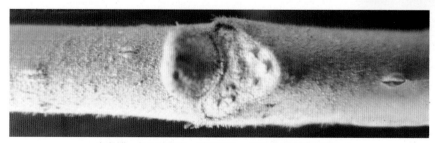

↑ 臭檀一年生枝灰色，被短柔毛，散生椭圆形白色皮孔

↑ 臭檀树冠近圆形

↑ 臭檀树皮灰色，平滑

↑ 臭檀叶痕三裂半圆形，长约 4 mm，叶迹 3 个或 3 组

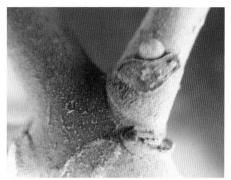

↑ 臭檀二年生枝灰色至灰褐色

↗ 臭檀蓇葖果，果序宿存，种子卵形，黑色，有光泽

↑ 海绵质髓，较粗，白色

6.顶芽较小，长 1~2 mm，裸芽，圆锥形，被短柔毛

一年生枝灰褐色或淡褐色，被黄褐色短柔毛，近稍较密

有淡褐色皮孔，薄膜髓中有淡黄色薄片横隔膜

侧芽 2 个叠生，主芽圆锥形或半球形，紫红褐色

马鞭草科，大青属（赪桐属）

——海州常山 *Clerodendron trichotomum* Thunb

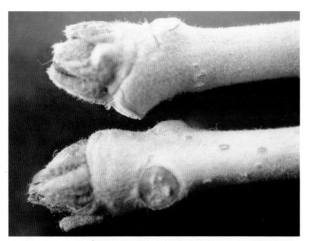

↑海州常山顶芽为裸芽，较小，长 1~2 mm，圆锥形，被短柔毛

↗海州常山侧芽 2 个叠生，主芽圆锥形或半球形，副芽小，紫红褐色，被短柔毛

↑一年生枝灰褐色，被黄褐色短柔毛，有淡褐色皮孔

↑海州常山树高达 8 m，树冠呈卵圆形

↑海州常山树皮灰色，具粗糙纹

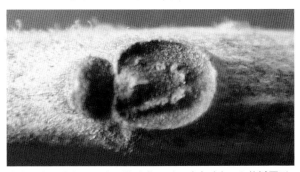

↑海州常山叶迹 5~9 个，排列成 U 形，叶痕对生，心状椭圆形，周围隆起

↑海州常山花萼宿存，包藏着蓝黑色的球形核果

↑海州常山二年生枝灰褐色，无毛

↑海州常山薄膜髓，白色，髓中有淡黄色薄片横隔膜

5. 鳞芽

  6. 叶迹 1 个，或 1 组，或更多

   7. 叶迹 1 个

    8. 侧芽 2 个叠生

      树皮暗灰褐色，浅纵裂或卷剥裂，一年生枝灰绿色，无毛

      叶痕半圆形，叶迹 1 个，C 形

      木樨科，流苏树属

        ——流苏树 *Chionanthus retusus* Lindi et Paxt

↗ 流苏树顶芽为鳞芽，较小，长 2~5 mm，灰黄色，被灰白色短柔毛及缘毛，侧芽两个叠生

↑ 流苏树一年生枝灰绿色，被灰白色短柔软毛，疏生灰黄色长椭圆形皮孔

↑流苏树树形为扁圆形

↑流苏树树皮暗灰褐色，纵裂

↑流苏树叶痕对生，极度隆起，半圆形，内部暗灰色，叶迹1个，C形

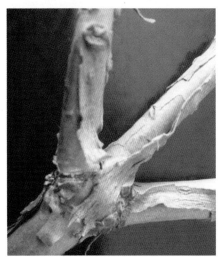

↑流苏树二年生枝灰色，卷剥裂

↑流苏树海绵质髓，淡黄褐色

8. 侧芽单生

9. 直立小乔木，树高 8 m

顶芽小，宽卵形，长 2 mm，紫红色，侧芽小，贴枝或开张 30°

树冠近球形，分枝细密，树皮灰黑色，不规则纵裂

一年生枝暗绿色，或受光面紫红色，微具四棱

海绵质髓绿色，四边形

蒴果宿存，种子淡黄色，露出于橘红色假种皮之外

卫矛科，卫矛属

——桃叶卫矛（白杜）*Euonymus bungeanus* Maxim

↑桃叶卫矛顶芽宽卵形，长 2 mm，紫红色，具白色缘毛

↗桃叶卫矛侧芽小，紫红色，贴枝或开张 30°

↖桃叶卫矛一年生枝暗绿色，或受光面紫红色，微具四棱

↑桃叶卫矛树冠近球形，分枝细密

↑桃叶卫矛树皮灰黑色，不规则纵裂

↑桃叶卫矛叶迹1个，C形，叶痕半圆形，极隆起

↑桃叶卫矛二年生枝紫红色

↑桃叶卫矛蒴果宿存，种子淡黄色，露出于橘红色假种皮之外

↑海绵质髓淡绿色，四边形

9. 直立小乔木或蔓生半常绿灌木

顶芽大，圆锥形，长 3~5 mm，淡红色，芽鳞 2~4 对，无毛

侧芽较大，卵状圆锥形，两侧具棱线，与枝开张 30°

一年生枝灰绿色，密被灰白色柔毛，小枝节部具气生根

蒴果宿存，种子红褐色，露出于橘红色假种皮之外

海绵质髓，淡绿色

卫矛科，卫矛属

——胶东卫矛 *Euonymus kiautshchovicus* Loes

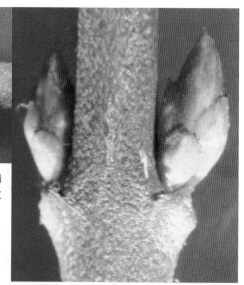

↗ 胶东卫矛顶芽大，圆锥形，长 3~5 mm，淡红色，芽鳞 2~4 对，无毛，侧芽较大，卵状圆锥形，两侧具棱线，与枝开张 30° 角

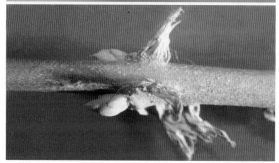

↑ 胶东卫矛一年生枝灰绿色，密被灰白色柔毛，皮孔不明显，小枝节部具气生根，枯叶宿存

↑ 胶东卫矛蒴果宿存

↑胶东卫矛直立小乔木或蔓生半常绿灌木

↑胶东卫矛树皮灰黑色，细纵裂

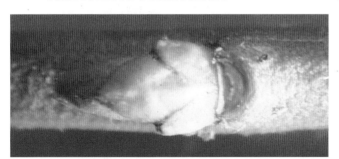
↑胶东卫矛叶迹1个，C形，叶痕对生，半圆形

↑胶东卫矛二年生枝灰绿色，近无毛，皮孔不明显

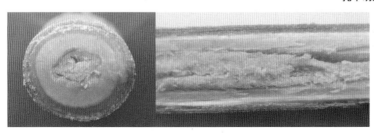
←胶东卫矛海绵质髓，四边形，绿色或淡绿色

7. 叶迹 1 组

8. 顶芽长 4~5 mm

9. 顶芽长卵状圆锥形，紫褐色，被极短绒毛

一年生枝灰黄色，无毛或微被短毛，叶痕半圆形，隆起

木樨科，白蜡树属

——小叶白蜡 *Fraxinus bungeana* DC

↑小叶白蜡叶迹 1 组，U 形，叶痕小，半圆形，长 1 mm

↘小叶白蜡顶芽小，长 4~5 mm，卵状圆锥形，紫褐色至黑紫色，被极短绒毛，
侧芽较小，卵形或近球形，长 1~3 mm，黑紫色，与枝展呈 45°角

↑一年生枝灰黄色，无毛或微被短毛

↑ 小叶白蜡树形与果枝

↑ 小叶白蜡树皮灰褐色，浅纵裂

↑ 小叶白蜡二年生枝灰紫色

↑ 果序生于当年枝上

↑ 小叶白蜡海绵质髓，白色

9.顶芽宽卵状圆锥形，褐色，具短柔毛

一年生枝灰褐色，初时微被短柔毛，具稀疏的白色圆形皮孔

叶痕交互对生，新月形

木樨科，白蜡树属

——绒毛白蜡 *Fraxinus velutina* Torr

↑绒毛白蜡叶迹 1 组，∨形，叶痕交互对生，新月形

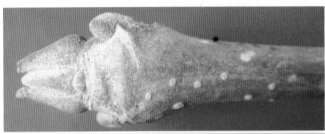

↑绒毛白蜡顶芽宽卵状圆锥形，长 4~5 mm，褐色，具短柔毛，最外两片芽鳞先端不外指

↑绒毛白蜡树枝，枝皮光滑

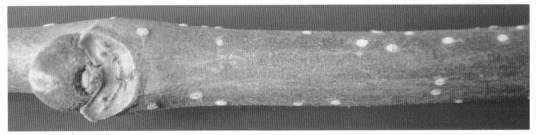

↑绒毛白蜡一年生枝灰褐色，初时微被短柔毛，具稀疏的白色圆形皮孔

↑绒毛白蜡树冠宽卵形

↑绒毛白蜡树皮灰褐色，纵裂

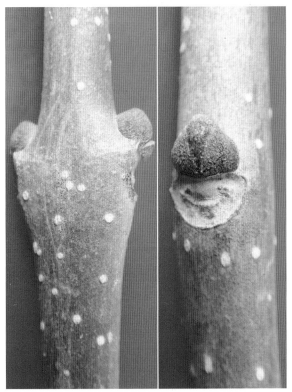

↑绒毛白蜡侧芽宽卵形或近球形，灰色或灰褐色，长 2~3 mm，密被短灰色柔毛

↑绒毛白蜡二年生枝深灰色，具皮孔

↑绒毛白蜡海绵质髓，白色

8. 顶芽较大，长 6~12 mm

9. 顶芽卵状圆锥形

顶芽黑色，只腹面被黄色柔毛，树皮灰褐色，浅纵裂

一年生枝绿色或灰绿色，无毛，散生黄白色皮孔

翅果，果序宿存

木樨科，白蜡树属

——水曲柳 *Fraxinus mandshurica* Rupr

↗ 水曲柳顶芽较大，长 6~12 mm，卵状圆锥形，黑色，芽面密被黑色缘毛，腹面被黄色柔毛，侧芽扁球形，黑色，长 3~4 mm

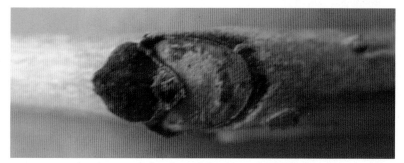

↑ 水曲柳一年生枝灰绿色或黄色，无毛，散生黄白色皮孔

↑水曲柳树冠长卵形

↑水曲柳树皮灰褐色，浅纵裂

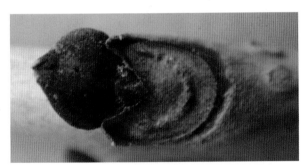

↑水曲柳叶痕对生，半圆形，隆起，叶迹1组，U形

↑水曲柳海绵质髓，白色

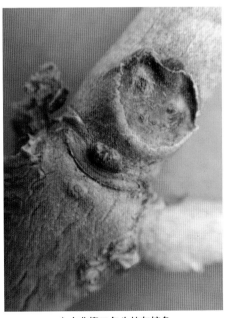

↑水曲柳二年生枝灰棕色

9. 顶芽长卵形或宽卵形

10. 顶芽长卵形，长 12 mm，最外两片芽鳞不闭合常直伸，栗棕色

　　密被锈色绒毛

　　　一年生枝灰绿色，叶痕马蹄形，边缘棕红色

　　　　木樨科，白蜡树属（大叶白蜡）

　　　　　——花曲柳 *Fraxinus rhynchophylla* Hance

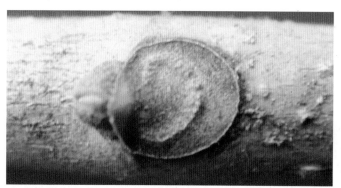

↑花曲柳叶迹 1 组，C 形，黄褐色，凸起，叶痕马蹄形，边缘棕红色

↑花曲柳顶芽长卵形，长 12 mm，最外两片芽鳞，不闭合常直伸，栗棕色，密被锈色绒毛

↑花曲柳侧芽宽卵形，紫褐色，或紫黑色，被黄白色疏绒毛

↑花曲柳一年生枝灰绿色或灰黄色，散生淡黄色椭圆形皮孔

↑花曲柳高大乔木，树冠圆形

↑花曲柳树皮暗灰褐色，片状浅裂

↑花曲柳果序生于当年生枝上

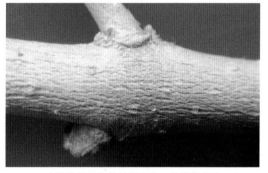

↑花曲柳二年生枝深灰色，具黄色皮孔

↑花曲柳海绵质髓，白色

10. 顶芽宽卵形，为混合芽，长不足 10 mm，最外两片芽鳞向外指

密被棕黄色绒毛，一年生枝浅灰色，叶痕半圆形，棕色

木樨科，白蜡树属

——白蜡 *Fraxinus chinensis* Roxb

↑ 白蜡顶芽宽卵形，混合芽，长 8~10 mm，最外两片芽鳞先端外指，密被棕黄色绒毛

↑ 白蜡侧芽较小，长 3~4 mm，紫褐色，被黄色绒毛或腺毛

↑ 白蜡一年生枝浅灰色或灰白色，无毛，具长圆形皮孔

↑ 白蜡宿存果枝

↑白蜡高大乔木，树冠宽卵形

↑白蜡树皮灰白色，浅纵裂

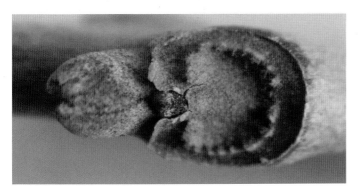

↑白蜡叶迹1组，U形至环形， 叶痕半圆形，棕色，微隆起

↑白蜡二年枝灰色，具皮孔

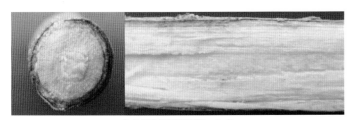

↑白蜡树海绵质髓，白色

6. 叶迹 3 个

7. 顶芽较大，长 5~10 mm

顶芽宽 2.5~4.0 mm，卵状圆锥形，黄褐色，无毛

树皮暗灰褐色，环形近纸状剥裂

一年生枝径 3~5 mm，灰黄色，无毛，皮孔不明显

海绵质髓白色，圆形，木材红褐色，质地坚韧细腻

花纹美丽可观，适制作擀面杖及手把玩件

鼠李科，鼠李属

——鼠李（老鸹眼） *Rhamuus davurica* Pall

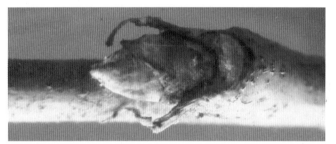

↑鼠李叶迹 3 个，叶痕半圆形或新月形，黄褐色，隆起，叶痕两侧有宿存托叶

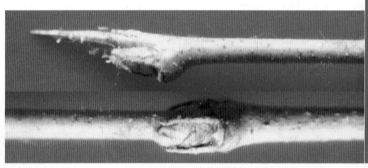

↗鼠李具顶芽，卵状圆锥形，侧芽较小，卵形，芽黄褐色，无毛

↑鼠李有时枝顶刺状，一年生枝径 3~5 mm，灰黄色或灰棕色，无毛，皮孔不明显

↑鼠李树冠卵形

↑鼠李树皮暗灰褐色，环形近纸状剥裂

↑鼠李常具有炬形短枝

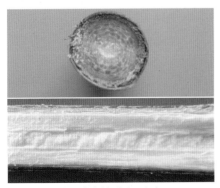

↑鼠李海绵质髓，白色

↑鼠李二年生枝灰褐色

7. 顶芽较小，长 2~5 mm

8. 芽鳞 2 片

9. 一年生枝灰绿色

10. 顶芽宽卵形，绒毛短，侧芽近球形，红褐色或褐色

树皮灰褐色，纵裂，一年生枝灰绿色，无毛，被白色蜡粉层

散生长圆形皮孔，叶痕 C 形或 U 形，叶迹 3 个

槭树科，槭树属

——糖槭（羽叶槭）*Acer negundo* L

↑糖槭顶芽宽卵形，长 3~5 mm，密被白色短绒毛

↑糖槭一年生枝灰绿色，无毛，被白色蜡质粉层，散生长圆形皮孔，具棱线，叶柄常宿存

↑糖槭侧芽单生，近球形，红褐色，疏被白色绒毛，贴枝而生

↑糖槭树冠近圆形

↑树皮灰褐色，细纵裂

↑糖槭叶迹3个，叶痕U形或V形，对生，之间有连接线痕

↑糖槭二年生枝暗绿色，皮孔黄色，具棱线

↑糖槭翅果宿存，淡黄褐色，翅果张开呈锐角

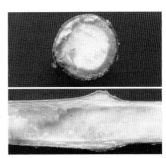

↑糖槭海绵质髓，较粗，白色

10. 顶芽卵状圆锥形，绒毛长，侧芽宽卵形，黑紫色，具绒毛

是北美复叶槭（也叫糖槭）的栽培变种。冬态相近。

槭树科，槭树属

——金叶复叶槭（金叶糖槭）*Acer negundo*（Aurea）

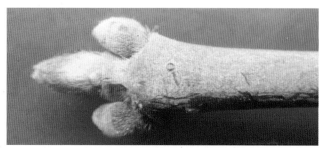

↑金叶复叶槭顶芽卵状圆锥形，绒毛长，芽鳞2片

↗金叶复叶槭侧芽宽卵形，黑紫色，具绒毛，芽鳞2片

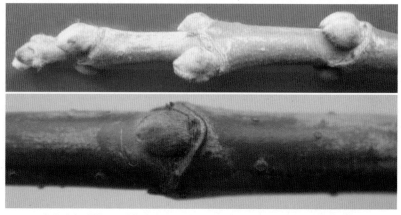

↑金叶复叶槭一年生枝灰绿色，无毛，被白色蜡粉层，散生长圆形皮孔

↑金叶复叶槭树形

↑金叶复叶槭树皮灰褐色，浅纵裂

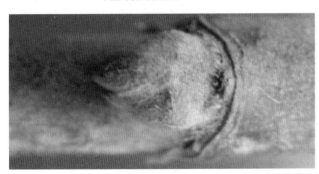

↑金叶复叶槭叶迹3个，叶痕U形或V形，对生，之间有连接线痕

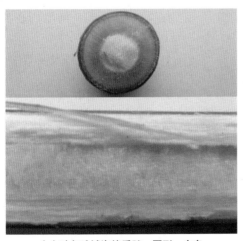

↑金叶复叶槭海绵质髓，圆形，白色

↑金叶复叶槭二年生枝绿色，皮孔黄色，不具棱线

9. 一年生枝红褐色

　　顶芽披针形，长3~4 mm，紫色，芽鳞2片，密被锈色毛

　　一年生枝红褐色或灰绿色，枝稍密被白色"丁"字毛

　　叶痕 V 形，不隆起

　　　山茱萸科，山茱萸属

　　　　——毛梾（车梁木）*Cornus walteri* Wanger

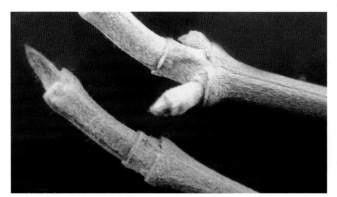

↑毛梾顶芽披针形，长3~4 mm，紫色，密被锈色毛

↑毛梾侧芽较小，扁卵形，长1.5~3.0 mm，贴枝

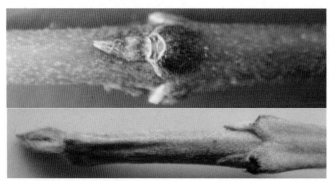

↑一年生枝红褐色或灰绿色，枝稍三棱形，密被白色"丁"字毛

↑毛梾树冠宽卵形

↑毛梾树皮黑灰色，块状纵裂

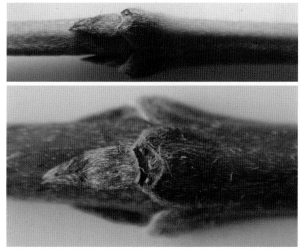

↑毛梾叶痕对生或3个轮生，浅V形，微隆起，叶迹3个

↑二年生枝与一年生枝同色，微纵裂

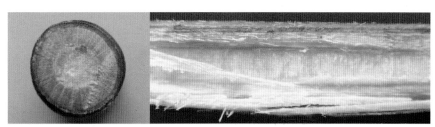

↑毛梾海绵质髓，白色

8. 侧芽单生

9. 顶芽长卵形

顶芽长5 mm，芽鳞3~4对，黑紫色，常被柔毛

树冠卵形至倒卵形

树皮灰褐色，浅纵裂，裂纹红褐色

一年生枝淡黄色，疏生黑褐色圆形皮孔，髓圆形，白色

伞房果序，两翅果开展呈钝角，果翅长为果长的2倍

　　槭树科，槭树属

　　　　——色木槭（五角枫）*Acer mono* Maxim

↑色木槭顶芽长卵形，黑紫色，长5 mm，常被柔毛

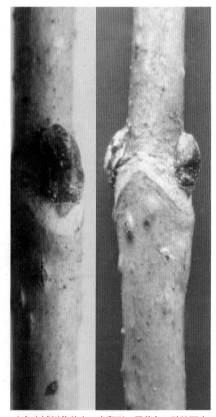

↑色木槭侧芽单生，扁卵形，黑紫色，贴枝而生

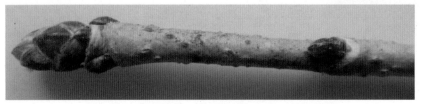

↑色木槭一年生枝黄褐色，疏生黑褐色皮孔，枝节处稍膨大

↑色木槭树冠卵形至倒卵形

↑色木槭树皮灰褐色，浅纵裂，裂纹红褐色

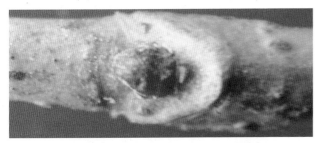

↑色木槭叶迹 3 个或 3 组，叶痕 U 形，黑紫色

↑色木槭二年生枝深灰色，有裂纹

↑色木槭两翅果展呈钝角，翅长是果长的 2 倍

↑色木槭均质髓，圆形，白色

9. 顶芽卵形

10. 顶芽长 2~3 mm，芽鳞 4 对，具缘毛，树皮灰褐色，浅裂

一年生枝紫褐色，髓圆形，白色，侧芽较小，贴枝而生

槭树科，槭树属

——茶条槭 *Acer ginnala* Maxim

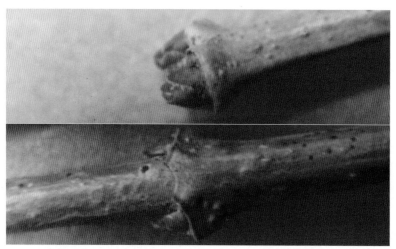

↑茶条槭顶芽卵形，长 2~3 mm，芽鳞 4 对，具缘毛，茶条槭侧芽较小，贴枝而生

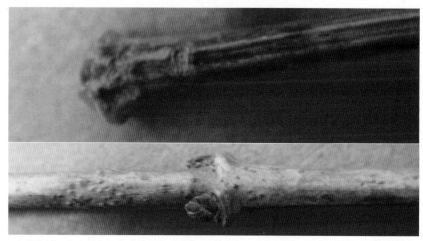

↑茶条槭一年生枝灰褐色或紫褐色，圆柱形或具纵棱，叶痕隆起，两叶痕间有隆起的连线

↑茶条槭灌木或小乔木，高达 6 m

↑茶条槭树皮灰褐色，浅纵裂

↑茶条槭叶痕对生，C 形或 U 形，叶迹 3 个

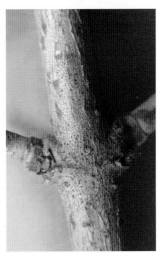

↑茶条槭二年生枝淡红褐色，枝皮浅剥裂

↑茶条槭宿存的枯叶，翅果

↑茶条槭海绵质髓，白色

10. 顶芽长 3~5 mm

　芽鳞 2~3 对，淡褐色，无毛，树皮灰褐色，深纵裂

　一年生枝淡棕色，疏生黑棕色椭圆形皮孔

　二年生枝灰棕色，均质髓椭圆形，淡绿色

　伞房果序，两翅果开展呈锐角，翅长与果长相等

　　槭树科，槭树属

　　　——元宝槭（华北五角枫）*Acer truncatum* Bunge

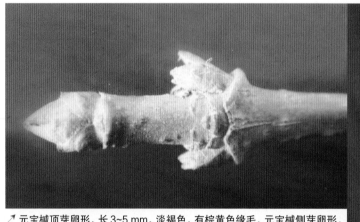

↗元宝槭顶芽卵形，长 3~5 mm，淡褐色，有棕黄色缘毛，元宝槭侧芽卵形，长 2~3 mm，棕色或淡褐色

↑元宝槭果序宿存，两翅果开展呈锐角，翅长与果长相等

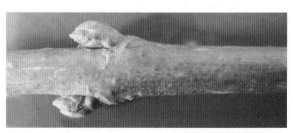

↑元宝槭一年生枝淡棕色，疏生黑棕色椭圆形皮孔

↑元宝槭树冠宽卵形

↑元宝槭树皮灰黑色，深纵裂，裂纹内褐色

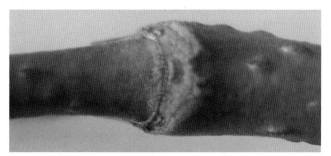

↑叶迹3个，元宝槭叶痕对生，之间有连接线

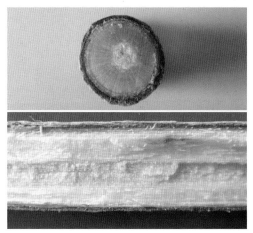

↑元宝槭均质髓椭圆形，黄白色或淡绿色

↑二年生枝灰棕色

4. 无顶芽

　5. 叶迹 1 个或 1 组

　　6. 叶迹 1 个

　　　7. 一年生枝纵棱有时呈翅状

　　　　一年生枝具 4 条纵棱，有时呈翅状，树冠近圆形，树皮淡褐色
　　　　薄片状剥落后很光滑

　　　　叶痕椭圆形，两侧无下延纵棱，叶痕间无连接线痕

　　　　二年生枝棕色，枝皮剥裂，宿存蒴果近球形，长 12 mm

　　　　　千屈菜科，紫薇属

　　　　　——紫薇 *Lagerstroemia indica* L

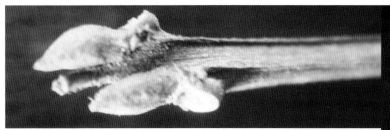

↗紫薇无顶芽，有托叶痕，叶痕对生或近对生，侧芽单生，有时互生，圆锥形，长 2~3 mm，淡褐色，无毛

↑紫薇一年生枝淡灰黄色，具 4 条纵棱，有时呈翅状

↑紫薇树冠近圆形

↑紫薇树皮淡褐色，薄片状剥落后很光滑

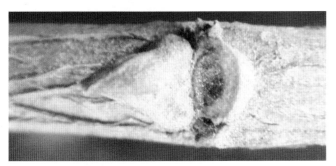

↑紫薇叶迹1个，叶痕对生或近对生，椭圆形

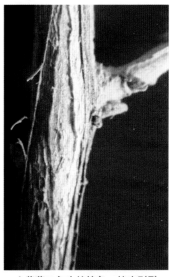

↑紫薇二年生枝棕色，枝皮剥裂

↖紫薇宿存蒴果近球形，
长12 mm，种子黑褐色

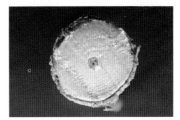

↑紫薇海绵质髓，淡褐色

7. 一年生枝纵棱不呈翅状，为叶痕两侧下延细纵棱，叶痕间无连接线痕

一年生枝淡黄褐色，无毛，树皮淡黄褐色，细纵裂

二年生枝淡黄色，枝皮有细裂纹

无顶芽，枝稍常干枯，侧芽宽卵形，长 2~3 mm

木樨科，雪柳属

——雪柳 *Fontanesia fortunei* Carr

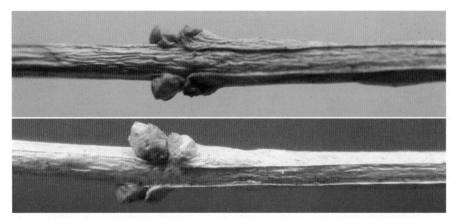

↑雪柳一年生枝四棱形，淡黄褐色，无毛，纵棱不呈翅状，为叶痕两侧下延细纵棱

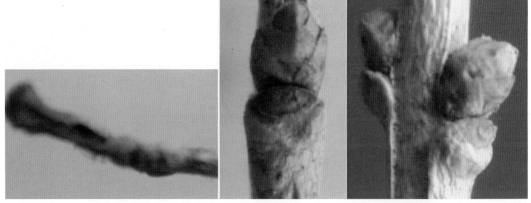

↑雪柳无顶芽，枝稍常干枯，侧芽宽卵形，长 2~3 mm，先端圆钝，基部略扁，无毛

↑雪柳小乔木，高 7 m，树冠倒卵形

↑雪柳老树皮淡黄褐色，浅纵裂

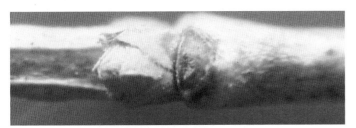

↑雪柳叶迹 1 个，叶痕对生，半圆形

↑雪柳二年生枝淡黄色，枝皮有细裂纹

↑雪柳海绵质髓，白色

6. 叶迹 1 组

7. 一年生枝径 3~5 mm，芽长 5 mm 以上

8. 芽鳞暗紫红色

侧芽单生，并生或叠生，卵形，树高 5 m，树皮暗灰色，浅纵裂

木樨科，丁香属

——紫丁香（华北紫丁香）*Syringa oblata* lindl

↗紫丁香芽鳞暗紫红色，无顶芽，侧芽有时顶生，卵圆形

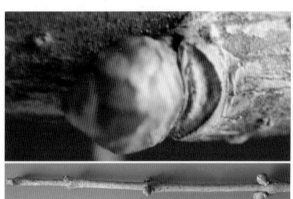

↑叶迹 1 组，C 形，叶痕对生，隆起，黄褐色

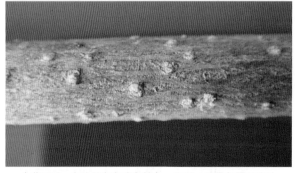

↑紫丁香一年生枝灰色或灰棕色，无毛，疏具长圆形皮孔

↑紫丁香具有乔木形和灌木形

↑紫丁香树皮暗灰色，浅纵裂

↑紫丁香二年生枝灰色，具皮孔

↑紫丁香蒴果宿存长椭圆形，稍扁，先端尖，2裂，种子2粒

↑紫丁香海绵质髓，白色

8.冬芽绿色或上半部绿色下半部黑褐色

9.冬芽绿色，一年生枝灰绿色

木樨科，丁香属

——白丁香 *Syringa oblata* lindl var *affinia* Liagelsh

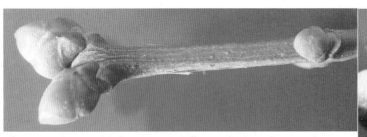

↗ 白丁香冬芽绿色，无顶芽，有时具假顶芽，侧芽对生，卵形或近球形，有明显四棱

↑ 白丁香叶迹1组，C形，叶痕对生，极度隆起，黄褐色

↑ 白丁香一年生枝灰棕色，具长圆形皮孔

↑白丁香灌木型，球形，树高 5 m

↑白丁香树皮灰褐色，浅纵剥裂

↑白丁香二年生枝深灰褐色，枝皮微剥裂

↑白丁香海绵质髓，白色

9.冬芽上半部绿色，下半部黑褐色，长圆形或近扁球形

树高7m，树皮灰褐色，纵裂

木樨科，丁香属

——洋丁香（欧洲丁香）*Syringa vulgaris* L

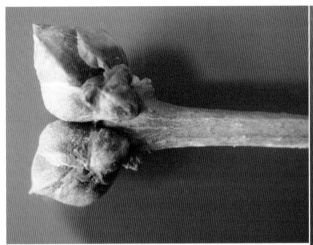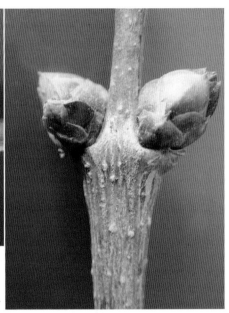

↗洋丁香冬芽上半部绿色，下半部黑紫色，背部有脊，近枝顶的侧芽大，近球形

↑洋丁香叶迹1组，C形，叶痕半圆形，常隆起

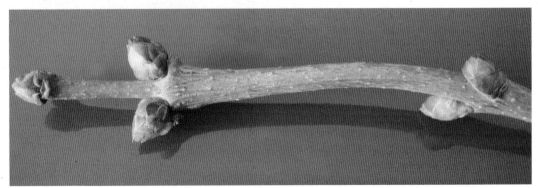

↑洋丁香芽（叶痕）交互对生，一年生枝灰棕色，无毛，疏生皮孔

↑洋丁香灌木或小乔木，树高 7 m

↑洋丁香树皮灰褐色，纵裂

↑洋丁香翅果宿存，种子不全脱落

↑洋丁香二年生枝灰色，有条纹

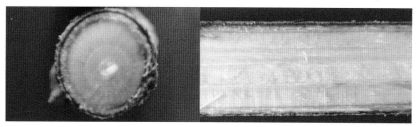

↑洋丁香海绵质髓，白色

7. 一年生枝径 1.5~3 mm，芽长 2~5 mm

　8. 芽卵形，树皮浅纵裂

　　　树皮黑灰色，小枝细长，开展，侧芽卵形，先端尖

　　　木樨科，丁香属

　　　　——北京丁香 *Siringa pekinensis* Rupr

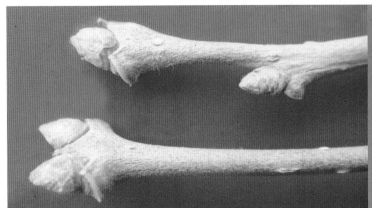

↗北京丁香无顶芽，有时具假顶芽，侧芽卵形，黄棕色，具白色缘毛，长 2~3 mm

↑北京丁香一年生枝灰绿色或黄绿色，无毛，散生白色长圆形皮孔

↑北京丁香小乔木，树高 10 m

↑北京丁香幼树皮纸状剥裂

↑北京丁香叶迹 1 组，C 形，叶痕半圆形，隆起

↑北京丁香二年生枝绿灰色，粗糙，具淡
黄色皮孔

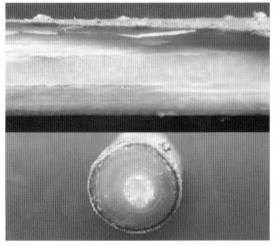

↑北京丁香海绵质髓，白色

8.芽宽卵形，树皮粗糙

树皮灰褐色，粗糙，小枝较直，向斜上开展

一年生枝较细，径1~3 cm，灰褐色，无毛，有光泽

无顶芽，侧芽宽卵形或先端钝，尖部具淡黄色短柔毛

木樨科，丁香属。

——暴马丁香 *Siringa amurensis* Rupr

↑暴马丁香树皮灰褐色，粗糙，小枝较直，向斜上开展，暴马丁香树冠卵形

↑暴马丁香一年生枝较细，径2~3 cm，灰褐色，无毛，有光泽

↑暴马丁香侧芽宽卵形，先端钝，尖部具淡黄色短柔毛

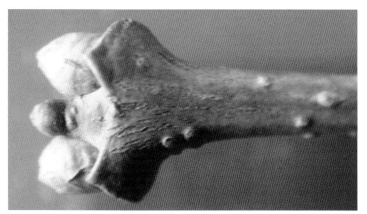

↑暴马丁香无顶芽，或顶芽败育

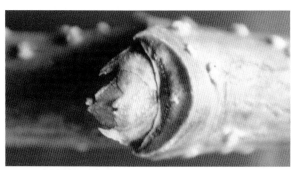

↑暴马丁香叶迹1组，C形，叶痕对生，半圆形，隆起

↑暴马丁香蒴果宿存，长圆形，先端钝　　　　　↑暴马丁香二年生枝灰色，皮孔凸起

↑暴马丁香海绵质髓，白色，木质部淡绿色

5. 叶迹 3 个，3 组，3~5 个或多数

　6. 叶迹 3 个或 3 组

　7. 叶迹 3 个

　8. 树皮灰白色，具有灰绿色裂纹，平滑不开裂

　　　一年生枝圆柱形，紫红色，具毛，二年生枝被蜡质白粉

　　　髓横切面六边形，褐色，无假顶芽，侧芽单生，宽卵形

　　　长 3 mm 以上，芽基部被淡棕色长丝状毛

　　　　椴树科，椴树属

　　　　——假色椴（紫花椴）*Acer pseudo-sieboldianum*（Pax）Kom

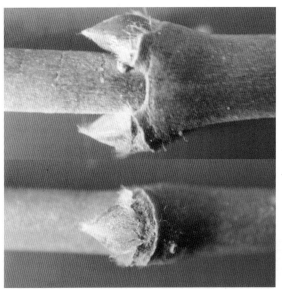

↑假色椴叶迹 3 组，C 形，叶痕对生，C 形或 U 形，有连接线痕

↑假色椴树皮灰白色，具灰绿色裂纹，平滑不开裂

↑假色椴一年生枝圆柱形，紫红色，具淡棕色柔毛，芽鳞紫红色

↑假色槭树冠圆形至卵形，枯叶宿存

↑假色槭树枝分布较密

↑假色槭无假顶芽，侧芽单生，宽卵形，芽鳞2片，芽基部被淡棕色长丝状毛

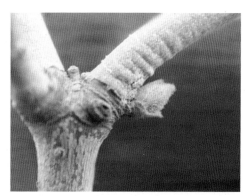

↑假色槭二年生枝被蜡质白粉

↑假色槭髓横切面六边形，淡褐色

8. 树皮深灰色，一年生枝绿褐色，受光面紫红色，无毛

　二年生枝暗紫色，无蜡质白粉，髓横切面圆形，白色

　无顶芽，具假顶芽，侧芽单生，三角状卵形，长 1~2 mm

　无毛或芽基部仅被黄白色短丝状毛

　槭树科，槭树属

　　——鸡爪槭 *Acer palmatum* Thunb

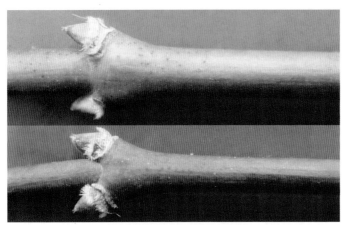

↑鸡爪槭一年生枝绿褐色，受光面紫红色，无毛

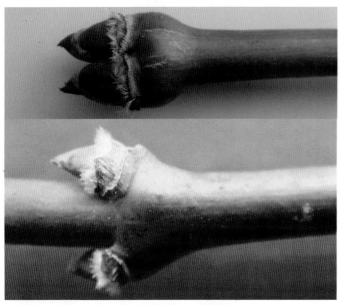

↑鸡爪槭无顶芽，具假顶芽，侧芽单生，三角状卵形，长 1~2 mm，无毛
或芽基部仅被黄白色短丝状毛

↑鸡爪槭二年生枝暗紫色，平滑

↑鸡爪槭小乔木或灌木形

↑鸡爪槭树皮深灰色，具褐色裂纹

↑鸡爪槭叶迹3个或3组，叶痕对生，C形

↑鸡爪槭枯叶宿存，叶7深裂

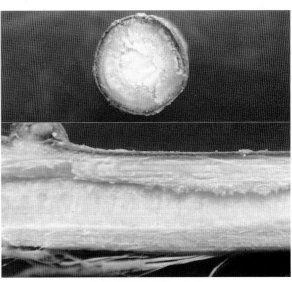

↑鸡爪槭海绵质髓，白色

7. 叶迹 3 组

高大乔木树高 30 m，树皮淡灰色或灰褐色

有发达的木栓层，厚 2 cm，内皮鲜黄色，味苦

叶痕马蹄掌形，包芽，叶迹 3 组，每组新月形

侧芽半球形，被黄褐色短绒毛

芸香科，黄檗属

——黄波萝（黄檗）*Phellodendron amurense* Rupr

↑ 黄波萝叶迹 3 组，每组新月形，叶痕马蹄掌形，包芽

↑ 黄波萝树皮灰褐色，有发达的木栓层，厚 2 cm，内皮鲜黄色

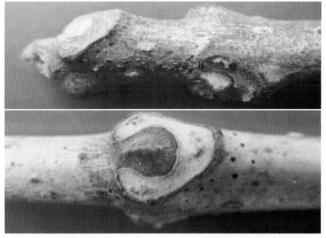

↑ 黄波萝一年生枝径 3~5 mm，黄棕色或灰黄色，无毛，皮孔稀疏，皮上密布小黑圆点

↑ 黄波萝树冠卵圆形

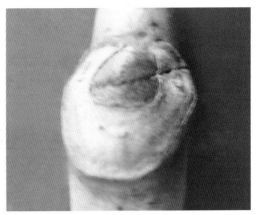

↑ 黄波萝侧芽半球形，被黄褐色短绒毛

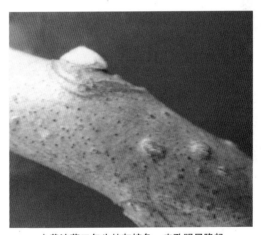

↑ 黄波萝二年生枝灰棕色，皮孔明显隆起

↑ 黄波萝宿存浆果状核果，球形，黑色，种子 2~5 粒

↑ 黄波萝海绵质髓，粗，白色

6. 叶迹 3~5 个或多数

7. 叶迹 3~5 个

8. 树皮暗灰色，无木栓层

一年生枝径 5~10 mm，淡灰褐色，具纵条棱，密生皮孔，无毛

叶痕 V 形，长达 7 mm，宽 3~4 mm

芽有柄，无顶芽，侧芽单生或 3 个并生，并生时中间芽为主芽

近球形，径 3~6 mm，具有短柄，淡褐色，无毛，副芽较小

忍冬科，接骨木属

——接骨木 *Sambucus willamsii* Hance

↑接骨木叶迹 3~5 个，叶痕 V 形或倒三角形，长达 7 mm、宽 3~4 mm

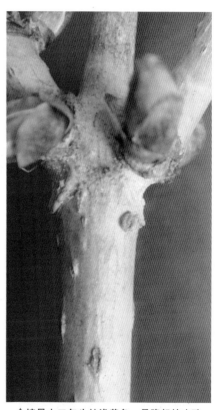

↑接骨木二年生枝浅黄色，具隆起的皮孔

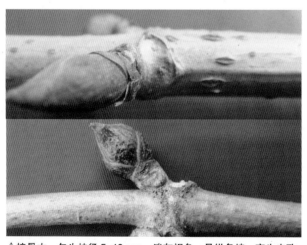

↑接骨木一年生枝径 5~10 mm，淡灰褐色，具纵条棱，密生皮孔，无毛

↑接骨木灌木或小乔木，乔木时高达 8 m

↑接骨木树皮暗灰褐色，不规则纵裂

↑接骨木无顶芽，芽有柄，侧芽单生或 3 个并生，近球形，芽鳞黑紫色，无毛，芽并生时中间芽为主芽，两侧副芽较小

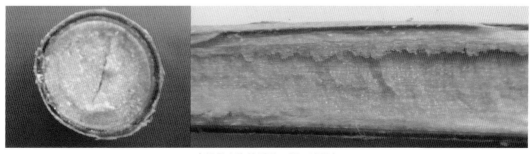

↑接骨木海绵质髓，粗，淡褐色

8. 树皮暗灰色，有较厚的木栓层

一年生枝径 5~10 mm，褐色或紫红褐色，有棱，具有柔毛

（其余特点同接骨木）

忍冬科，接骨木属

——毛接骨木 *Sambucus buergerianum* Blume

Sambucus williamsii Hance var. *miquelii* (Nakai) Y.C.Tang

↑毛接骨木树皮暗灰色，有较厚的木栓层

↑毛接骨木无顶芽，芽有柄，具假顶芽，侧芽单生或 2~3 个并生，卵圆形，褐色

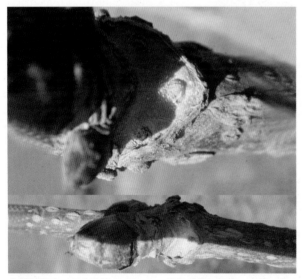

↑毛接骨木一年生枝径 5~10 mm，褐色或紫红褐色，有棱，具有柔毛

↑毛接骨木老树新枝　　　　　　　　　　↑毛接骨木二年生枝紫红色

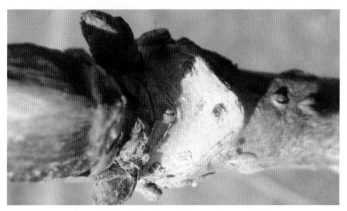

↑毛接骨木叶迹 3 个，叶痕倒三角形，淡褐色

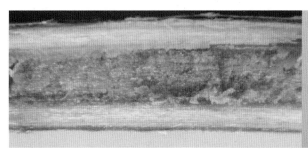

↑毛接骨木海绵质髓，粗，淡褐色

7.叶迹多数

树冠宽大，伞形，侧枝开张角度大，几平展

树皮灰色，不规则浅裂，裂纹中淡褐色

一年生枝绿褐色，被短绒毛，粗壮，径 5~10 mm，密生圆形小皮孔

无顶芽，顶芽处常被短绒毛，侧芽小，凸透镜形，单生或 2 个叠生

花序，果序较紧密，花蕾近球形，果卵圆形，果皮厚近 1 mm

玄参科，泡桐属

——毛泡桐 *Paulownia tomentosa*（Thunb）Steud

↑毛泡桐树冠宽大，伞形，侧枝开张角度大，几平展

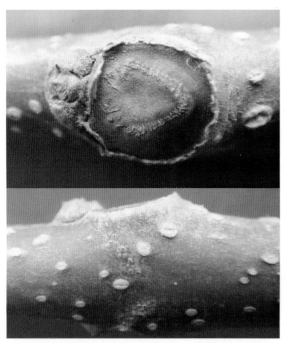

↑毛泡桐叶迹多数，呈 V 形或环形排列，叶痕对生，圆形或半圆形

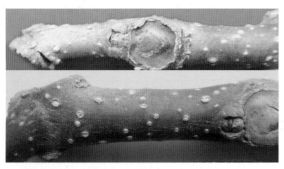

↑毛泡桐一年生枝绿褐色，被短绒毛，粗壮，径 5~10 mm，密生圆形小皮孔

↑毛泡桐树皮灰色

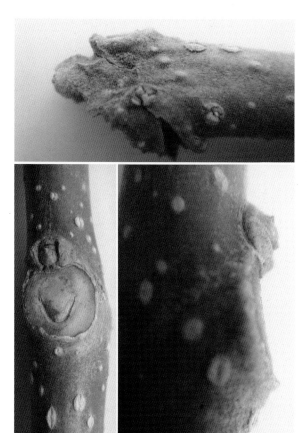

↑毛泡桐花序较紧密，花蕾近球形

↑毛泡桐无顶芽，顶芽处常被短绒毛，侧芽小，凸透镜形，单生或2个叠生

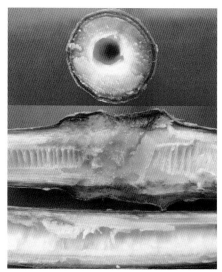

↑毛泡桐空心髓，节部有隔节或分隔

↑毛泡桐果序较紧密，果卵圆形，果皮厚近1 mm

3. 叶痕 3 个轮生

4. 蒴果粗壮，径 6 mm 以上

果径 10~18 mm，种子两端翅圆，被流苏毛，连毛总长 45~60 mm

紫葳科，梓树属

——黄金树 *Catalpa speciosa* Ward

↑ 黄金树叶痕 3 个轮生，一年生枝灰绿色至灰绿褐色，无毛，散生凸起的圆形皮孔

↑ 黄金树无顶芽，侧芽扁球形，黑紫色，长 1~2 mm，无毛，外侧芽鳞向外分离

↑ 黄金树蒴果粗壮，长 20~40 cm，种子两端翅圆，被流苏毛，连毛总长 45~60 mm

↑黄金树树冠卵圆形

↑黄金树树皮灰褐色，浅纵裂

↑黄金树叶迹多数排列成环形，叶痕椭圆形或近圆形，黑紫褐色

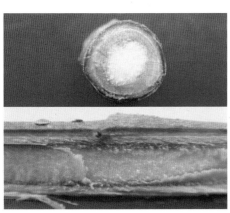

↑黄金树海绵质髓，粗，白色

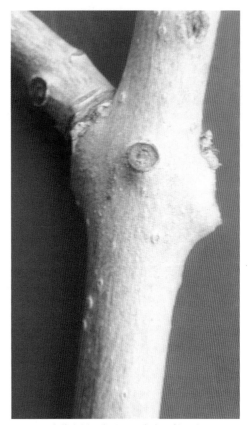

↑黄金树二年生枝绿灰色，较平滑

4. 蒴果细长，径 6 mm 以内

　　一年生枝粗壮，径可达 15 mm，黄褐色，枝顶常被刚毛

　　侧芽宽卵形，芽鳞排列疏松，无白粉

　　蒴果长 22~25 cm，果径 5~6 mm

　　　　紫葳科，梓树属

　　　　　　——梓树 *Catalpa ovata* Don

↑梓树一年生枝粗壮，径可达 15 mm，黄褐色，枝顶常被刚毛，密生淡褐色圆形皮孔

↑梓树无顶芽，侧芽小，宽卵形，暗褐色，长 1~3 mm，芽鳞排列疏松，无毛

↑梓树蒴果细长，长 22~25 cm，果径 5~6 mm

↑梓树树冠近圆形，蒴果宿存

↑梓树树皮灰褐色，浅纵裂

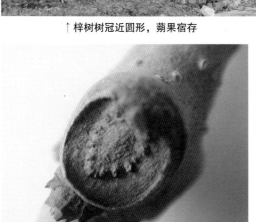

↑梓树叶痕3个轮生，近圆形，隆起，叶迹多数，排成环形

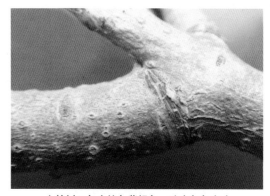

↑梓树二年生枝灰紫褐色，疏生灰色皮孔

↑梓树蒴果褐色，内生种子多数，种子褐色，两侧具有黄白色长毛

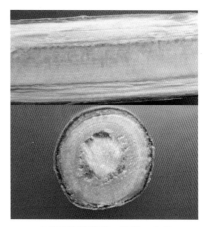

↑梓树近薄膜髓，较粗，白色

2. 叶痕互生

　3. 叶痕 2 列互生

　　4. 顶芽发达，小枝具明显环状托叶痕

　　　5. 芽密被灰黄色长绒毛

　　　　一年生枝黄褐色，枝稍密被灰黄色较长柔毛，微有光泽

　　　　顶生叶芽纺锤形，长 7~13 mm，芽有宿存叶柄，灰绿色

　　　　长约全芽的 1/6

　　　　　木兰科，木兰属

　　　　　　——白玉兰 *Magnolia denudata* Desr

↑白玉兰叶痕 2 列互生，小枝具明显环状托叶痕

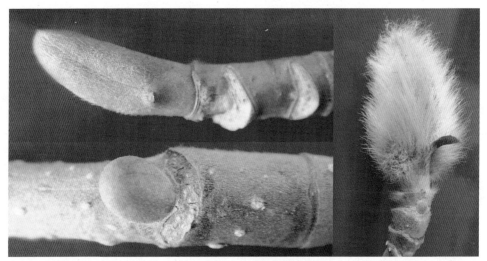

↑白玉兰顶芽发达，长 2 cm 左右，具有宿存叶柄，芽密被灰黄白色长绒毛，顶生叶芽纺锤形，灰绿色，侧芽小，灰绿色，椭圆形

↑白玉兰一年生枝黄褐色至紫褐色，枝稍密被灰黄色较长柔毛，微有光泽，具明显白色皮孔

↑白玉兰树冠宽卵形

↑白玉兰灰褐色，粗糙，开裂，枝干灰白色

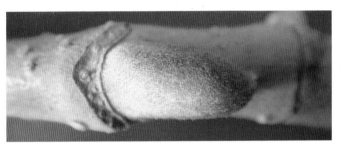

↑白玉兰叶痕新月形或Ｖ形，叶迹多数，散生

↑白玉兰二年生枝暗深紫褐色

↑白玉兰托叶芽鳞2片，密被灰黄白色长绒毛

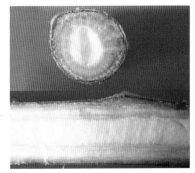

↑白玉兰海绵质髓，粗大，白色

5. 芽密被细短柔毛

6. 一年生枝灰白色，平滑，枝稍被紧贴细柔毛，无光泽

顶生叶芽披针形或纺锤形、长 5~25 mm

芽有宿存叶柄，长约全芽长的 1/2

木兰科，木兰属

——天女木兰 *Magnolia sieboldii* K Koch

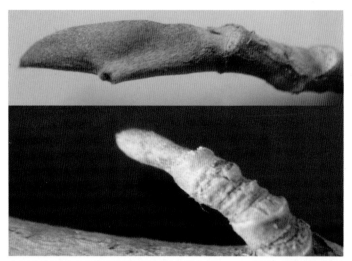

↑ 天女木兰顶生叶芽披针形或纺锤形，长 5~25 mm，密被灰蓝色细短柔毛

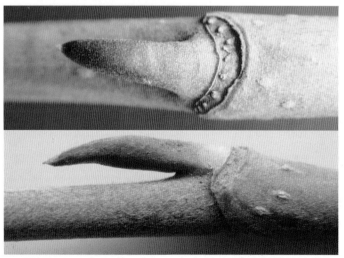

↑ 天女木兰一年生枝淡紫褐色或灰绿色，平滑，枝稍被紧贴细柔毛，无光泽

↑ 天女木兰芽有宿存叶柄，长约全芽长的 1/2，侧芽披针形，长 15 mm

↑天女木兰小乔木，树高 4~10 m

↑天女木兰树皮灰色，平滑

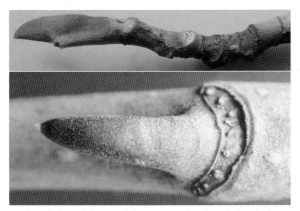

↑天女木兰叶痕 V 形或新月形，2 列互生，叶迹 7~9 个

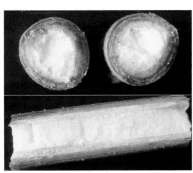

↑天女木兰海绵质髓，粗，白色

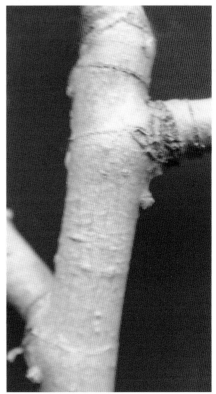

↑天女木兰二年生枝淡灰色或淡灰褐色，无毛

6. 一年生枝深紫红色，无毛，顶生叶芽纺锤形或圆柱形，长 3~6 mm
　　芽有宿存叶柄，长约全芽的 1/4
　　木兰科，木兰属
　　　　——紫玉兰 *Magnolia liliflora* Desr

← 紫玉兰一年生枝深紫红色，
枝稍具白色细柔毛，枝上具灰
白色皮孔

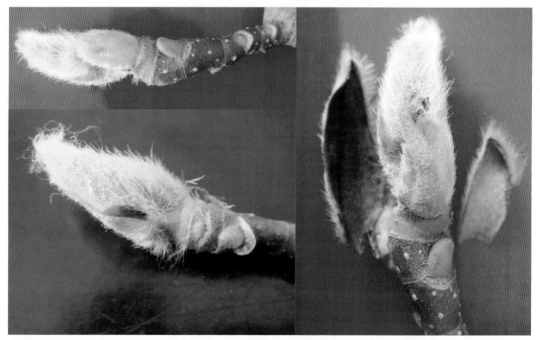

↑紫玉兰顶生叶芽纺锤形或圆柱形，长 3~6 mm，有宿存叶柄，枝顶花芽长卵形，密被灰绿色细柔毛，侧芽极小，
托叶芽鳞 2 片

↑紫玉兰树冠长卵形　　　　↑紫玉兰树皮灰色　　　　↑紫玉兰小枝较粗壮

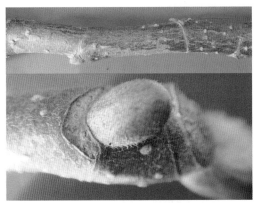

↑紫玉兰叶迹7~9个，散生，叶痕2列互生，V形或新月形

↑紫玉兰海绵质髓，较粗，白色

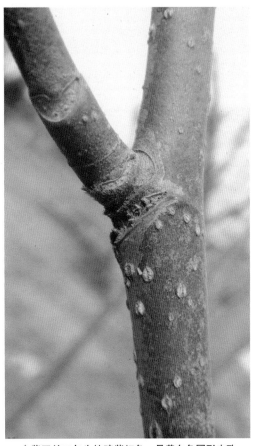

↑紫玉兰二年生枝暗紫红色，具黄白色圆形皮孔

4.无顶芽，小枝不具环状托叶痕

5.叶迹1个、3个或更多

6.叶迹1个，C形

小枝较细，径1.5~3.0 mm，淡黄褐色，无毛而稍具光泽，髓淡黄褐色

侧芽长卵状三角形，稍扁，贴枝而生，紫褐色，无毛

柿树科，柿属

——君迁子（黑枣）*Diospyros lotus* L

↑君迁子无顶芽，小枝较细，径1.5~3.0 mm，淡黄褐色，无毛而稍具光泽

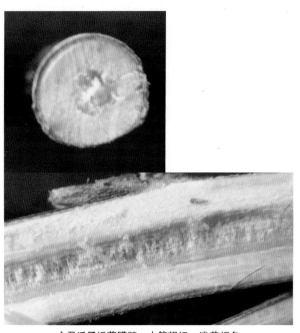

↑君迁子近薄膜髓，中等粗细，淡黄褐色

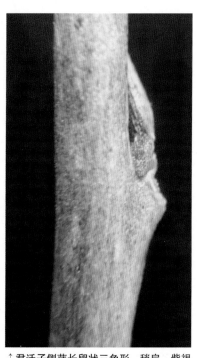

↑君迁子侧芽长卵状三角形，稍扁，紫褐色，无毛，贴枝

↑君迁子乔木，高达 20 m，幼树

↑君迁子树皮灰褐色，幼时平滑

↑君迁子叶迹 1 个，C 形，叶痕 2 列互生，略隆起，半圆形

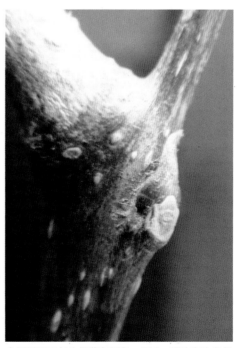

↑君迁子二年生枝紫灰褐色，无毛，疏生灰白色长圆形皮孔

6. 叶迹3个

7. 侧芽单生或2~3个并生，2个叠生，或单生

8. 侧芽单生或2个并生，2个叠生

9. 海绵质髓

树皮灰褐色，粗糙，老时鳞片状开裂

一年生枝红褐色，无毛，芽卵状圆锥形，暗褐色

榆科，榉属

——光叶榉 *Zelkova serrata*（Thunb）Makino

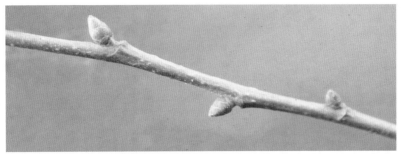

↑光叶榉叶痕（芽）2列互生，一年生枝栗褐色至红褐色，微呈"之"字形弯曲，无毛，散生黄白色皮孔

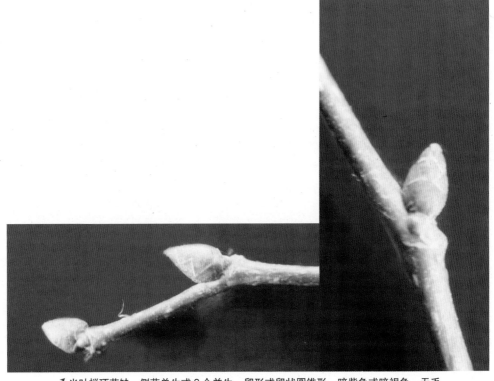

↗光叶榉顶芽缺，侧芽单生或2个并生，卵形或卵状圆锥形，暗紫色或暗褐色，无毛

↑光叶榉高大乔木，树冠宽卵形

↑光叶榉树皮灰褐色，或灰白色，较平滑，老树皮浅纵裂

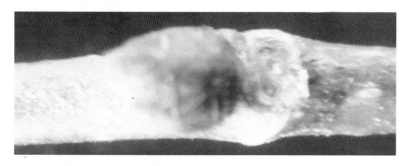

←光叶榉叶迹3个，叶痕2列互生，半圆形或椭圆形

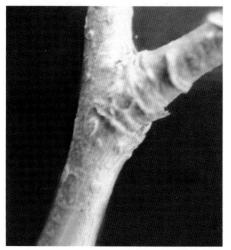

↑光叶榉二年生枝灰色至灰褐色，散生灰色皮孔

↑光叶榉海绵质髓，较细，白色

9. 分隔髓

10. 树皮浅灰色，光亮美丽，老时有不规则裂纹

一年生枝灰棕色，无毛，皮孔淡黄色

叶痕半圆形或新月形，长 1~2 mm

侧芽卵形或三角状卵形，长 2~3 mm，栗棕色，无毛

小枝常生有球状虫瘿

榆科，朴属

——小叶朴（黑弹朴）*Celtis bungeana* Blume

↑小叶朴具有分隔髓，白色

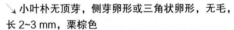

↘小叶朴无顶芽，侧芽卵形或三角状卵形，无毛，
长 2~3 mm，栗棕色

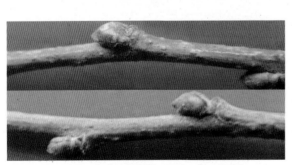

↑小叶朴一年生枝灰棕色，无毛，皮孔淡黄色　　　↑小叶朴小枝常生有球状虫瘿

↑小叶朴高大乔木，树冠卵圆形

↑小叶朴树皮浅灰色，光亮美丽

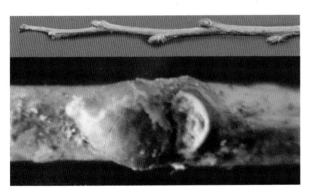

↑小叶朴叶迹3个，叶痕2列互生，半圆形或新月形

↑小叶朴宿存核果，近球形，具长柄，微被白粉，种皮绿白色

↑小叶朴二年生枝灰色，具凸起黄白色皮孔

10. 树皮灰褐色，具不规则裂纹

一年生枝淡褐色，无毛，生淡黄色皮孔

叶痕半圆形，长约 2.5 mm

侧芽卵状圆锥形或长卵形，长 4~6 mm，红褐色，被锈色柔毛

榆科，朴属

——大叶朴 *Celtis koraiensis* Nakai

↑大叶朴树皮灰褐色，具不规则裂纹

↑侧芽卵状圆锥形或长卵形，长 4~6 mm，
红褐色，被锈色柔毛，紧贴枝

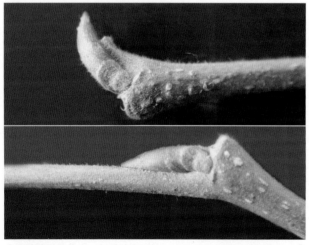

↑大叶朴无顶芽，一年生枝淡褐色，无毛或有时被白色短柔毛，具
有淡黄色皮孔

↑大叶朴叶迹3个，叶痕2列互生，极度隆起，半圆形

↑大叶朴二年生枝灰色或灰褐色，具同色皮孔

↑大叶朴高大乔木

↑大叶朴分隔髓或薄膜髓，白色

↑大叶朴核果及枯叶宿存，核果黑紫红色，果皮黄白色，有深皱褶

8. 侧芽单生或 2 个叠生

叶痕倒三角形，微隆起，暗褐色，叶迹 3 个，树皮暗灰色，浅纵裂

一年生枝节间短，褐色，无毛，密生绣色长圆形皮孔

叶芽扁三角状卵形，2 个叠生，花芽在老枝上簇生，灰紫色

实心髓细，白色

豆科，紫荆属

——紫荆 *Cercis chinensis* Bunge

↑紫荆一年生枝呈"之"字形曲折，节间短，褐色，无毛，
密生绣色长圆形皮孔，枝皮有轻度剥裂

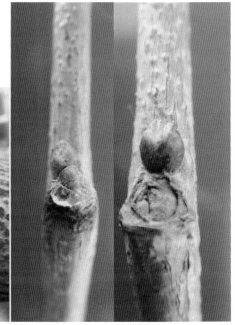

↗紫荆无顶芽，芽卵形至倒卵形，在小枝上单生，或 2~3 个叠生，花芽在老枝上常簇生，叠生或单生，灰紫色，球
形，芽鳞多数

↑紫荆灌木或小乔木，树冠扁圆形

↑紫荆树皮暗灰褐色，浅纵裂

↑紫荆叶迹3个，叶痕倒三角形，微隆起，暗褐色

↑紫荆二年生枝灰紫色

↑紫荆荚果宿存，黄褐色，种子扁圆形，紫檀色

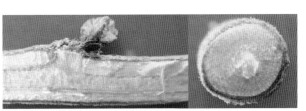

↑紫荆实心髓，粉白色

7. 侧芽单生

8. 树皮粉白色或金黄褐色

9. 树皮粉白色，呈多层纸片状剥裂，横线形皮孔，淡褐色

一年生枝红褐色，无毛，有稀疏腺点，有时具白色膜层

侧芽长卵形，无毛，微有黏液，雄花序 2~3 个宿存于枝顶

桦木科，桦木属

——白桦 *Betula platyphylla* Suk

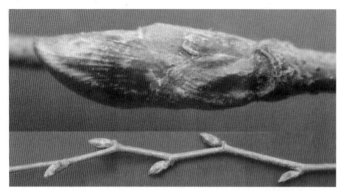

↑白桦叶迹 3 个，叶痕 2 列互生，新月形或半圆形，微隆起

↗白桦无顶芽，假顶芽比侧芽大，芽长卵形，红褐色，侧芽单生，无毛，微有黏液

↑白桦一年生枝红褐色，无毛，有稀疏腺点，有时具白色膜层

↑白桦树冠卵形

↑白桦树皮粉白色，呈多层纸片状，剥裂，横线形淡褐色皮孔

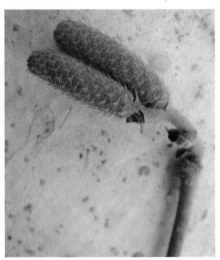

↑白桦雄花序 2~3 个宿存于枝顶

← 白桦二年生枝，灰褐色至灰紫色

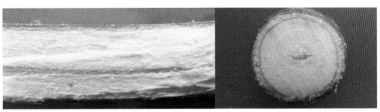

↑白桦海绵质髓，"一"字形，淡褐色，有时为淡绿色

9. 树皮金黄褐色，呈单层大片纸状剥裂，具明显白色皮孔

　一年生枝暗红色，微有毛，密生白色长圆形皮孔，疏具暗黄色腺体

　侧芽窄卵状圆锥形，无毛，有树脂，雄花序单个宿存于枝顶

　　桦木科，桦木属

　　——黄桦（风桦）*Betula costata* Trautv

↑树皮金黄褐色，呈单层大片纸状剥裂

↑黄桦无顶芽，假顶芽较侧芽稍大，芽窄卵状圆锥形，无毛，有树脂

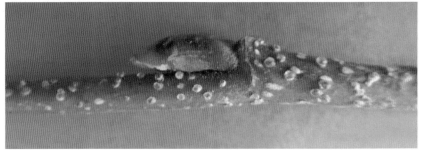

↑黄桦一年生枝暗红色，微有毛，密生白色长圆形皮孔，疏具暗黄色腺体

↑黄桦乔木，树高 20 m

↑黄桦雄花序单生于枝顶部的叶腋

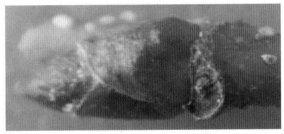

黄桦叶迹 3 个，中间大，叶痕二列互生，半圆形，稍隆起

↑黄桦实心髓，细，"一"字形

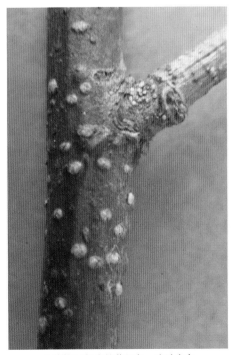

↑黄桦二年生枝紫红色，皮孔白色

8. 树皮非粉白色或金黄褐色

9. 芽有柄

　　侧芽长达 12 mm，椭圆形或纺锤形，常具有 1.0~1.5 mm 长的粗短芽柄

　　暗红色，被细柔毛

　　树皮棕黑色，一年生枝暗绿色，平滑有纵纹

　　叶痕半圆形至椭圆形，叶迹 3 个

　　　樟科，钓樟属

　　　——三桠钓樟 *Lindera obtusiloba* Biume

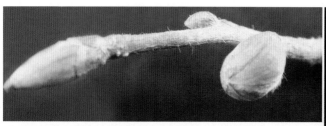

↗ 三桠钓樟无顶芽，假芽长达 12 mm，椭圆形或纺锤形，暗红色，常具有 1.0~1.5 mm 长的粗短芽柄，被细柔毛，花芽圆球形，暗红色，长 6~10 mm，芽鳞 2~3 片

↑ 一年生枝暗绿色，平滑有纵纹，疏生圆点形淡灰色皮孔，叶痕 2 列互生

↑三桠钓樟灌木或小乔木，树高 3~10 m

↑三桠钓樟树皮棕黑色

↑三桠钓樟叶迹 3 个至 3 组，C 形，叶痕半圆形

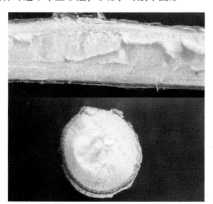

↑三桠钓樟海绵质髓，粗，白色

↑三桠钓樟二年生枝暗绿色，具皮孔

9. 芽无柄

10. 海绵质髓粗

11. 髓黑棕色

树皮灰褐色，纸片状剥落

一年生枝灰绿色，略有细棱，无毛或顶端有疏缘毛

侧芽宽卵形，略扁，长约 3 mm，木质部黑红色，茎皮有剧毒

豆科，怀槐属（马鞍树属）

——山槐 *Maackia amurensis Rupr et* Maxim

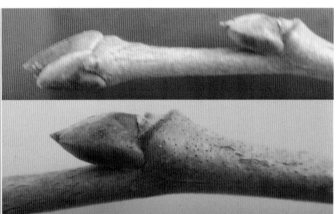

↖ 山槐芽无柄，无顶芽，假顶芽及
侧芽宽卵形，略扁，长 3~5 mm，
两侧有棱，紫褐色或暗紫色

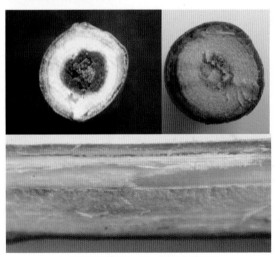

↑ 山槐海绵质髓，粗，褐色或黑棕色

↑ 山槐树皮灰褐色，纸片状剥落

↑山槐树冠卵圆形

↑山槐二年生枝棕色，或灰绿色疏生皮孔

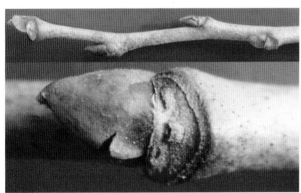

↑山槐叶迹3个，近"一"字形排列，叶痕2列互生，半圆形，微隆起，黄棕色

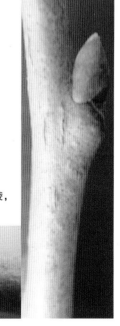

↘山槐一年生枝灰绿色或灰褐色，略有细棱，无毛或顶端有疏缘毛，疏生皮孔

11. 髓白色

　　树皮灰褐色，浅纵裂，裂片常翘起呈薄片状剥裂

　　一年生枝粗，2.5~4.5 mm，灰绿色或黄褐色，具横裂纹

　　疏具锈色圆形皮孔

　　无顶芽，叶芽扁卵状圆锥形，长 5~9 mm，花芽比叶芽略大，球形

　　　榆科，榆属

　　　　——裂叶榆（大叶榆）*Ulmus laciniata*（Trautv）Mayr

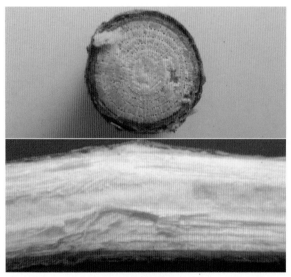

↑裂叶榆海绵质髓，白色

↑裂叶榆树皮灰褐色，薄片翘起状浅纵裂

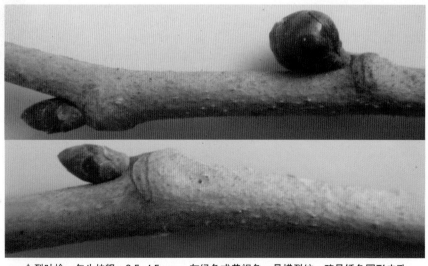

↑裂叶榆一年生枝粗，2.5~4.5 mm，灰绿色或黄褐色，具横裂纹，疏具锈色圆形皮孔

↑裂叶榆大乔木，树高27 m

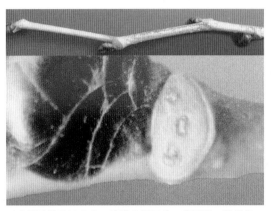

↑裂叶榆叶迹3个，叶痕2列互生，半圆形，黄棕色

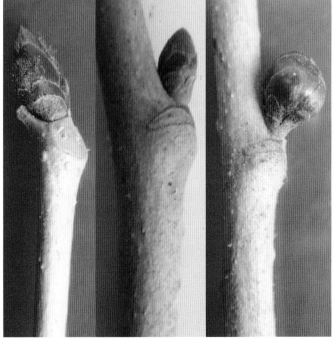

↑裂叶榆无顶芽，叶芽扁卵状圆锥形，长5~9 mm，花芽比叶芽略大，球形，芽紫红色，上部具绒毛

↑裂叶榆二年生枝灰色，皮粗糙

10. 海绵质髓细

11. 小枝具木栓翅或木栓棱

12. 小枝具 2 列木栓翅

枝皮深灰色、纵裂

一年生枝灰色或灰黄色，无毛或下部微有毛

散生棕色长圆形皮孔，二年生枝深灰色

榆科，榆属

——黄榆（大果榆）*Ulmus macrocarpa* Hance

↗黄榆萌枝和二年枝具二列木栓翅，二年生枝深灰色

↑黄榆一年生枝灰黄褐色，无毛或下部微有毛，散生棕色长圆形皮孔

↘黄榆无顶芽，具假顶芽，芽长卵形，
芽鳞多数，紫黑色，先端具黑紫色柔毛

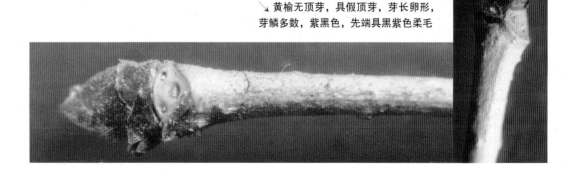

↑黄榆高大乔木，树冠宽卵形

↑黄榆树皮深灰色，纵裂

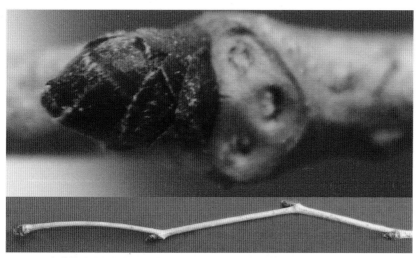

↑黄榆叶迹大多数为 3 个，叶痕 2 列互生，半圆形，边缘有红褐色环纹

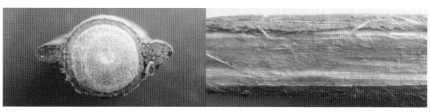

↑黄榆海绵质髓，细，白色

12. 小枝具 5 列以上不规则木栓棱

　　树皮灰白色，纵裂，一年生枝红褐色至紫红色，被灰褐色短柔毛

　稀无毛，疏生褐色圆形皮孔，二年生枝黑褐色，周围具木栓棱

　　榆科，榆属

　　　——翅春榆 *Ulmus propinqua* Koidz var *suberosa* Miyabe

↑翅春榆小枝周围具 5 列以上不规则木栓棱

↑翅春榆树皮灰白色，纵裂

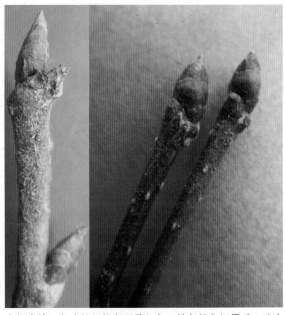

↑翅春榆一年生枝红褐色至紫红色，被灰褐色短柔毛，疏生褐色圆形皮孔，无顶芽，近枝顶的叶芽圆锥形，黑紫色

↑二年生枝黑褐色，周围具木栓棱

↑翅春榆乔木，树高 30 m

↑翅春榆叶迹 3 个，叶痕 2 列互生，半圆形，棕色

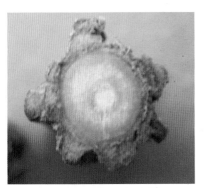

↑翅春榆海绵质髓，白色

↑翅春榆侧芽卵状圆锥形，紫黑色

11. 小枝不具木栓翅或木栓棱

12. 树皮灰色至灰白色

　　树皮灰色，浅纵裂，表层皮不剥落，一年生枝红褐色，无毛
　　散生黄色皮孔，叶芽卵形，紫红色，花芽卵圆形

　　　榆科，榆属

　　　　——旱榆（灰榆）*Ulmus glaucescens* Franch

↑旱榆小枝不具木栓翅或木栓棱，一年生枝灰褐色或红褐色，无毛，散生黄色皮孔

↑旱榆树皮灰色，浅纵裂，表皮不剥落

↑旱榆叶芽卵形，长 3~4 mm，花芽卵圆形，长 4.0~4.5 mm，紫红色，无毛，仅先端露出绣黄色长柔毛

↑旱榆乔木，树高 18 m

↑旱榆二年生枝灰褐色

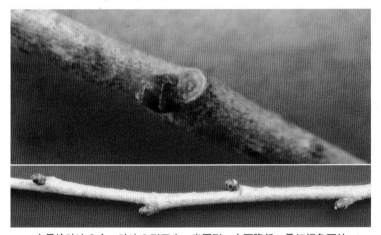

↑旱榆叶迹 3 个，叶迹 2 列互生，半圆形，小而隆起，具红褐色环纹

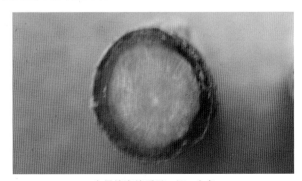

↑旱榆海绵质髓，细，白色

12. 树皮灰黑色至灰褐色

树皮灰黑色，深纵裂

一年生枝细，1.5~2.5 mm，灰白色，无毛，散生稀疏棕色圆形皮孔

叶芽扁圆锥形或扁卵形，长 1.5~2.5 mm，黑紫色

花芽近球形，长 4~5 mm

榆科，榆属

——白榆（家榆）*Ulmus pumila* L

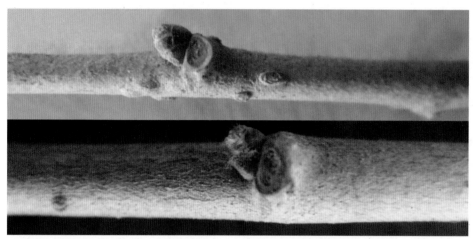

↑白榆一年生枝细，1.5~2.5 mm，灰白色或黄褐色，无毛，散生稀疏棕色圆形皮孔，略呈"之"字形曲折

↑白榆树皮灰黑色，深纵裂

↑白榆无顶芽，侧芽单生，或 2 个并生，长 1.5~2.5 mm，叶芽扁卵形，黑紫色，花芽近球形，红褐色，芽鳞边缘具白色长柔毛

↑白榆乔木，树高 25 m

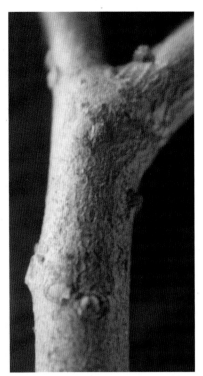

↑白榆二年生枝灰色

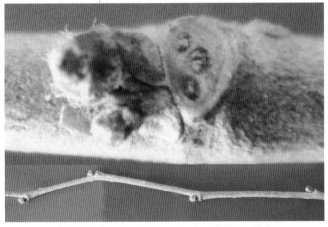

↑白榆叶迹 3 个，叶痕 2 列互生，半圆形，隆起

→ 白榆海绵质髓，
　　细，白色

5. 叶迹 3 组、3~5 组、5 个，5 个至多个，或更多

6. 叶迹 3 组、3~5 组

7. 叶迹 3 组

乔木，树高 15 m，一年生枝棕色或橘黄色，无毛，疏生灰白色皮孔

二年生枝灰色或紫灰色，叶痕 2 列互生，半圆形，隆起

无顶芽，假顶芽发达，长卵状圆锥形，长 8~14 mm

侧芽略小，芽暗黄色或棕色，无毛

桦木科，鹅耳枥属

——千金榆（半拉子）*Carpinus cordata* Blume

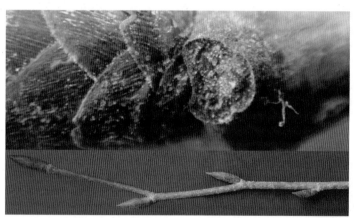

↑千金榆叶迹 3 组，各 C 形，叶痕 2 列互生，半圆形

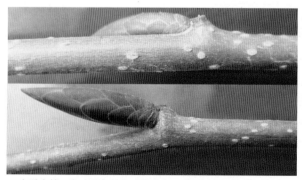

↑千金榆一年生枝灰棕色或橘黄色，无毛，疏生灰白色皮孔

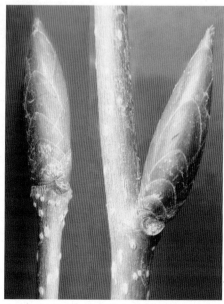

↑千金榆无顶芽，假顶芽发达，侧芽略小，芽红褐色或棕色，无毛

↑千金榆乔木，树高 15 m

↑千金榆树皮暗灰色，浅裂

↑千金榆树枝灰白色

↑千金榆二年枝灰色或紫灰色，光滑，具灰白色皮孔

↑千金榆海绵质髓，淡绿色

7. 叶迹 3~5 组

8. 一年生枝密生毛灰黄色短星状毛，灰紫色

树皮银灰白色，深纵裂

近枝顶的侧芽较大，宽卵形，长 6~8 mm，密被苍黄色星状毛

椴树科，椴树属

——糠椴 *Tilia mandshurica* Rupr et Maxim

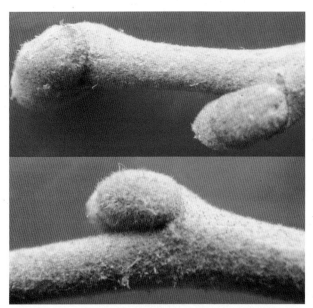

↑糠椴一年生枝灰黄绿色，密被紧贴的灰黄白色，短星状毛，毛长约 0.1 mm

↑糠椴侧芽宽卵形，长 3~4 mm，密被苍黄色星状毛

← 糠椴近枝顶的侧芽较大，宽卵形，长 6~8 mm，密被苍黄色星状毛，下部侧芽较小，长 3~4 mm

↑糠椴乔木，树高 20 m

↑糠椴树皮银灰白色，深纵裂

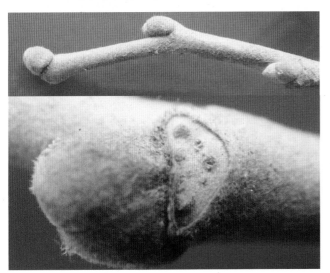

↑糠椴叶迹 3 组，叶痕 2 列互生，半圆形，褐色

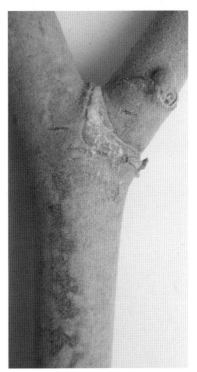

↑糠椴二年生枝灰色，微具灰白色毛

↑糠椴海绵质髓，白色

8. 一年生枝无毛

9. 芽卵形，先端尖，芽鳞 2 片，大小片长度之比为 2∶1

树皮暗灰色，纵裂，成片状剥裂

一年枝黄褐色或红褐色，呈"之"字形，皮孔微凸起，明显

椴树科，椴树属

——紫椴 *Tilia amrensis* Rupr

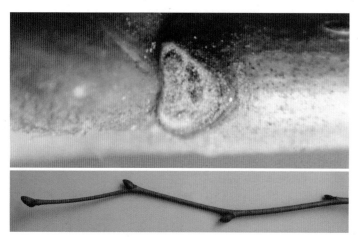

↑紫椴叶迹 3~5 组，叶痕 2 列互生半圆形，微隆起

↑紫椴一年生枝黄褐色或红褐色，无毛，呈"之"字形，皮孔微凸起

↑紫椴顶芽缺，芽卵形，先端尖，黄褐色或红褐色，光滑无毛，芽鳞 2 片，大小片长度比为 2∶1

↑紫椴乔木，树高 25 m

↑紫椴树皮暗灰褐色，成片状剥裂

↑紫椴二年生枝灰色

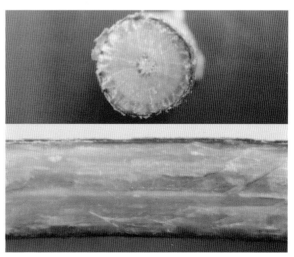

↑紫椴具有海绵质髓，白色

9. 芽卵形，先端钝，芽鳞2片，大小片长度之比为3：2

树皮灰褐色，碎片状浅纵裂

一年生枝灰绿色或带褐色，呈"之"字形，具隆起的圆形皮孔

椴树科，椴树属

——蒙椴 *Tilia mongolica* Maxim

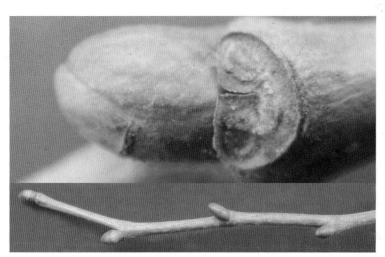

↑蒙椴叶迹3~5组，叶痕2列互生，半圆形

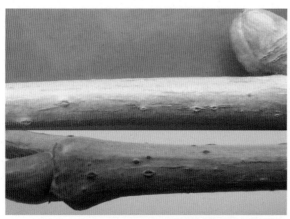

↑蒙椴一年生枝灰绿色或黄褐色，具隆起的圆形皮孔

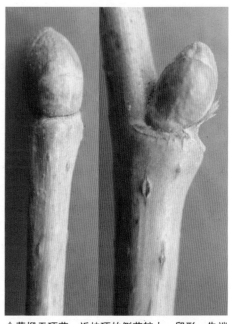

↑蒙椴无顶芽，近枝顶的侧芽较大，卵形，先端较钝，长4~6 mm，无毛，褐色，芽鳞2片，大小片长度之比为3：2

↑蒙椴乔木，树高 10 m

↑蒙椴树皮灰褐色，碎片状浅纵裂

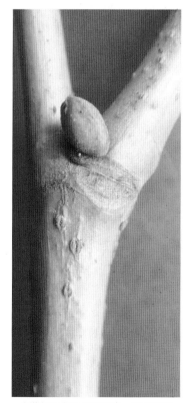

↑蒙椴二年生枝黄绿色，光滑无毛

↑蒙椴海绵质髓，白色

6. 叶迹5个、5个至多个，或更多

7. 叶迹5个，5至多个

8. 叶迹5个，环形

树冠宽圆形，一年生枝灰褐色，粗壮，径5~8 mm，密生灰白色刚毛

疏生锈色皮孔，二年生枝灰白色，毛短，叶痕皮孔较明显

叶痕半圆形，叶迹5个海绵质髓，粗，白色

萌枝髓空心，节间有隔，侧芽扁圆锥形或卵状圆锥形，灰棕色

桑科，构树属

——构树 *Broussonetia papyrifera* L

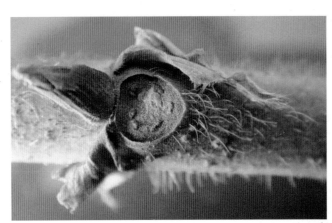

← 构树叶迹5个，呈环状，叶痕半圆形或近圆形，隆起，托叶宿存

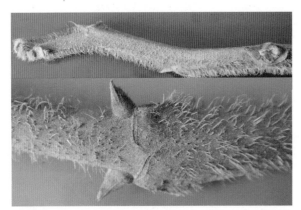

↑ 构树一年生枝灰色或灰褐色，粗壮，径5~8 mm，密生灰白色刚毛，疏生锈色皮孔，叶痕2列互生或对生，在萌发枝上螺旋状互生

↑ 构树无顶芽，侧芽扁卵状圆锥形，深灰棕色，被疏短毛

↑构树树冠宽圆形

↑构树树干灰色有褐色条纹，节部有花纹

↑构树体内具白色乳浆

↑构树二年生枝灰色，具棕色皮孔

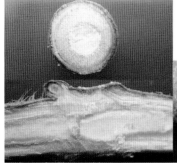

↑构树海绵质髓，粗，白色，节部有隔节，萌生枝空心髓

8. 叶迹 5 个至多个

9. 一年生枝紫红色、径 3~5 mm，无毛，具长圆形黄褐色皮孔

　　侧芽长达 8 mm，卵形，略扁，先端尖，微内曲，紫红色，具长缘毛

　　树皮灰褐色，纵裂

　　桑科，桑属

　　——蒙桑 *Morus mongolica* Schneid

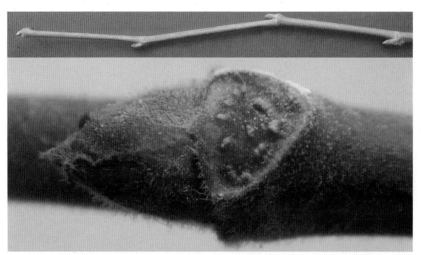

↑蒙桑叶迹 5 个至多个，叶痕 2 列互生，半圆形，长 3 mm，稍隆起

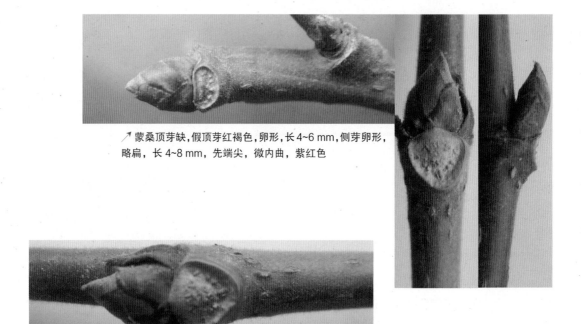

↗蒙桑顶芽缺，假顶芽红褐色，卵形，长 4~6 mm，侧芽卵形，
略扁，长 4~8 mm，先端尖，微内曲，紫红色

↑一年生枝紫红色，无毛，具长圆形黄褐色皮孔

↑蒙桑乔木，树高 12 m

↑蒙桑树皮灰褐色，纵裂

↑蒙桑二年生枝粗糙，暗紫红色，具纵裂纹，具皮孔

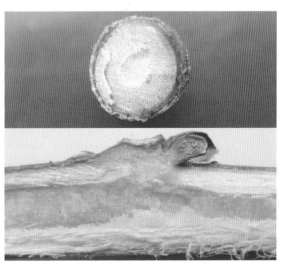

↑蒙桑海绵质髓，白色，节无横隔

9. 一年生枝灰黄色，径 2.0~3.5 mm，稍部具短绒毛，散生灰白色小皮孔

侧芽长 5 mm，扁球形或宽卵形，淡黄褐色，近无毛

树皮灰黄色，不规则纵裂

桑科，桑属

——桑树（家桑）*Morus alba* L

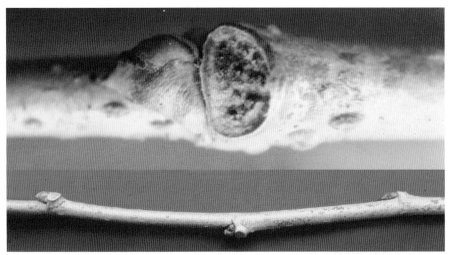

桑树叶迹 5 个至多个，散生，叶痕 2 列互生，半圆形或圆形，淡褐色，微隆起

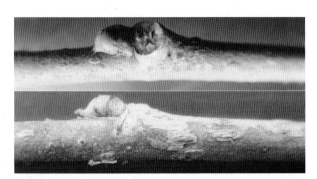

↑桑树一年生枝灰黄色，较细，径 2.0~3.5 mm，无毛或稍部具短绒毛，散生灰白色小皮孔

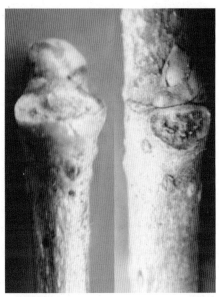

↑桑树无顶芽，侧芽长 5 mm，扁球形或宽卵形，淡黄褐色，近无毛

↑桑树乔木，树高 15 m

↑桑树树皮灰黄色，不规则纵裂

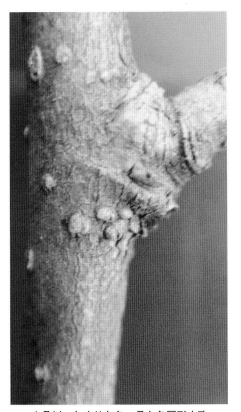

↑桑树二年生枝灰色，具白色圆形皮孔

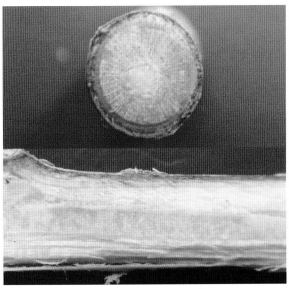

↑桑树海绵质髓，粗，白色

7. 叶迹 7~12 个，或多个散生

  8. 叶迹 7~12 个

    叶痕马蹄掌形，灰白色，叶迹 7 个，树皮浅灰色，平滑

    一年生枝节间长，灰褐色，无毛，疏生皮孔

    侧芽 2 个叠生，圆锥状球形，密被灰黄色绒毛

    海绵质髓粗大，圆形，白色

      八角枫科，八角枫属

        ——八角枫 *Alangium platannifolium*（Sieb et Zucc）Harms

↑八角枫叶迹 7 个，叶痕 2 列互生，马蹄掌形，灰白色

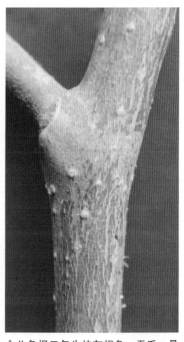

↑八角枫一年生枝节间长，有褐色条纹，灰褐色，无毛，疏生灰白色皮孔　　↑八角枫二年生枝灰褐色，无毛，具白色皮孔

↑八角枫小乔木或灌木，树高 7 m

↑八角枫树皮浅灰色，平滑

↖ 八角枫无顶芽，近枝顶的芽扁圆锥形，侧芽2个叠生，圆锥状球形，均灰褐色，密被灰黄色绒毛

↑八角枫海绵质髓，粗，白色

8.叶迹多数散生

　　树皮深灰色，不规则深纵裂

　　一年生枝径 3~5 mm，淡褐色或暗紫红色，被绒毛，疏具皮孔

　　无顶芽，侧芽宽卵形或三角状卵形，密被淡黄色绒毛

　　宿存枯叶椭圆状披针形，有锯齿，齿端芒状

　　　　壳斗科，栗属

　　　　　　——板栗 *Castanea mollissima* Biume

↑板栗叶迹多数散生，叶痕 2 列互生，半圆形或倒三角形，长 2~3 mm

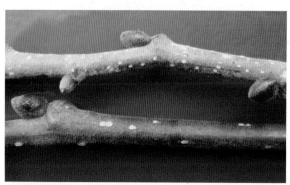

↑板栗无顶芽，一年生枝径 3~5 mm，淡褐色或暗紫红色，被绒毛，疏具白色圆形皮孔

↑板栗树皮深灰色，不规则深纵裂

↑板栗树冠卵圆形

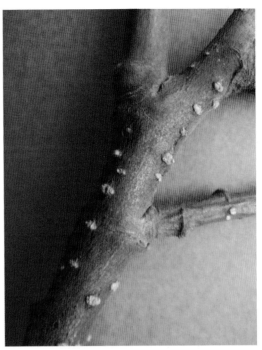

↑板栗二年生枝黑紫红色，具皮孔

↑板栗无顶芽，侧芽宽卵形或三角状卵形，长 3~5 mm，紫红色，密被淡黄色绒毛

↑板栗均质髓，白色，五角形

↑板栗宿存枯叶椭圆状披针形，有锯齿、齿端芒状

179

3. 叶痕螺旋状互生

4. 小枝具明显环状托叶痕

5. 有顶芽

6. 顶芽长 30~50 m

树皮平滑，淡紫色至紫褐色，老树皮有短纵裂纹

一年生枝粗壮，6~10 mm，绿紫色，无毛，皮孔散生，圆点形，开裂

顶芽发达，圆柱形，暗紫色

木兰科，木兰属

——日本厚朴 *Magnolia hypoleuca* Sieb et Zucc

↑日本厚朴一年生枝粗壮，6~10 mm，绿紫色，无毛，皮孔
散生，圆点形，开裂

↘日本厚朴顶芽发达，顶生叶芽圆柱形，长约
4 cm，先端钝尖，暗紫绿色，侧芽小，在 2 mm
以内，绿褐色，花芽纺锤形，芽有宿存叶柄

↑日本厚朴高大乔木，树高 30 m

↑日本厚朴树皮灰色，平滑

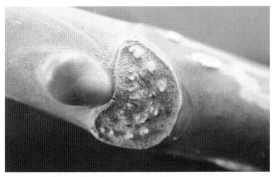

↑日本厚朴叶迹多数，散生，叶痕半圆形，在长枝上单生，
在短枝上密集而生

↑日本厚朴海绵质髓，粗，白色

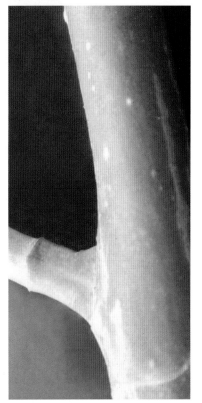

↑日本厚朴二年生枝淡灰褐色

6.顶芽长 10~20 mm

　　树皮灰色，浅纵裂。

　　一年生枝径 5~8 mm，灰色，无毛，皮孔少，圆点形，隆起

　　顶芽矩圆状椭圆形，长 12~18 mm，顶端圆钝扁，淡绿色，被白粉

　　木兰科，鹅掌楸属

　　　　——鹅掌楸（马褂木）*Liriodendron chinanse* Sarg

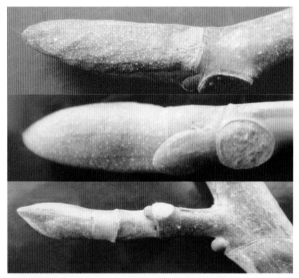

↑鹅掌楸顶芽发达，长 10~20 mm，炬圆状椭圆形，扁，两侧有棱脊，淡绿色或暗紫红色，被白粉，侧生小枝上的顶芽较小

↑鹅掌楸侧芽较小，褐色

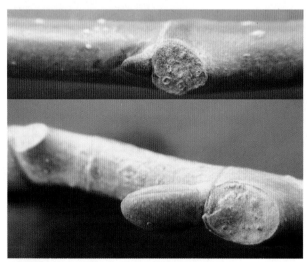

↑鹅掌楸一年生枝径 5~8 mm，灰色或灰紫色，无毛，皮孔少，圆点形，隆起

↑鹅掌楸乔木，树高 40 m

↑鹅掌楸树皮灰色，浅纵裂

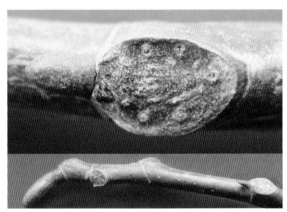

↑鹅掌楸叶迹 5 个以上，散生，叶痕螺旋状互生，圆形，隆起

↑鹅掌楸海绵质髓，较粗，白色

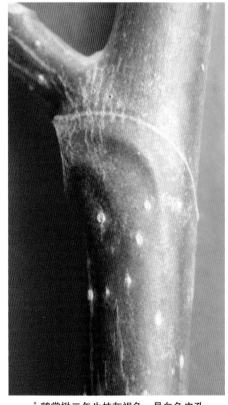

↑鹅掌楸二年生枝灰褐色，具白色皮孔

悬铃木属树种共同的形态特征：

高大乔木，一年生枝"之"字形曲折，灰绿色带褐色

叶痕螺旋状互生，圆环形，具环状托叶痕，叶迹 5~6 组

无顶芽，侧芽单生，柄下芽，芽鳞 1 片，风帽状

宿存球形聚合果序，海绵质髓，多角形，淡褐色或淡绿色

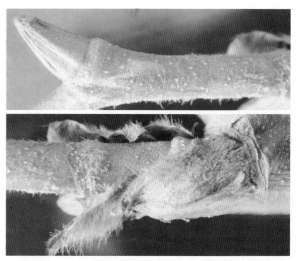

↑悬铃木一年生枝灰绿色带褐色，初有毛，密被椭圆形棕色皮孔，托叶宿存或脱落，托叶痕环形

↑悬铃木高大乔木，树高 40 m

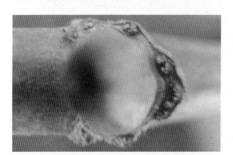

↑悬铃木叶迹 5~6 组，叶痕圆环状

↗悬铃木无顶芽，悬铃木侧芽单生，芽鳞 1 片，风帽状

↑悬铃木海绵质髓，多角形，淡褐色或淡绿色

5. 无顶芽

6. 树皮浅纵裂，小方块状剥裂，宿存花柱短粗，小坚果凸出的部分无毛
　　果序轴只 1 个球形果序，小坚果之间的毛不露出
　　　悬铃木科，悬铃木属
　　　——一球悬铃木（美国梧桐）*Platanus occidentalis* L

↑美桐树皮浅纵裂小方块状剥裂

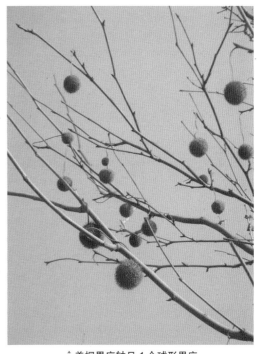

↑美桐果序轴只 1 个球形果序

↑美桐宿存花柱短粗，只 1 个球形果序

↑美桐小坚果之间的毛不露出，小坚果凸出的
部分无毛

6. 树皮不裂，只大片状剥落，宿存花柱呈刺状，小坚果凸出的部分有毛

7. 树皮小片剥落

　　果序轴通常具有 2 个球形果序，小坚果间露出极短毛

　　　　悬铃木科，悬铃木属

　　　　　　——二球悬铃木（英国梧桐）*Platanus hispanica* Muenchh

↑英桐树皮小片剥落

↑英桐果序轴通常具有 2 个，球形果序，小坚果间露出极短毛

↑英桐小坚果间露出极短毛

↑英桐果枝，果序轴，通常具有 2 个球形果序

7. 树皮大片剥落

果序轴通常具有3个球形果序，小坚果间露出长绒毛

悬铃木科，悬铃木属

——三球悬铃木（法国梧桐）*Platanus orientalia* L

↑法桐树皮大片剥落

↑法桐果序轴通常具有3个球形果序，小坚果间露出长绒毛

↑法桐小坚果间露出长绒毛

↑法桐果枝，果序轴，通常具有3个球形果序

4.小枝不具环状托叶痕

5.有顶芽

6.叶迹1个，叶痕密集，节间极短

7.有炬形短枝，有叶枕，有宿存球果，一年生枝棕色或褐色

8.芽球形或近球形，芽鳞先端钝圆

9.球果种鳞上部，边缘波状，显著向外反曲

长枝纤细，节间距极短，枝上有叶枕，叶痕密生，顶芽近球形

球果当年成熟，宿存，种鳞革质，成熟后不脱落

一年生枝淡红褐色，有白粉

松科，落叶松属

——日本落叶松 *Larix kaimpferi* Carr

↑日本落叶松叶痕密集，节间极短，有炬形短枝，有叶枕

↑日本落叶松一年生枝淡红褐色，有白粉

↑日本落叶松球果种鳞上部，边缘波状，显著向外反曲

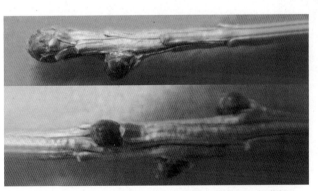

↑日本落叶松顶芽近球形，径2mm，紫褐色，有缘毛，侧芽较小，卵圆形或近球形，紫红色

↑日本落叶松高大乔木

↑日本落叶松树皮灰褐色，条形翘裂

↑日本落叶松叶迹1个，叶痕菱形，长0.5 mm

↑日本落叶松二年生枝黑褐色，具黑色纵沟

↑日本落叶松均质髓，淡褐色

9.球果种鳞上部边缘直伸，不向外反曲

一年生枝淡褐色，密生毛，种鳞 16~40 片

球果中部的种鳞长宽相等，近圆形

松科，落叶松属。

——长白落叶松（黄花松） *Larix olgensis* Henri

↑长白落叶松球果种鳞上部边缘直伸，不向外反曲，球果中部的种鳞长宽相等，近圆形

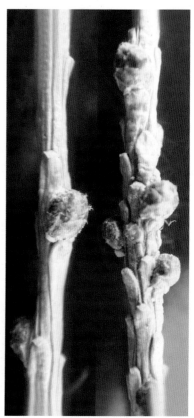

↑长白落叶松侧芽卵圆形或近球形，紫褐色，芽鳞膜质，有缘毛

↑长白落叶松顶芽卵形或卵状圆锥形，紫褐色，芽鳞膜质，有缘毛

↑长白落叶松一年生枝淡褐色，密生毛

↑长白落叶松高大乔木

↑长白落叶松树皮深褐灰色，片状剥裂

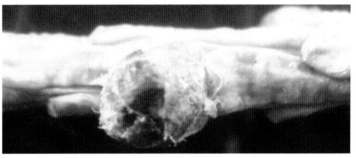

↑长白落叶松叶迹1个，叶痕菱形，长0.5 mm

↑长白落叶松灰褐色，短枝
上有缘毛

↑长白落叶松均质髓，淡黄色

8. 芽卵形，芽鳞先端尖锐

有长短枝之分，一年生枝淡灰色或淡褐灰色，无毛，有光泽

短枝炬形，枝上有密集成环状的叶枕，叶痕密生，二年生枝淡黄灰色

芽卵形或近球形，褐色，芽鳞10余片，先端刺尖形

球果当年成熟，种鳞脱落，仅存球果轴，种鳞木质，成熟后脱落

松科，金钱松属

——金钱松 *Pseudolarix amabilis* Rehd in

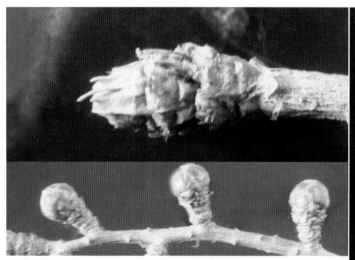

↗ 金钱松芽卵形或近球形，褐色或淡红褐色，芽鳞10余片，先端刺尖形

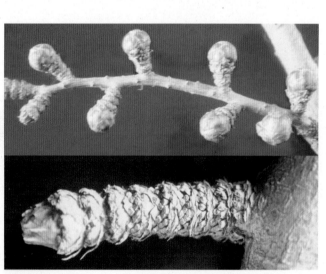

↑ 金钱松有长短枝之分，一年生枝淡灰色或淡褐灰色，无毛，有光泽，短枝炬形，枝上有密集成环状的叶枕，叶痕密生

↑金钱松高大乔木

↑金钱松树皮深灰褐色，深纵裂

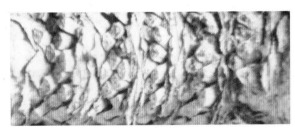

↑金钱松叶迹1个，叶痕密生，近正三角形

↑金钱松均质髓，淡褐色

↑金钱松二年生枝淡黄灰色

7. 无炬形短枝，无叶枕，常有残存的绿色鳞状叶，一年生枝绿色或褐色

一年生枝较细，皮孔不明显，无毛，叶痕小，交互对生，近圆形

顶芽发达，纺锤形，具四棱

杉科，水杉属

——水杉 *Metasequoia glyptostroboidea*　Hurt Cheng

↑水杉顶芽发达，纺锤形，具四棱

↑水杉侧芽单生，纺锤形，与枝开展成直角

↑水杉一年生枝较细，皮孔不明显，绿色或褐色，无毛，无炬形短枝，无叶枕，常有残存的绿色鳞状叶

↑水杉高大乔木，树冠窄小

↑水杉主干通直，树皮灰色，条形剥裂，露出褐色内皮

↑水杉叶迹1个，叶痕对生，圆形或半圆形

↑水杉海绵质髓，较细，淡褐色

↑水杉二年生枝灰褐色，皮剥裂

6.叶迹 2 个或 3 个

7.叶迹 2 个

大乔木，高达 40 m，树冠雌株宽卵形，雄株长卵形

树皮灰褐色，长块状开裂或不规则纵裂，一年生枝淡褐黄色，无毛

二年生枝灰色枝皮不规则裂纹，具短枝距形，有密集叶痕

叶痕半圆形，棕色，叶迹 2 个，顶芽发达，无托叶痕

顶芽宽卵形，长 3~5 mm，侧芽略小

银杏科，银杏属

——银杏 *Ginkgo biloba* L

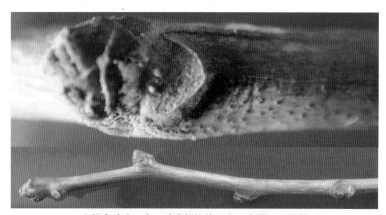

↑银杏叶迹 2 个，叶痕螺旋状互生，半圆形，棕色

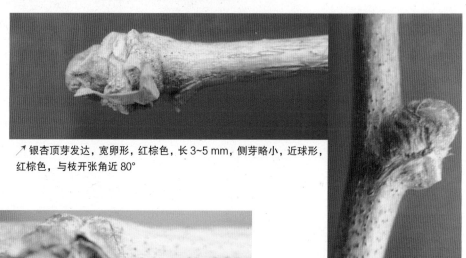

↗银杏顶芽发达，宽卵形，红棕色，长 3~5 mm，侧芽略小，近球形，红棕色，与枝开张角近 80°

↑银杏一年生枝淡褐黄色，无毛，具黑色圆点形皮孔

↑银杏雌性树冠宽卵形 　　↑银杏雄性树冠窄卵形 　　↑银杏树皮灰黑至灰褐色

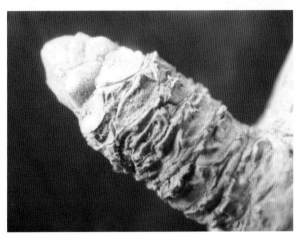

↑银杏短枝，炬形，具宽卵形顶芽和密集叶痕

↑银杏二年生枝深灰色，枝皮，具不规则裂纹或条形剥裂

↑银杏均质髓，淡褐色

7.叶迹3个、3组或更多

8.叶迹3个

9.海绵质髓，淡褐色，深黄色或红褐色

10.海绵质髓，淡褐色

11.二年生枝灰褐色

一年生枝径4~6 mm，红褐色，稍部疏被绒毛

具白色薄膜状表皮

顶芽长卵状圆锥形，长10~20 mm，先端渐尖，红褐色

密被灰白色长绒毛

蔷薇科，花楸属

——花楸树 *Sorbus pohuashanansis*（Hance）Hedl

← 花楸树二年生枝灰褐色，具灰白色长圆形皮孔

↗花楸树顶芽长卵状圆锥形，长10~20 mm，侧芽较小，长3~8 mm，被毛，贴枝，先端渐尖，红褐色，密被灰白色长绒毛

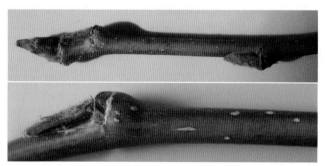

↑花楸树一年生枝，红褐色，稍部疏被绒毛，具白色薄膜状表皮

↑花楸树乔木，树高8 m

↑树皮灰色，不裂或老时浅纵裂

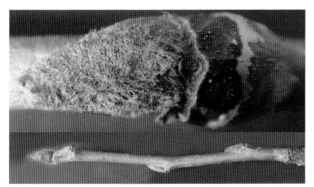

↑花楸树叶迹3个或5个，叶痕螺旋状互生，新月形或扁三角形，边缘紫黑色

↑花楸树海绵质髓，淡褐色

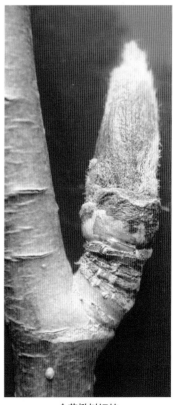

↑花楸树短枝

11.二年生枝灰紫褐色

　　树皮，一年生枝、二年生枝，均为灰褐色至紫褐色

　　顶芽发达，长卵形，长近 10 mm

　　侧芽长卵形，中间腹面被子白色长毛

　　　蔷薇科，花楸属（凉子木）

　　　　——水榆花楸 *Sorbus aleifolia*（Sieb et Zucc）K Kocc

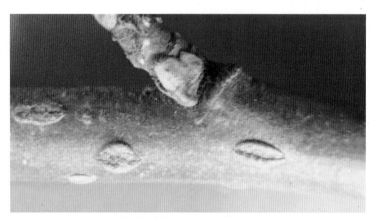

↑水榆花楸二年生枝灰紫褐色

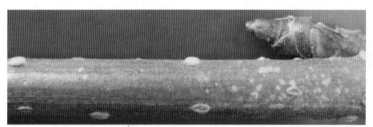

↑水榆花楸一年生枝灰褐色至红褐色，无毛，具灰白色椭圆形皮孔

↘水榆花楸顶芽发达，长卵形，长近 10 mm，红褐色，芽鳞边缘具有白色缘毛，侧芽长卵形，中间腹面被白色长毛

↑水榆花楸乔木，树高 20 m

↑水榆花楸树皮灰褐色至红褐色

↑水榆花楸叶迹 3 个，叶痕螺旋状互生，新月形或倒三角形，微隆起

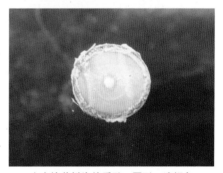

↑水榆花楸海绵质髓，圆形，淡褐色

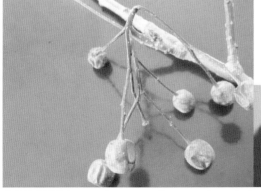

↑水榆花楸宿存梨果，径 0.7 cm，圆形，果红色，果柄暗红色，种子数枚，扁椭圆形，褐色，光亮

10. 海绵质髓，深黄色或淡红褐色

11. 海绵质髓，深黄色

树皮暗褐色，浅纵裂，一年生枝红褐色，被灰色短绒毛

散生椭圆形锈色皮孔

顶芽宽卵形，暗紫色，被短柔毛

漆树科，黄栌属

——毛黄栌 *Cotinus coggygria* Scop var *pubescens* Engl

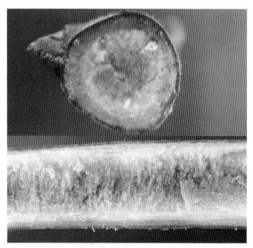

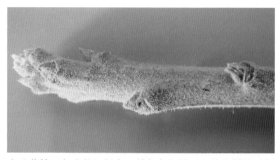

↑毛黄栌一年生枝红褐色，被灰色短绒毛，散生椭圆形锈色皮孔

↑毛黄栌海绵质髓，深黄色

↘毛黄栌顶芽小，长 4~5 mm，宽卵形，暗紫色，被短柔毛，侧芽略小，1.0~1.5 mm，贴枝单生，宽扁锥形，紫红色

↑毛黄栌树灌木或小乔木，树高 8 m

↑毛黄栌树皮暗褐色，浅纵裂

↑毛黄栌叶迹 3 个，叶痕螺旋状互生，新月形

↑毛黄栌枝皮具白色乳浆

↑毛黄栌二年生枝灰褐色，具纵条纹及蜡质白粉

11.海绵质髓，淡红褐色

　　树皮灰褐色，浅纵裂，一年生枝灰褐色，近无毛，密被近圆形皮孔

　　顶芽近球形，栗褐色，无毛

　　　无患子科，文冠果属

　　　　——文冠果 *Xanthoceras sorbifolia* Bunge

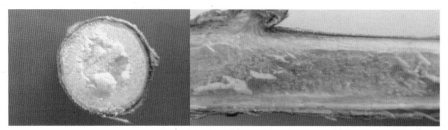

↑文冠果海绵质髓，淡红褐色

↗文冠果顶芽宽卵形或近球形，栗褐色，无毛，侧芽较小，芽鳞
2~3片，贴枝而生

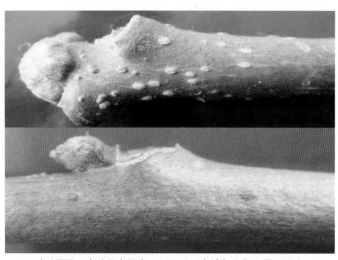

↑文冠果一年生枝灰褐色，近无毛，密被灰白色近圆形皮孔

↑文冠果乔木，树高 8 m

↑文冠果树皮灰褐色，浅纵裂

↑文冠果叶迹 3 个，各呈环形，叶痕螺旋状互生，半圆形，隆起

↑文冠果宿存蒴果，近球形，黄褐色，3 瓣裂，种子扁卵圆形，黑褐色，径约 1 cm

↑文冠果二年生枝灰褐色

9. 海绵质髓，白色

10. 顶芽与侧芽并生

11. 树皮暗紫红色，平滑，有光泽，具横列皮孔

一年生枝灰紫色，无毛，具剥落的膜状表皮层，二年生枝具纵裂

叶痕略隆起，三角状半圆形，黑褐色，边缘具黑色环带

有时花芽簇生

蔷薇科，李属

——山桃（山毛桃）*Prunus davidiana*（Carr）Franch

↑山桃顶芽与侧芽并生，侧芽 2~3 个并生，有时丛生

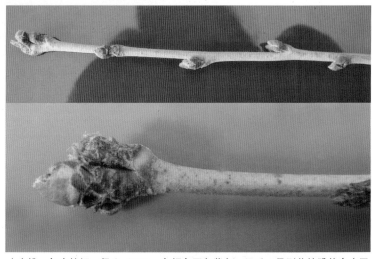

↑山桃一年生枝细，径 2~4 mm，灰褐色至灰紫色，无毛，具剥落的膜状表皮层

↑山桃小乔木，树高 6 m

↑山桃树皮暗红紫色，平滑，横向纸状剥裂，幼树皮紫红色

↑山桃叶迹 3 个，叶痕螺旋状互生，三角状半圆形，黑褐色

↑山桃二年枝黄褐色至红褐色，具有横生皮孔

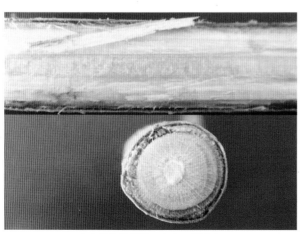

↑山桃海绵质髓，白色至粉白色

11. 树皮紫褐色，浅纵裂，无光泽，无皮孔

12. 一年生枝绿色，向阳面暗红色，无毛，有光泽

二年生枝红褐色，有横生皮孔，枝节处略膨大

侧芽3个并生，具白色柔毛，中间芽为叶芽，两侧芽为花芽，红褐色

蔷薇科，李属

——碧桃 *Prunus persica* Batsch. var. *duplex* Rehd

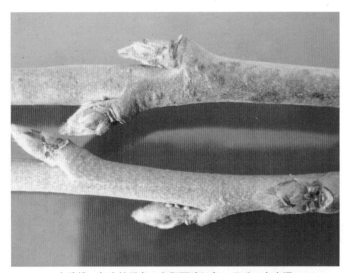

↑碧桃一年生枝绿色，向阳面暗红色，无毛，有光泽

↑碧桃顶芽与侧芽并生，侧芽单生或2~3个并生，暗紫红色，具白色绒毛，叶芽圆锥形，花芽为卵形

↑碧桃树冠宽阔

↑碧桃树皮紫褐色，具纵裂纹

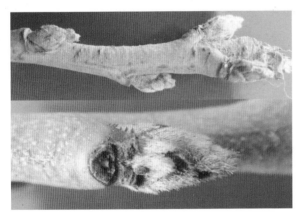

↑碧桃叶迹 3 个，叶痕螺旋状互生，半圆形，隆起

↑碧桃二年生枝红褐色，枝节处略膨大，具短枝

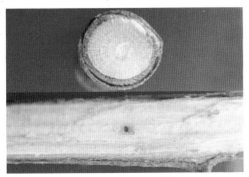

↑碧桃海绵质髓，白色

12. 一年生枝绿色，具白色绒毛，皮孔不明显

二年生枝绿褐色，有褐色皮孔

顶芽发达。顶芽与侧芽并生

侧芽3个并生，中间的为叶芽，两侧的为花芽，均具白色柔毛

髓细，白色

    蔷薇科，李属

      ——紫叶碧桃 *Prunus persica* f. *atropurea–plena*

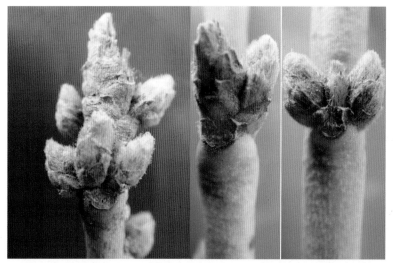

↑紫叶碧桃顶芽与侧芽并生，侧芽单生或2~3个并生，暗紫红色，均具白色柔毛，叶芽圆锥形，花芽卵圆形

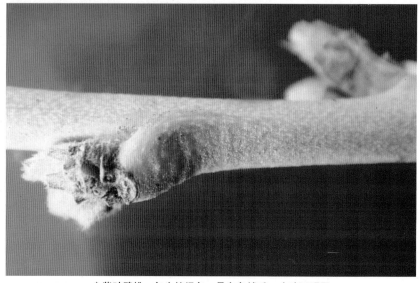

↑紫叶碧桃一年生枝绿色，具白色绒毛，皮孔不明显

↑紫叶碧桃树冠近圆形

↑紫叶碧桃树皮黑灰色，不规则纵裂

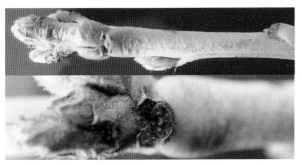

↑紫叶碧桃叶迹3个，叶痕螺旋状互生，微隆起，暗紫黑色

↑紫叶碧桃海绵质髓，白色

↑紫叶碧桃二年生枝绿褐色，或紫褐色，具短枝

10. 顶芽单生

　11. 顶芽卵状圆锥形

　　12. 树皮暗灰色

　　　13. 树皮平滑，稍有光泽，有横纹

　　　　　一年生枝栗褐色，无毛，有光泽，皮孔圆形，棕色

　　　　　侧芽紫红色，叶芽长圆锥形，花芽卵状圆锥形，先端钝

　　　　　蔷薇科，李属

　　　　　——日本樱花 *Prunus yedoensis* Matsum

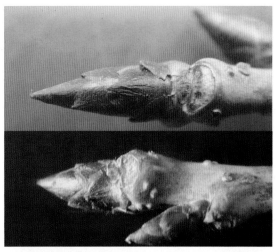

↑日本樱花顶芽单生卵状圆锥形，长 6~8 mm，暗紫红色，芽鳞上半部疏被白色短绒毛

↑日本樱花树皮暗灰色，平滑，稍有光泽，有横纹

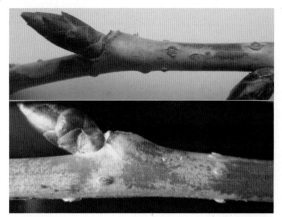

↑日本樱花一年生枝棕黄色至栗褐色，无毛，有光泽并具蜡质白粉

↑日本樱花短枝明显

↑日本樱花乔木，树高 10 m

↑日本樱花二年生枝灰黄色，皮孔隆起

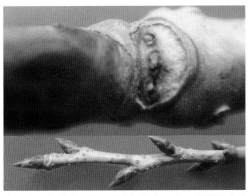

↑日本樱花叶迹 3 个，叶痕螺旋状互生，半圆形或新月形，隆起

↘日本樱花侧芽紫红色，叶芽长圆锥形，花芽卵状圆锥形，先端钝

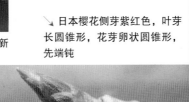

↑日本樱花海绵质髓，白色

13. 树皮粗糙

　顶芽单生，卵状圆锥形，栗褐色，芽鳞尖端外翘

　一年生枝淡褐色，具密伏生毛

　　蔷薇科，李属（黑樱桃）

　　——深山樱 *Prunus maximowiczii* Rupr

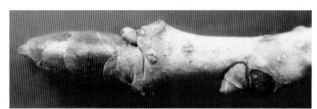

↑深山樱顶芽单生，卵状圆锥形，栗褐色，芽鳞尖端外翘

↑深山樱树皮暗灰色，粗糙

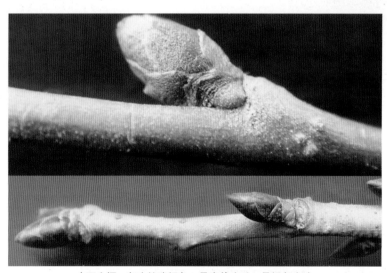

↑深山樱一年生枝淡褐色，具密伏生毛，具褐色皮孔

↑深山樱树冠窄，树枝斜上展

↑深山樱二年生枝灰褐色，皮孔少，局部被白色蜡质膜层，具短枝

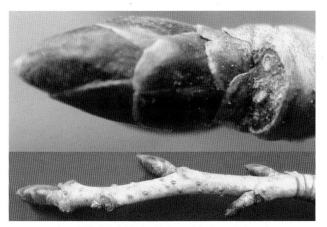

↑深山樱叶痕半圆形，隆起，淡褐色，叶迹3个

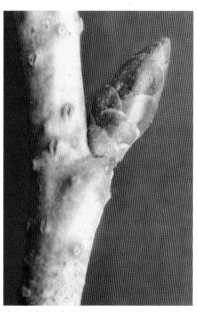

↑深山樱侧芽单生，卵形，栗褐色至紫红色，有缘毛

↑深山樱海绵质髓，白色

12. 树皮暗褐色，粗糙

一年生枝灰黄色，无毛，皮孔圆形，褐色

二年生枝灰白色，具剥落的膜状表皮，剥落后露出紫色内皮

髓粗，近四边形，褐色

蔷薇科，李属

——大山樱（樱花）*Prunus sargentii* Rehd

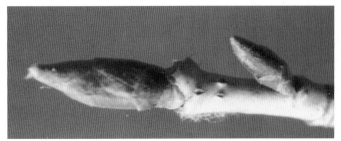

↑大山樱顶芽单生，卵状圆锥形，暗紫色，无毛

↑大山樱树皮暗褐色，纸状卷裂

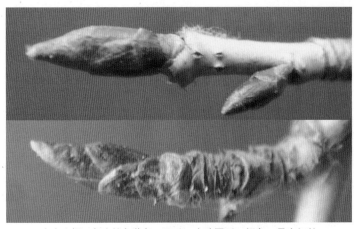

↑大山樱一年生枝灰黄色，无毛，皮孔圆形，褐色，具有短枝

↑大山樱乔木，树高 20 m

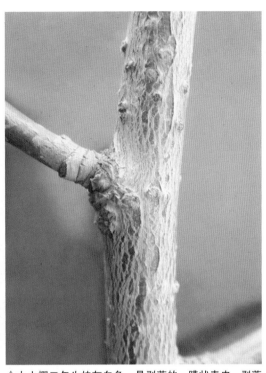

↑大山樱二年生枝灰白色，具剥落的，膜状表皮，剥落
后露出紫色内皮

↑大山樱叶迹 3 个，叶痕倒三角状新月形

↑大山樱髓较粗，白色或褐色

↑大山樱侧芽单生，卵形，暗紫色，与枝开张角 45°

11. 顶芽非卵状圆锥形

12. 顶芽长卵状圆锥形

13. 侧芽卵状圆锥形，芽鳞淡黄褐色及黑紫色，不弯曲，不贴枝

树皮灰黑色，粗糙，具纵斑纹，剥时有臭味

一年生枝灰紫红色，无毛，光滑，被白色圆形凸起皮孔

二年生枝灰紫色，无毛，被黄白色圆形凸起皮孔

髓五角形，白色

蔷薇科，李属

——稠李（臭李子）*Prunus padus* L

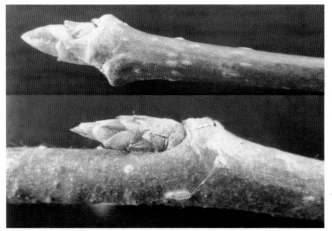

↑稠李顶芽长卵状圆锥形，侧芽卵状圆锥形，芽鳞淡黄褐色及黑紫色，不弯曲，不贴枝

↑稠李一年生枝灰紫红褐色，光滑，无毛，被白色长圆形皮孔

← 稠李树皮灰黑色，粗糙，具纵斑纹，剥时有臭味

↑稠李乔木，树高 15 m

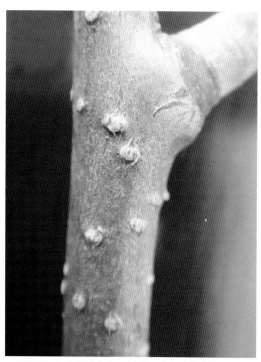

↑稠李二年生枝紫灰色，无毛，疏生淡黄色圆形皮孔

↑稠李叶痕螺旋状互生，微隆起，锈色，叶迹 3 个

→ 稠李海绵质髓，
五角形，白色

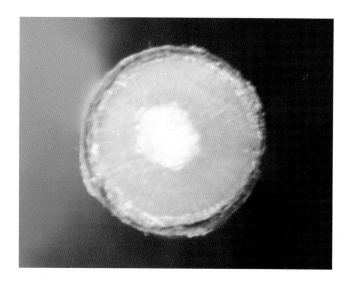

13. 侧芽长卵状圆锥形，先端尖，芽鳞黄褐色及褐色，弯曲，贴枝

　　树皮淡灰色，较粗糙，具横斑纹，剥时有臭味

　　一年生枝灰褐色，无毛，具剥落的白色蜡质薄层，无皮孔

　　二年生枝灰褐色，无毛，具剥落的白色蜡质薄层，无皮孔

　　髓近五角形，白色

　　　蔷薇科，李属

　　　　——紫叶稠李 *Prunus wilsonii*（Prunus virginiana）

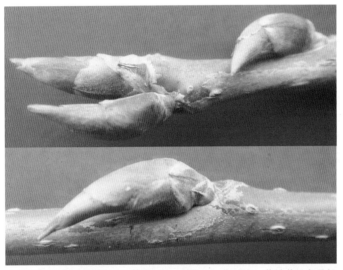

↑紫叶稠李长卵状圆锥形，侧芽长卵状圆锥形，先端尖，芽鳞黄褐色及褐色，弯曲，贴枝

↑紫叶稠李一年生枝灰褐色，无毛，具剥落的白色蜡质薄层，无皮孔

←紫叶稠李树皮淡灰色，较粗糙，具横斑纹，剥时有臭味

↑紫叶稠李乔木，树冠宽卵形

↑紫叶稠李二年生枝灰褐色，无毛，具剥落的白色蜡质薄层，无皮孔

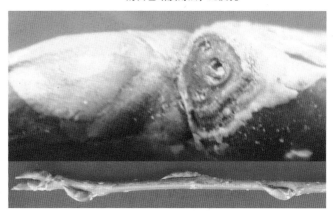

↑紫叶稠李叶迹3个，叶痕螺旋状互生，近倒三角形

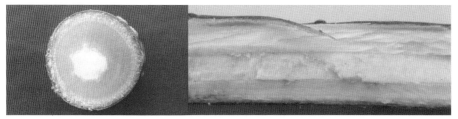

↑紫叶稠李海绵质髓，近五角形，白色

12. 顶芽卵形，或长卵形或长椭圆形

13. 顶芽卵形，叶痕与芽之间有毛

顶芽长 5~6 mm，紫红褐色

侧芽扁卵形，上部黑紫色，中下部红褐色，不贴枝

一年生枝径 2~4 mm，曲折，红褐色，枝顶部密被短柔毛

蔷薇科，苹果属

——西府海棠 *Malus micromalus* Makino

↑西府海棠顶芽卵形，顶芽长 5~6 mm，紫红褐色，叶痕与芽之间有毛

↗西府海棠侧芽扁卵形，上部黑紫色，中下部红褐色，不贴枝

↑西府海棠一年生枝径 2~4 mm，曲折，红褐色，枝顶部密被短柔毛

↑西府海棠小乔木，树高5 m

↑西府海棠树皮褐色或灰褐色，浅裂

↑西府海棠叶迹3个，叶痕螺旋状互生，倒三角形，隆起

↑西府海棠二年生枝紫灰色

↑西府海棠具短枝，短枝疏被毛

↑枯叶宿存

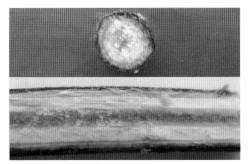

↑西府海棠海绵质髓，褐色

13. 顶芽长卵形或长椭圆形，叶痕与芽之间无毛

　　顶芽大，长 7~10 m，淡绿带红色，侧芽常缺或较小

　　一年生枝径 1~6 mm，通直，深紫红色，无毛

　　树皮暗灰色，平滑，浅纵裂，叶痕新月形，隆起

　　　山茱萸科，梾木属

　　　　——灯台树 *Cornus controversa* Hemsl

↑ 顶芽长卵形或长椭圆形，叶痕与芽之间无毛，顶芽大，淡绿带红色，侧芽常缺或极小，暗紫红色

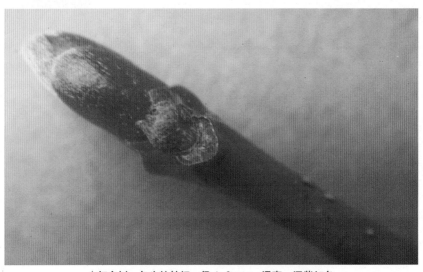

↑ 灯台树一年生枝较细，径 1~6 mm，通直，深紫红色

↑灯台树树冠宽卵形，侧枝平直

↑树皮暗灰色，平滑，浅纵裂

← 灯台树叶痕螺旋状互生，
新月形，隆起，叶迹3个

← 灯台树枝干

↑灯台树海绵质髓，白色

8. 叶迹 3 组、3 个至 3 组或更多

9. 叶迹 3 组

10. 分隔髓

11. 裸芽

芽有柄，芽被褐色盾状腺鳞

树皮灰褐色，幼时平滑，老时深纵裂

一年生枝灰棕色，无毛

二年生枝灰绿色，有褐色长圆形皮孔，有锈色腺鳞，髓褐色

顶芽大，长 10~25 mm，侧芽较大，长 3~15 mm

核桃科，枫杨属

——枫杨（平安柳）*Pterocarya stenoptera* C DC

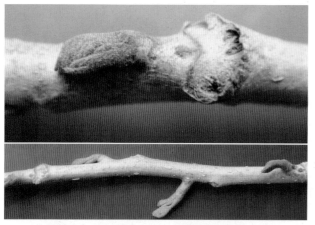

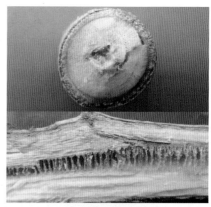

↑枫杨分隔髓，褐色

↑枫杨叶迹 3 组，各为 C 形，叶痕螺旋状互生，V 形

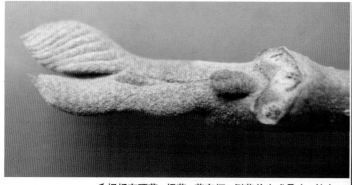

↗枫杨有顶芽，裸芽，芽有柄，侧芽单生或叠生，较大，长 3~15 mm，芽被褐色盾状腺鳞

↑枫杨乔木，树高 30 m

↑枫杨树皮灰褐色，浅纵裂

↑枫杨翅果宿存

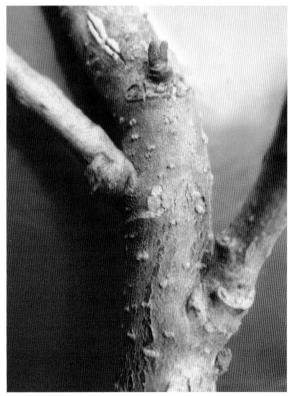

↑枫杨二年生枝紫绿色，具淡褐色皮孔

11. 鳞芽

12. 分隔髓褐色，树皮灰绿至灰白色，幼时平滑，老时纵裂

一年生枝灰绿色或黄绿色，无毛，常有灰白色膜质层

叶迹3组，各为C形，叶痕倒三角形，长8~10 mm

顶芽近球形，灰绿色，无毛或被黄色疏毛

侧芽近球形，单生或2个叠生，一枝开展呈45°角

胡桃科，胡桃属

—— 核桃 *Juglans regia* L

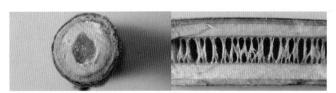

↑核桃分隔髓，褐色

核桃顶芽近球形，灰绿色或灰黄色，无毛或被黄色疏毛

↗核桃侧芽近球形，单生或2个叠生，与枝开展呈45°角

↑核桃一年生枝灰绿色或黄绿色，无毛，常有灰白色膜质层

↑核桃树冠宽卵形

↑核桃树皮灰绿至灰白色，幼时平滑，老时纵裂

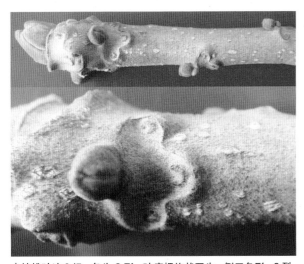

↑核桃叶迹3组，各为C形，叶痕螺旋状互生，倒三角形，3裂，长8~10 mm

↑核桃二年生枝深灰绿色或褐色

12.髓淡黄色，树皮灰色至暗灰色，幼时平滑，老时浅纵裂

一年生枝驼黄色，被黄色绒毛或星状毛

叶痕盾形或三菱形，长 5~10 mm

顶芽三角状卵形，驼黄色，芽鳞 2 片，密被黄色绒毛

胡桃科，胡桃属

—— 核桃楸 *Juglans mandshurica* Maxim

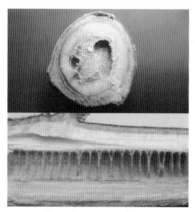

↑核桃楸分隔髓，淡黄色

↑核桃楸顶芽三角状卵形，驼黄色，密被黄色绒毛

↗核桃楸侧芽单生或 2 个叠生，卵形，长 2~5 mm，淡黄褐色，被淡黄色绒毛

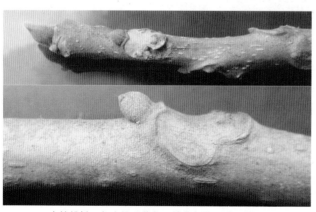

↑核桃楸一年生枝驼黄色，被黄色绒毛或星状毛

↑核桃楸树冠宽卵形

↑核桃楸树皮灰色至暗灰色，幼时平滑，老时浅纵裂

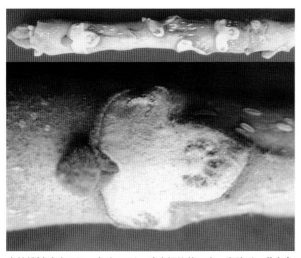

↑核桃楸叶迹3组，各为C形，叶痕螺旋状互生，猴脸形，黄白色

↑核桃楸二年生枝深灰色，具白色皮孔

10. 均质髓

11. 小枝波浪形扭曲

12. 树冠窄圆柱形，树皮灰白色，平滑，菱形皮孔较小，较稀疏

整个树体中树枝不直，呈波浪形弯曲

顶芽长卵形，长5 mm，顶端略尖

杨柳科，杨属

——新疆杨 *Populus alba* L var *pyramidalis* Bunge

↑新疆杨枝波浪形扭曲

↑新疆杨树冠窄圆柱形

↑新疆杨侧芽卵状圆锥形，黑紫红色，被白粉

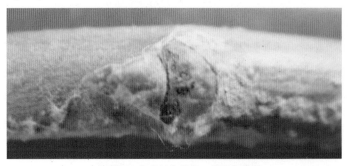

↑新疆杨一年生枝灰绿色，具白色膜层

↑新疆杨树皮灰白色，平滑，菱形皮孔较小，较稀疏

↑新疆杨二年生枝绿色，平滑

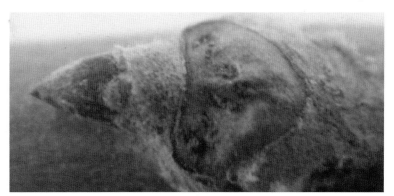

↑新疆杨叶迹3组，各C形，叶痕螺旋状互生，倒三角形，黑褐色，不隆起

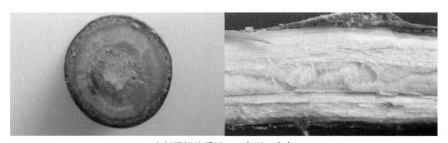

↑新疆杨均质髓，五角形，白色

12. 树冠卵状圆锥形，树皮灰绿色，较平滑，菱形皮孔较大，密集

树体中只有一年、二年生枝，有轻度波浪形弯曲

杨柳科，杨属

——银中杨 *Populus alba* x P. *berolinensis*

↗银中杨树冠卵状圆锥形，树皮
灰绿色，菱形皮孔大，密集

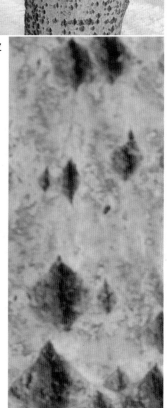

↑银中杨小枝轻度波浪弯曲

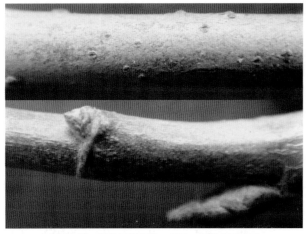

↑银中杨一年生枝绿灰色，无毛，具淡褐色皮孔

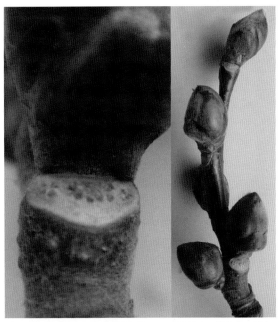

↑银中杨叶迹3组，叶痕螺旋状互生，半圆形，黄白色，隆起

↑银中杨二年生枝灰褐色

↑银中杨顶芽宽卵圆形，先端钝，黑紫褐色，尖有毛

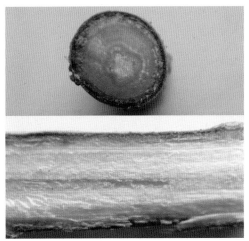

↑银中杨海绵质髓，五角形，淡褐色

↑银中杨叶芽圆锥形，黑紫褐色，花芽菱状卵圆形，褐色

11. 小枝非波浪形扭曲

12. 树皮灰白色或灰褐色

13. 树皮灰白色

一年生枝径 3~5 mm，橄榄绿色，幼时有毛渐无毛，有白色膜质层

顶芽较大，长 10~15 mm，卵状圆锥形，淡褐色，密被灰白色绒毛

杨柳科，杨属

——毛白杨 *Populus tomentosa* Carr

← 毛白杨树皮灰
白色，深纵裂

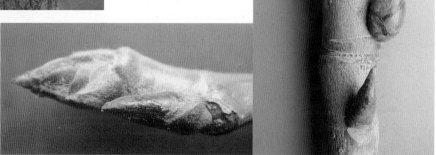

↑毛白杨顶芽较大，长 10~15 mm，卵状圆锥形，红褐色，密被灰白色绒毛，侧芽三角状卵形，不贴枝

← 毛白杨一年生枝径 3~5 mm，橄榄绿色，幼时有毛，渐无毛，有白色膜质层

↑毛白杨高大乔木，树冠宽卵形

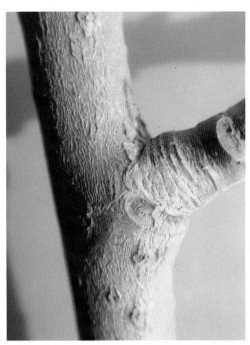

↑毛白杨二年生枝灰褐色，枝皮微裂，有皮孔

↑叶迹3组，呈3点或4点状排列，毛白杨叶痕半圆形或倒三角形，隆起

↑毛白杨芽常分泌黏液

↑毛白杨均质髓，五角形，淡褐色

13. 树皮灰褐色，粗糙，幼树干上有多条纵棱

14. 树冠开展，侧枝开张角大于 60°

　　一年生枝径 3~5 mm，红褐色，顶芽较大，长 10~12 mm，紫褐色

　　杨柳科，杨属

　　——中华红叶杨 *Populus deltoids* cv. Zhonghua hongye

↑中华红叶杨树皮灰褐色，粗糙，幼树皮上有多条纵棱

↑中华红叶杨树冠开展，侧枝开张角大于 60°

↑中华红叶杨一年生枝径 3~5 mm，红褐色，具数条纵棱，具深褐色圆形皮孔

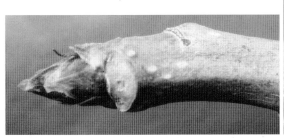

↑ 中华红叶杨顶芽较大，卵状圆锥形，侧芽圆锥形，比顶芽小，芽紫褐色

↑ 中华红叶杨二年生枝灰褐色，具纵棱及黄白色椭圆形皮孔

↑ 中华红叶杨叶迹 3 组，叶痕螺旋状互生，倒三角形至五角形

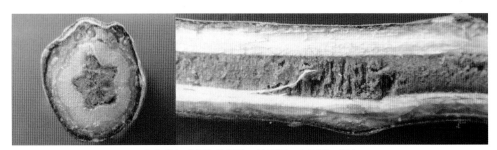

↑ 中华红叶杨海绵质髓，呈明显五角星形，褐色

14. 树冠狭窄，侧枝开张角小于 45°

15. 顶芽紫红色，圆锥形，长 10~12 cm，芽鳞上有黄褐色蜡层

一年生枝黄褐色，具有黄白色长圆形皮孔

树皮灰褐色至褐色，粗糙，幼树皮上具有多条纵棱

杨柳科，杨属

—— 107 杨 *Populus × euramiricana* 'NaVa'

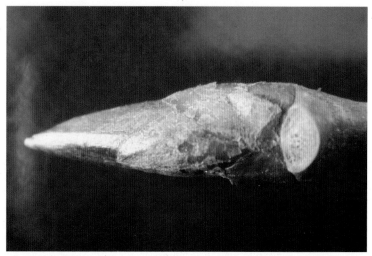

↑ 107 杨顶芽圆锥形，长 10~12 cm，紫红色，芽鳞上有黄褐色蜡质膜层

↑ 107 杨树树皮灰褐色至褐色，粗糙，幼树皮上具
有多条纵棱

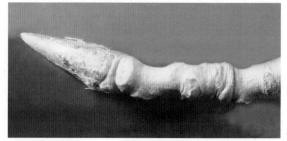

↑ 107 杨一年生枝黄褐色，具有黄白色长圆形皮孔

↑ 107 杨树冠狭窄，侧枝开张角小于 45°

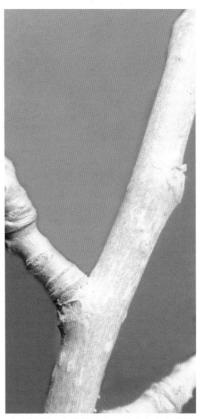

↑ 107 杨二年生枝灰色，具有灰白色皮孔

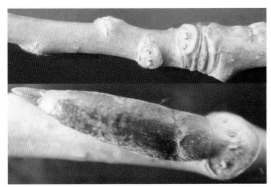

叶迹 3 组，呈 3 个或 4 个点状排列，107 杨叶痕螺旋状互生，微隆起，黄褐色

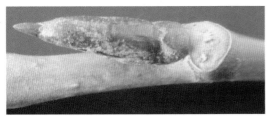

↑ 107 杨侧芽比顶芽小，长 8~10 mm，圆锥形，紫红色，上有黄褐色蜡质膜层

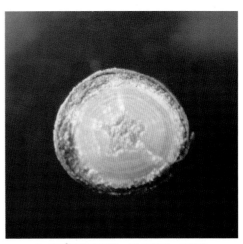

↑ 107 杨海绵质髓，五角星形，淡褐色

15. 树冠不狭窄，侧枝开张角大于 45°

  顶芽绿色，圆锥形，长 10~12 cm，芽鳞上部红褐色

  一年生枝黄褐色，密被白色短绒毛，具有黄白色长圆形皮孔

  树皮灰褐色至淡褐色，较平滑，幼树皮上纵棱较轻

  杨柳科，杨属

    ——108 杨 *Populus × euramiricana* 'Guariento'

→ 108 杨顶芽圆锥形，长 10~12 cm，绿色，芽鳞上部红褐色

↑ 108 杨树皮灰褐色至淡褐色，较平滑，幼树皮上纵棱较轻

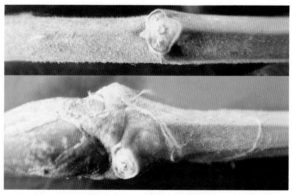

↑ 108 杨一年生枝淡绿褐色，密被白色短绒毛，具有稀疏黄白色长圆形皮孔

↑ 108 杨树冠不狭窄，侧枝开张角大于 45°

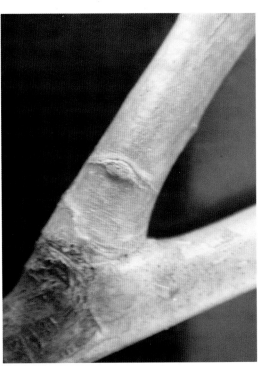

↑ 108 杨二年生枝灰黄色，较光滑

↑ 108 杨叶痕螺旋状互生，微隆起，淡黄褐色，叶迹 3 组，呈 3 点状排列

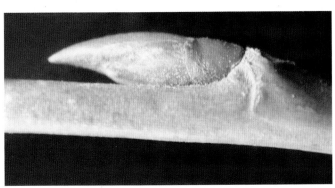

↑ 108 杨侧芽圆锥形，绿色，尖部及根部褐色，微具白色短绒毛

↑ 108 杨海绵质髓，五角星形，黄褐色

9. 叶迹 5 个，6 个至多个，或更多

10. 叶迹 5 个

树皮灰褐色，窄条状剥裂

一年生枝灰褐色，径 7~12 mm，被白色绒毛，散生锈黄色圆形皮孔

断枝有香气，叶痕倒盾形，淡黄棕色，叶迹 5 个，V 形排列

顶芽卵状圆锥形，长 9~15 mm，淡棕色，密被绒毛

楝科，香椿属

——香椿 *Toona sinansis*（A Jucc）Roem

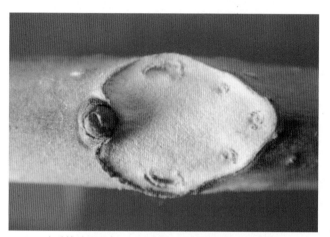

↑香椿叶迹 5 个，V 形排列，叶痕倒盾形，淡黄棕色

↑香椿树皮灰褐色，窄条状剥裂

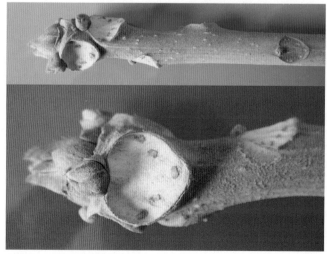

↑香椿一年生枝灰色或灰褐色，径 7~12 mm，被白色绒毛，散生锈黄色圆形皮孔，断枝有香气

↑香椿乔木，树高 25 m

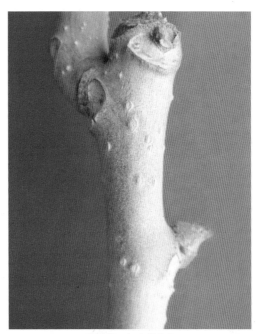

↑香椿二年生枝灰色

← 香椿顶芽卵状圆锥形，长 9~15 mm，淡棕色，密被绒毛，芽鳞先端尖，向外弯曲

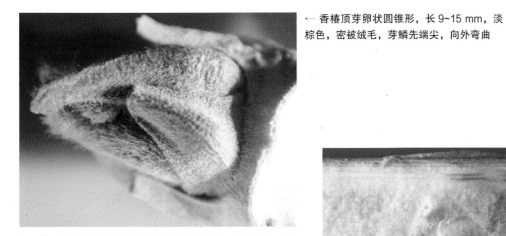

↑香椿侧芽小，半球形，长 2~3 mm，最外 2 片芽鳞对生

↑香椿海绵质髓，粗壮，淡褐色

10.叶迹6个至多个、7~13组、7个至多个，叶迹多数散生

11.叶迹6个至多个，有顶芽

树皮灰褐色，粗糙，一年生枝粗壮，径5~11 mm，圆柱形，黄灰色

被苍黄色或灰黄色柔毛，散生近圆形锈色皮孔

二年生枝灰色或灰黄色，枝韧皮部有棕色乳浆

顶芽宽卵形或圆锥形，长5~11 mm，被锈黄色绒毛

侧芽较小，长1~5 mm

漆树科，漆树属

——漆树 *Toxicodendron verniciffluum*（Stokes）F A Barkley

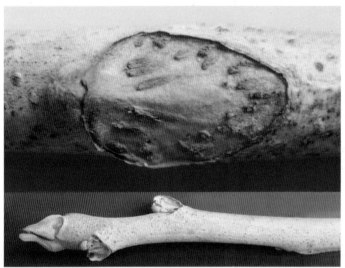

↑漆树叶迹6个至多个，不规则散生，叶痕螺旋状互生，盾形或近圆形，长7 mm

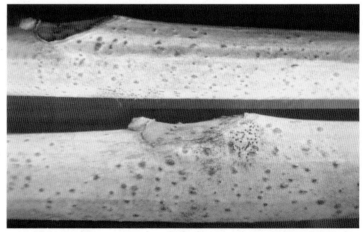

↑漆树一年生枝粗壮，径5~11 mm，圆柱形，黄灰色，被苍黄色或灰黄色柔毛，散生近圆形锈色皮孔

↑漆树乔木，树高 25 m

↑漆树灰褐色，粗糙，浅纵裂，裂纹红褐色

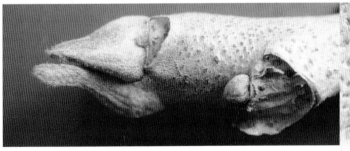

↗漆树顶芽宽卵状圆锥形，长 5~11 mm，侧芽较小，宽卵形
或近球形，长 1~5 mm，芽灰棕色，被锈黄色绒毛

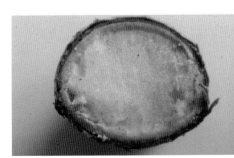

↑漆树海绵质髓，粗，白色

11. 叶迹多数散生

12. 小枝粗壮，径 6~10 mm

　　高大乔木，树 25 m，树皮灰褐色，浅纵裂

　　一年生枝有深沟槽，密被苍黄色星状毛

　　叶痕半圆形，顶芽卵形，长 5~10 mm，密被绒毛

　　宿存枯叶倒卵形，叶缘有波状缺刻叶，被绒毛

　　　壳斗科，栎属

　　　　　——槲树 *Quercus dentata* Thunb

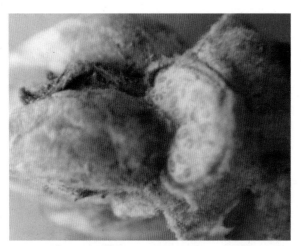

↑槲树叶迹多数散生，叶痕螺旋状互生，半圆形

↑槲树小枝粗壮

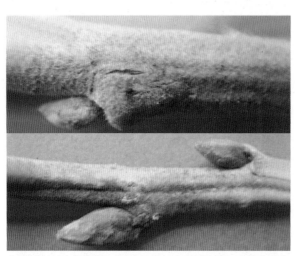

↑槲树一年生枝较粗，径 6~10 mm，有深沟槽，密被苍黄色星状毛

↑槲树乔木，树高 25 m

↑槲树树皮灰褐色，浅纵裂

↑槲树二年生枝灰褐色，有毛

↑宿存枯叶大，倒卵形，波状缺刻

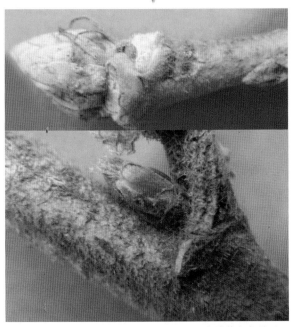

↑槲树顶芽卵形，栗褐色，长5~10 mm，密被黄白色绒毛，
侧芽长卵形，紫红色，长5~7 mm，贴枝

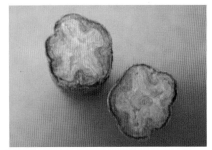

↑槲树均质髓，五角星形，淡褐色

12.一年生枝较细，径 1.2~5.0 mm

13.枝上宿存枯叶边缘为波状缺刻

14.一年生枝紫褐色

树皮灰褐色，纵裂，裂片较宽

顶芽长卵形，先端尖，红褐色

壳斗科，栎属

——蒙古栎 *Quercus mongolica* Fisch

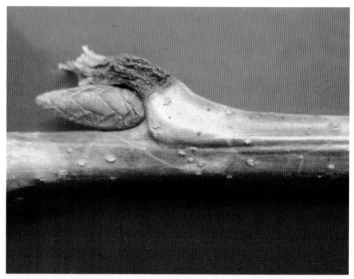

↑蒙古栎一年生枝紫褐色，较细，径 3~5 mm，无毛，有棱，有光泽，皮孔明显，隆起，白色

↑蒙古栎枝宿存枯叶有 8~9 对波状缺刻

↑蒙古栎叶迹多数，散生，叶痕螺旋状互生，半圆形，隆起

↑蒙古栎树皮灰褐色，深纵裂，裂片较宽

↑蒙古栎乔木，树高 30 m

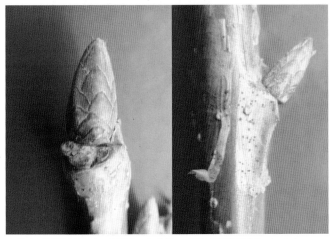

↑蒙古栎顶芽长卵形，先端尖，红褐色，侧芽卵状圆锥形，长 4~5 mm，紫褐色，与枝开张角度为 45°

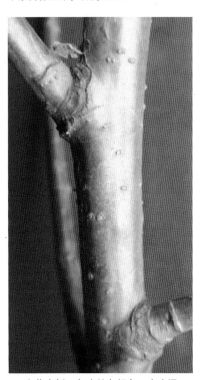

↑蒙古栎二年生枝灰褐色，有光泽

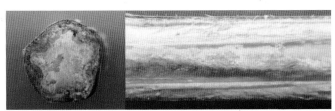

↑蒙古栎均质髓，五角星形，淡褐色

14. 一年生枝灰绿色

15. 顶芽卵形或卵状圆锥形，长 4~8 mm，先端钝，暗红色，被疏毛

侧芽长 3~4 mm，贴枝而生

壳斗科，栎属

——辽东栎 *Quercus liaotungensis* Koidz

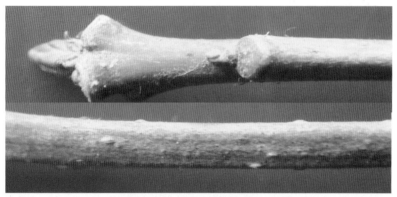

↑辽东栎一年生枝灰绿色或黄绿色，无毛

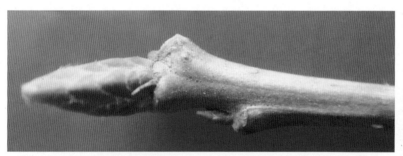

↑辽东栎顶芽卵形或卵状圆锥形，长 4~8 mm，先端钝，暗红色，被疏毛

↑辽东栎侧芽长 3~4 mm，贴枝而生

↑辽东栎宿存枯叶倒卵形，叶缘 5~7 个波状缺刻

↑辽东栎乔木，树高 15 m

↑辽东栎树皮灰褐色，块状深纵裂

↑辽东栎叶迹多数散生，叶痕螺旋状互生，半圆形

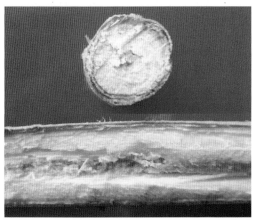

↑辽东栎均质髓，五角形，淡褐色

↑辽东栎二年生枝灰褐色

15.顶芽圆锥形，长 6~10 mm，先端尖，略具棱，红褐色，疏被绒毛

　　侧芽长 3~6 mm，不贴枝，与枝开张角呈 30°

　　树皮灰褐色，纵裂

　　一年生枝灰绿色或带褐色，无毛，散生皮孔

　　　壳斗科，栎属

　　　　——槲栎 *Quercus aliena* Bl

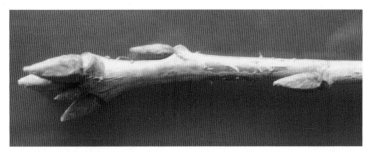

↑槲栎顶芽圆锥形，长 6~10 mm，先端尖，略具棱，红褐色，疏被绒毛

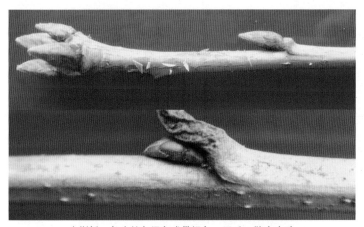

↑槲栎一年生枝灰绿色或带褐色，无毛，散生皮孔

↑侧芽长 3~6 mm，褐色，不贴枝，
与枝开张角呈 30°

↑槲栎高大乔木

↑槲栎树皮灰褐色，深纵裂

↑槲栎叶迹多数散生

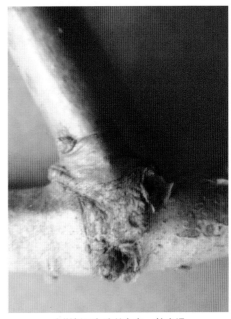

↑槲栎宿存枯叶倒卵形，叶缘波状缺刻 9~11 对

↑槲栎二年生枝灰色，较光滑

→ 槲栎均质髓，近
五角形，淡褐色

13.枝上宿存枯叶边缘具芒状刺尖

14.枯叶披针形，边缘无裂，有锯齿

15.一年生枝灰绿色或灰褐色，无毛，枯叶背面密被灰白色星状毛

树皮暗灰色，深纵裂，具有很厚的木栓层

壳斗科，栎属

——栓皮栎*Quercus variabilis* Blume

↑栓皮栎一年生枝灰绿色或灰褐色，无毛

↑栓皮栎枯叶披针形，有芒状齿尖，枯叶背面密被白色柔毛

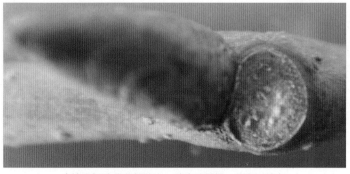

↑栓皮栎叶迹多数散生，叶痕近圆形，褐色，隆起

↑栓皮栎高大乔木，树冠卵圆形

↑栓皮栎树皮暗灰色，深纵裂，具有很厚的木栓层

↗栓皮栎顶芽圆锥形，栗褐色，具黄白色缘毛，栓皮栎侧芽圆锥形，红褐色，芽鳞边缘，具黄白色缘毛

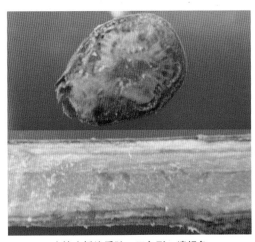

↑栓皮栎均质髓，五角形，淡褐色

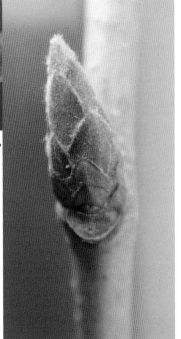

15. 一年生枝灰褐色，密被绒毛，枯叶背面无毛
树皮灰褐色，深纵裂，不具木栓层
壳斗科，栎属
——麻栎 *Quercus acutissima* Carruth

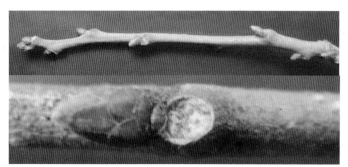

↑麻栎叶迹多数散生，叶痕螺旋状互生，半圆形

↑麻栎侧芽较小，圆锥形，紫褐色，单生，有时2个叠生，与枝开张角度呈75°

↑麻栎顶芽圆锥形，长4~8 mm，栗褐色，具缘毛

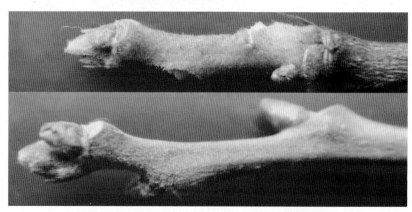

↑麻栎一年生枝径2~4 mm，灰褐色，有棱，密被黄色绒毛

↑麻栎乔木，树高 25 m

↑麻栎树皮灰褐色，深纵裂，不具木栓层

↑麻栎幼树

↑麻栎二年生枝深灰色，具皮孔

麻栎宿存枯叶边缘有刺芒状齿

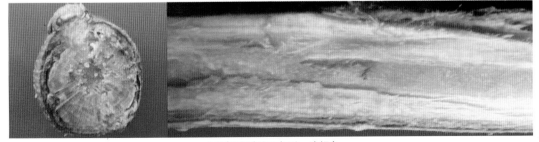

↑麻栎均质髓五角形，淡褐色

14. 枯叶边缘具波状深裂，枯叶非披针形

15. 小枝灰黑色，具5条纵棱，密被绒毛及蜡质白粉

　　顶芽圆锥形，褐色，微具白色短绒毛

　　枯叶倒卵形，齿尖具有芒刺

　　侧芽卵状圆锥形，红褐色，开张角约45°

　　壳斗科，栎属

　　——红槲栎（夏栎）*Quercus rubra* L

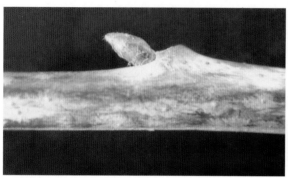

↑红槲栎一年生枝灰黑色，具5条纵棱，密被绒毛蜡质白粉，疏具黄褐色皮孔

↑红槲栎枯叶倒卵形，边缘具3~4对，缺刻，先端具深裂尖锯齿

← 红槲栎顶芽圆锥形，褐色，微具白色短绒毛，侧芽卵状圆锥形，红褐色，开张角约45°

↑红椋楸乔木，树高 25 m

↑红椋楸树皮灰褐色，纵裂

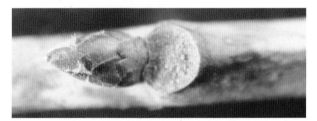

↑红椋楸叶迹多数散生，叶痕近圆形，隆起

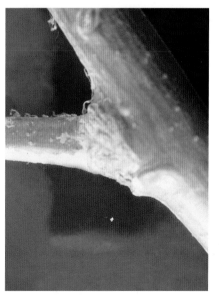

↑红椋楸二年生枝灰绿色

↑红椋楸均质髓，五角星形，白色至淡褐色

15. 一年生枝灰褐色至红褐色，平滑或微具棱，无毛，具白色蜡质粉

　　顶芽卵状圆锥形，褐色，无毛或疏具白色短绒毛

　　沼生栎枯叶 5~7 深裂，具芒刺尖

　　侧芽小褐色，球形，密被白色短绒毛

　　　壳斗科，栎属

　　　　——沼生栎 *Quercus palustris* Muench

↑沼生栎一年生枝灰褐色至红褐色，微具棱，无毛，具白色蜡质粉

↑沼生栎枯叶 5~7 深裂，裂片具细尖齿

↘沼生栎顶芽卵状圆锥形，褐色，无毛或疏具白色短绒毛，侧芽小褐色，球形，密被白色短绒毛

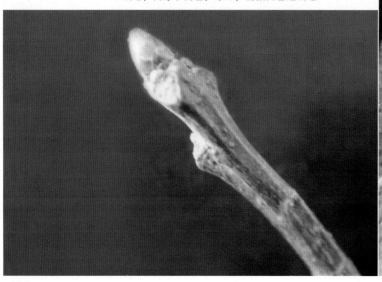

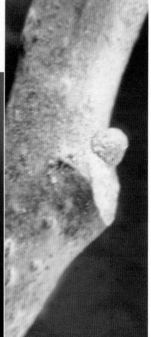

↑沼生栎乔木，树高 25 m

↑树皮灰褐色，浅纵裂，略平滑

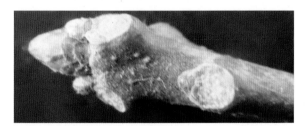

↑沼生栎叶迹多数散生，叶痕螺旋状互生，近圆形，隆起

↑沼生栎均质髓，五角星形，白色至淡褐色

↑沼生栎二年生枝灰绿至灰褐色

5. 无顶芽

  6. 叶迹 1 个，3 个或更多

  7. 叶迹 1 个

    8. 裸芽

      裸芽 2~3 个叠生，柄下芽，卵状球形，主芽长 5~8 mm

      墨绿色或黄绿色，密被绒毛，副芽小

      树皮灰褐色，平滑，一年生枝红褐色，无毛，外皮常翘裂

      叶痕圆环形时，叶迹 1 个

        野茉莉科（安息香科），野茉莉属

          ——玉铃花（老开皮）*Styrax obassius* Sieb et Zucc

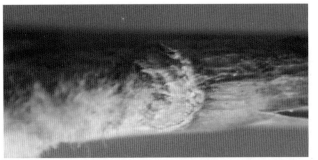

↑玉铃花叶迹 1 个，叶痕圆环形或马蹄形或 V 形

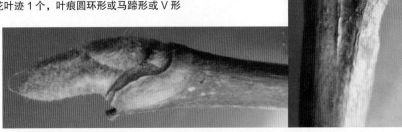

↑玉铃花裸芽，无顶芽，裸芽 2~3 个叠生，芽卵形或长椭圆形，主芽长 5~8 mm，副芽小，密被绒毛，墨绿色或黄绿色

↑玉铃花一年生枝红褐色，无毛，外皮常翘裂，常有宿存叶柄

↑玉铃花树乔木或灌木形

↑玉铃花树皮灰褐色平滑

↑玉铃花宿存枯叶

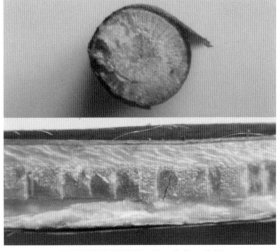

↑玉铃花二年生枝灰紫色，枝皮剥裂　　　↑玉铃花海绵质髓，粗，白色，分隔

8. 鳞芽

9. 侧芽极小，只长 1 mm 左右

小乔木，树高 7 m，径 20 cm

树皮暗褐色，浅纵裂

枝细，下垂，常宿存细小卵状披针形叶，叶痕小

一年生枝侧枝无芽，常脱落，留有圆形枝痕，紫红色或橘红色

侧芽近球形，生于叶腋内或枝痕旁

柽柳科，柽柳属

——柽柳 *Tamarix chinansis* Lour

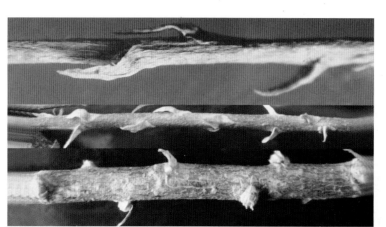

↑柽柳枝细，下垂，常宿存细小卵状披针形叶，一年生枝侧枝无芽，常脱落，留有圆形枝痕，紫红色或橘红色

↑柽柳侧芽单生，有时 2~3 个并生，近球形，淡黄褐色，长 1 mm，生于叶腋内或枝痕旁

↑桎柳小乔木，树高 7 m

↑桎柳树皮暗褐色，浅纵裂

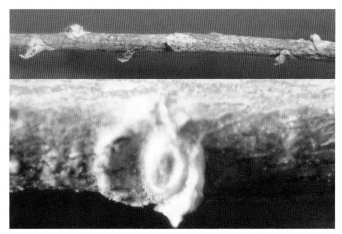

↑桎柳叶迹 1 个，常不明显，叶痕小，螺旋状互生

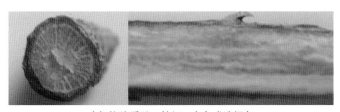

↑桎柳均质髓，较细，白色或淡褐色

↑桎柳二年生枝灰紫色，疏具圆形黄白
色皮孔

9. 侧芽长 4~6 mm

　　树皮、枝皮、叶、翅果均具有白色胶丝

　　树皮灰褐色，浅纵裂

　　一年生枝棕色或灰棕色，散生圆形皮孔，淡黄色，微隆起

　　侧芽卵形，长 4~6 mm，先端尖，紫红色

　　　　杜仲科，杜仲属

　　　　　　——杜仲 *Eucommia ulmoides* Oliv

← 杜仲树皮、枝皮、叶、翅果均具有白色胶丝

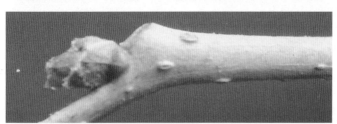

↑ 杜仲顶芽缺

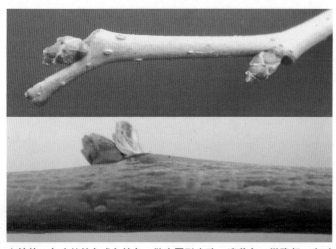

↑ 杜仲一年生枝棕色或灰棕色，散生圆形皮孔，淡黄色，微隆起，有时叶柄宿存

↑ 杜仲侧芽卵形，长 4~6 mm，紫红色，芽鳞具淡黄色缘毛

↑杜仲树乔木，树高 20 m

↑杜仲树皮灰褐色，浅纵裂

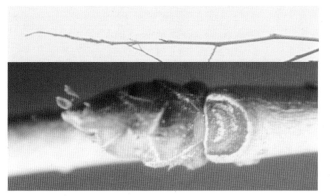

↑杜仲叶迹 1 个，C 形，叶痕螺旋状互生，半圆形

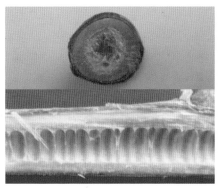

↑杜仲分隔髓，白色

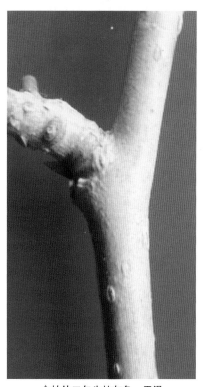

↑杜仲二年生枝灰色，平滑

7. 叶迹 3 个、3 组或更多

  8. 叶迹 3 个

   9. 芽鳞 1 片，风帽状

    10. 枝条不下垂

     11. 树冠半圆形，枝直伸，斜平直生长，开张角度大

      树皮深灰色，纵裂

      杨柳科，柳属

      ——旱柳（柳树）*Salix matsudana* Koidz

↗柳属树种，无顶芽，侧芽单生，芽鳞 1 片，风帽状

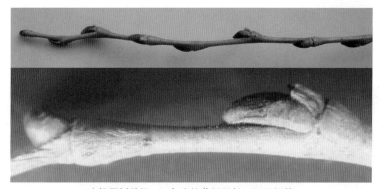

↑柳属树种间，一年生枝节间距长，短不相等

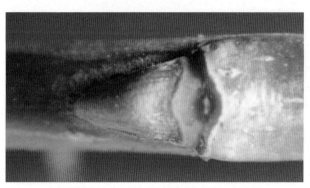

↑柳属树种叶迹 3 个，叶痕螺旋状互生，新月形

↑海绵质髓，近圆形，白色

↑旱柳树冠近圆形

↑旱柳树皮深黑褐色，纵裂

11. 树冠倒卵形，枝斜向上生长，树稍小枝内扣，状如馒头

　　树皮灰黑褐色，纵裂

　　　杨柳科，柳属

　　　　——馒头柳 *Salix matsudana* cv. Umbraculifera Rehd.

↑馒头柳树冠倒卵形

↑馒头柳树皮灰黑褐色，纵裂

10. 枝条下垂

11. 树皮深灰色，纵裂，一年生枝紫褐色，无毛，节间长 3 cm 以上

　　侧芽长 4~5 mm，芽鳞黄色

　　杨柳科，柳属

　　　　—— 垂柳 *Salix babylonica* L

↑垂柳枝条下垂，树皮深灰色，纵裂

↑垂柳二年生枝深绿色，具白色皮孔

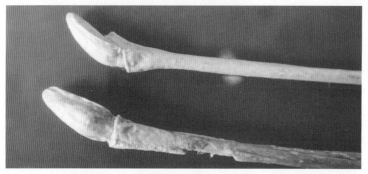

↑垂柳一年生枝紫褐色，无毛，节间长 3 cm 以上

↑垂柳无顶芽，侧芽长圆锥形，长 4~5 mm，黄褐色

↑垂柳叶痕螺旋状互生，新月形，叶迹 3 个

11.树皮黄褐色，纵裂，幼年树皮黄色或黄绿色

　　冠长卵圆形或卵圆形，枝条细长下垂，小枝黄色或金黄色

　　杨柳科，柳属

　　——金丝垂柳 *Salix X aureo – pendula*

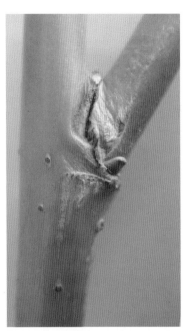

金丝垂柳树皮黄褐色，纵裂　　　　　↑金丝垂柳二年生枝，黄褐色，光滑无毛

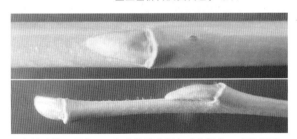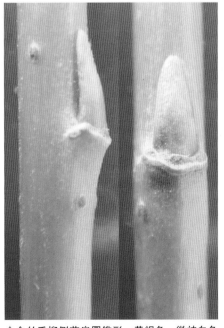

金丝垂柳无顶芽，一年生枝淡黄绿色或黄褐色，光滑无毛

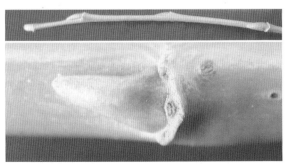

↑金丝垂柳叶迹3个，垂柳叶痕螺旋状互生，新月形　　　↑金丝垂柳侧芽扁圆锥形，黄褐色，微被白色绒毛，极贴枝

9. 芽鳞 2 片以上，非风帽状

10. 侧芽单生

11. 侧芽半隐于叶痕内

12. 树冠宽卵形或近球形，树皮灰褐色，纵裂

一年生枝暗绿色，具淡黄色皮孔

叶痕 V 形或 3 裂形，长 3~4 mm，略隆起

宿存荚果念珠状，肉质，不开裂

豆科，槐属

——国槐 *Sophora japonica* L

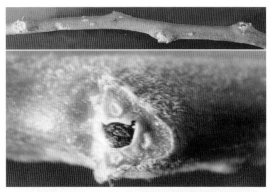

↑国槐叶迹 3 个，叶痕螺旋状互生，V 形，隆起

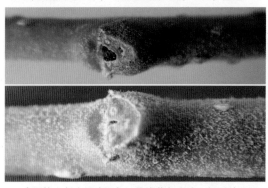

↑国槐一年生枝暗绿色，具淡黄色皮孔，初时被毛

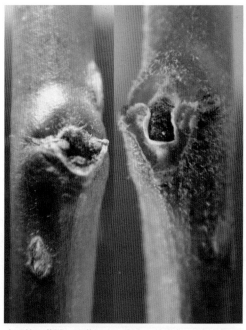

↑国槐顶芽缺，侧芽极小，半隐于叶痕内，具褐色粗毛

12. 树冠呈伞形，小枝曲屈下垂

是国槐的变种

其他特征同国槐

豆科，槐属

——龙爪槐 *Sophora japonica*

L var *pendula* loud

↑龙爪槐小枝曲屈下垂

↑国槐乔木，树高 25 m

↑国槐树皮灰褐色，纵裂

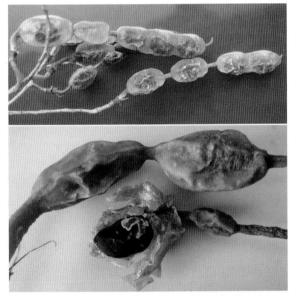

↑国槐荚果念珠状，肉质，不开裂，种子扁肾形，黑色

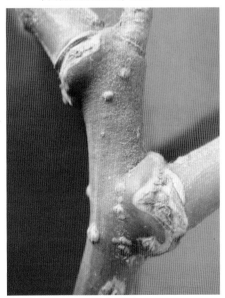

↑国槐二年生枝深灰绿色

↑国槐海绵质髓，黄白色

11. 侧芽不隐于叶痕内

12. 侧芽小，长 1 mm

树冠倒圆锥形，树皮灰褐色，幼时平滑，老时有浅裂纹

一年生枝灰绿色或淡黄绿色，无毛，二年生枝灰黄色，皮孔明显

叶迹 3 个，叶痕倒三角形，长 3~4 mm

侧芽宽卵形或近球形，长 1 mm，栗褐色，微有毛

荚果扁平，长 10~17 mm，常宿存

豆科，合欢属

——合欢 *Albizia Julibrissin* Durazz

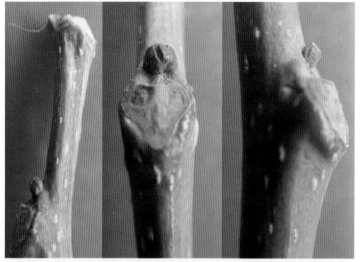

↑合欢无顶芽，侧芽不隐于叶痕内，侧芽小，宽卵形或近球形，长 1 mm，栗褐色，微有毛

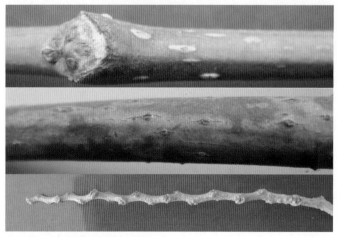

↑合欢一年生枝灰绿色或淡黄绿色，无毛，皮孔多而明显，结果枝长 5~10 cm，有节 10~30 个，显著曲折

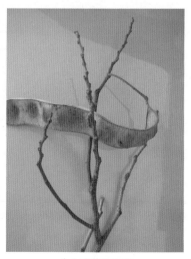

↑合欢荚果宿存

↑合欢乔木，树高 16 m

↑合欢树树皮灰褐色，幼时平滑，老时有浅裂纹

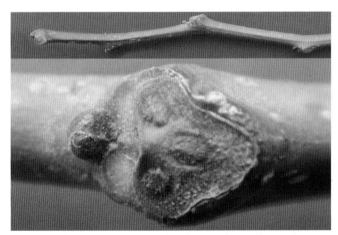

↑合欢叶迹 3 个，叶痕螺旋状互生，倒三角形，长 3~4 mm

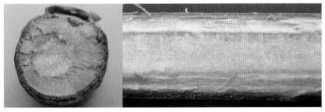

↑合欢海绵质髓，白色

↑合欢二年生枝灰黄色，皮孔明显，圆形，灰白色

12. 侧芽长 2 mm 以上

13. 树皮金黄褐色，有光泽，薄片状环裂，具横生皮孔

一年生枝径 2~3 mm，棕色，具钝棱，大部分被柔毛，少无毛

二年生枝灰黄色，皮孔锈色，隆起，顶芽圆锥形，长 3~5 mm，棕红色

蔷薇科，李属

——山桃稠李 *Prunus maackii* Rupr

↑山桃稠李无顶芽，侧芽单生，长 2 mm 以上，先端尖，棕色或棕红色，具缘毛

↑山桃稠李树皮金黄褐色，光亮，薄片状环裂，具横生皮孔

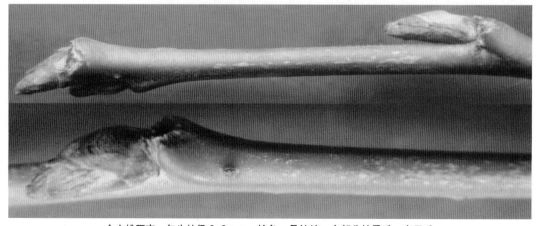

↑山桃稠李一年生枝径 2~3 mm，棕色，具钝棱，大部分被柔毛，少无毛

↑山桃稠李乔木，树冠卵形

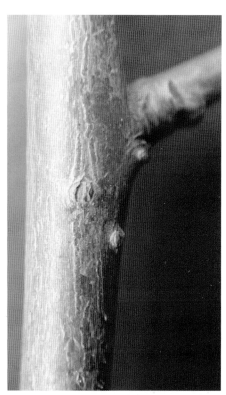
↑山桃稠李二生年枝灰黄色，具绣色皮孔，隆起

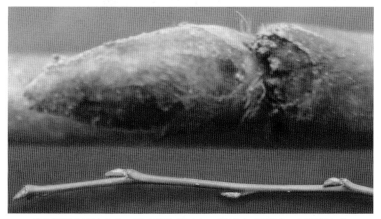
↑山桃稠李叶迹3个，叶痕螺旋状互生，半圆形，绣黄色，周围棕红色

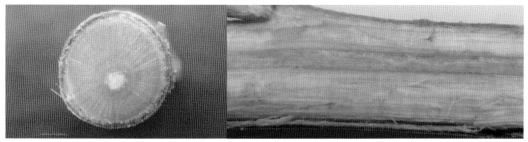
↑山桃稠李海绵质髓，淡黄褐色

13，树皮紫灰色，无光泽，幼树皮平滑，老树皮环状剥裂

　　一年生枝径 2~3 mm，暗红色，无毛，皮孔不明显，枝无刺

　　二年生枝红褐色，疏生白色长绒毛，表皮有白色蜡质薄膜

　　无顶芽，假顶芽发达，半球形，紫红色，疏被白毛

　　侧芽三角状半球形，紫红色，无毛

　　　蔷薇科，木瓜属

　　　——木瓜 *Chaenomeles sinensis*（Thouia）Ko

↑木瓜一年生枝暗红色，无棱，径 2~3 mm，幼时密生白色长绒毛，皮孔稀少，枝无刺

↑木瓜侧芽三角状半球形，紫红色，无毛

↑木瓜假顶芽发达，半球形，紫红色，疏被白毛

↑木瓜小乔木，树高 10 m 。此幼树

↑木瓜树皮紫灰色，平滑，老树皮环状剥裂

↑木瓜叶迹 3 个，叶痕螺旋状互生，新月形，隆起

↑木瓜二年生枝红褐色，疏生白色长绒毛，表皮有白色蜡质薄膜

↑木瓜海绵质髓，白色至淡褐色

　　10.侧芽单生或 2~3 个并生
　　11.侧芽 3 个并生，中间的叶芽较小，两边的花芽较大
　　12.树皮灰黑色，浅纵裂，一年生枝棕红色或棕色，无毛，有光泽
　　　二年生枝节部不膨大
　　　蔷薇科，李属
　　　　——李子 *Prunus salicina* Lindi

← 李子树皮灰黑
色，浅纵裂

↘ 李子无顶芽，侧芽单生
或 2~3 个并生，3 个并生
时，中间的叶芽较小，两
边的花芽较大

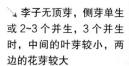

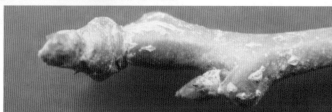

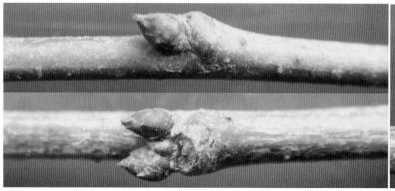

↑李子一年生枝棕红色或棕色，无毛，有光泽，有短枝

↑李子乔木，树高 12 m

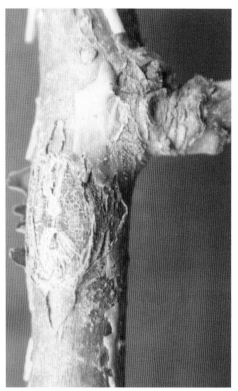

↑李子二年生枝紫灰色，具有灰白色薄膜

↑李子叶迹 3 个，叶痕螺旋状互生，半圆形，紫褐色，隆起

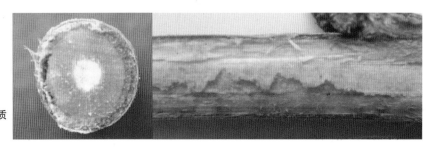

→李子海绵质
髓，黄白色

12.树皮黑褐色或灰褐色，纵裂，一年生枝暗红色或背光面棕红色无毛，散生皮孔，二年生枝节部膨大

蔷薇科，李属

——杏（家杏）*Prunus armeniaca* L

← 杏树皮黑褐色
或灰褐色，纵裂

↑杏无顶芽，侧芽黑褐色，2~3个并生，3个并生时，中间的叶芽小，圆锥形，两侧的花芽大，卵形，有时并生的3个侧芽等大

↑一年生枝暗红色或背光面棕红色，无毛，散生皮孔有明显的长短枝之分

↑杏树乔木，树高 17 m

↑二年生枝灰褐色，有灰白色蜡质薄膜

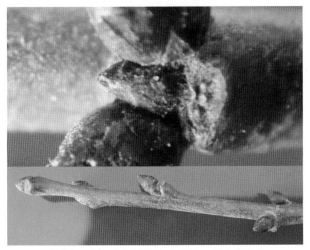

↑叶迹 3 个，叶痕半圆形，黑褐色，呈瘤状隆起

↑杏海绵质髓，圆形，淡褐色

11. 侧芽 3 个并生时，芽大小相等或中间芽大两侧芽小

树皮灰紫色，平滑

枝、芽均为灰紫红色

常有宿存枯叶

薔薇科，李属

——紫叶李（红叶李）*Prunus cerasifera* Ehrh f atropurpurea

↑紫叶李树皮紫灰色，平滑

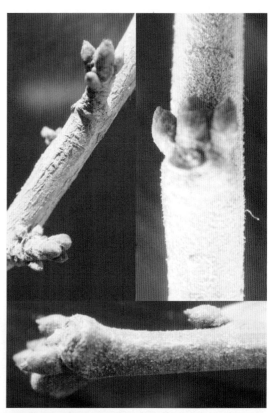

↑紫叶李无顶芽，侧芽 2~3 个并生，芽大小相等，芽在短枝上多个簇生

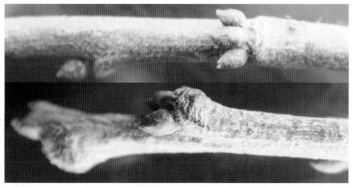

↑紫叶李一年生枝紫红色，初时有黄白色绒毛，后无毛

↑紫叶李小乔木或灌木，树高 10 m

↑紫叶李二年生枝紫灰褐色

← 紫叶李叶迹 3 个，
叶痕半圆形，褐色

↑紫叶李海绵质髓，细，淡黄白色

8. 叶迹 3 组、3 个至 3 组或更多

9. 叶迹 3 组

　　树皮灰褐色，细纵裂，一年生枝灰绿色或深褐色，有纵棱

　　密生小圆点形皮孔，二年生枝灰白色，叶痕倒三角形，长 3~4 mm

　　侧芽三角状宽卵形，长 3~4 mm，无毛，褐色，蒴果常宿存

　　无患子科，栾属

　　　　——栾树 *Koelreuteria paniculata* Laxim

↑栾树叶迹 3 组，各 C 形，叶痕倒三角形，长 3~4 mm

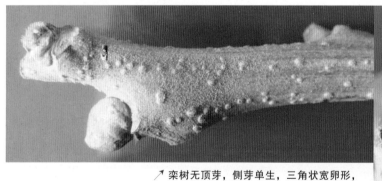

↗栾树无顶芽，侧芽单生，三角状宽卵形，
长 3~4 mm，褐色，无毛

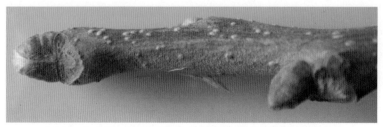

↑栾树一年生枝灰绿色或深褐色，有纵棱，密生小圆点形凸起皮孔

↑栾树乔木，树高 20 m

↑栾树树皮灰褐色，细纵裂

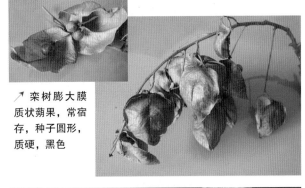

↗栾树膨大膜质状蒴果，常宿存，种子圆形，质硬，黑色

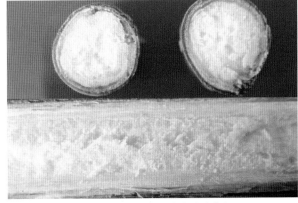

↑栾树二年生枝灰白色，密生小圆点形凸起皮孔

↑栾树海绵质髓粗，白色或淡黄色

9.叶迹3个至3组，4~10个，或更多

10.叶迹3个至3组，芽有柄

11.一年生枝无纵棱，灰褐色，密被短柔毛，皮孔长圆形，黄色

树皮暗灰色，平滑，有长1 cm的横线形皮孔

叶痕肾形或三角状半圆形，二年生枝灰色

假顶芽有柄，卵形，暗紫色，有光泽，有蜡质，被暗黄色柔毛

宿存雄花序及果序单生

桦木科，赤杨属

——毛赤杨（辽东桤木）*Alnus sibirica* Fisch ex Turcz

← 毛赤杨叶迹3个至3组，中间一组由3个组成，叶痕三角状半圆形，淡红褐色，隆起

↗ 毛赤杨芽有柄，假顶芽及侧芽卵形，暗紫色，有光泽，被暗黄色柔毛

↑ 毛赤杨一年生枝有纵棱，灰黄色，密被短柔毛，皮孔长圆形，黄色

↑毛赤杨乔木，树高 20 m，或丛生

↑毛赤杨树皮暗灰色，平滑，有横纹

↘ 毛赤杨宿存雄花序及果序单生

↑毛赤杨实心髓，横切面呈三角形，暗黄色

↑毛赤杨二年生枝灰色

11. 一年生枝具纵棱，黄褐色或灰黄色，无毛，皮孔小，近圆形

　　树皮灰褐色，不规则浅纵裂

　　叶痕半圆形，二年生枝灰色

　　假顶芽有柄，长圆形或倒卵形，灰棕色，无毛

　　宿存雄花序及果序 2~8 个排成总状

　　　　桦木科，赤杨属

　　　　　——日本赤杨（赤杨）*Alnus Japonica*（Thunb）Steud

↑ 日本赤杨叶迹 3 组，叶痕半圆形，黑紫色

↑ 日本赤杨芽有柄，假顶芽及侧芽长圆形或倒卵形，灰棕色或紫褐色，无毛

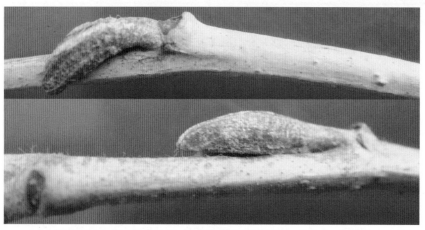

↑ 日本赤杨一年生枝具纵棱，黄褐色或灰黄色，无毛，皮孔小，近圆形

↑日本赤杨乔木，树高 20 m

↑日本赤杨树皮灰褐色，不规则深纵裂

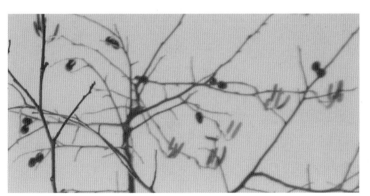

↑日本赤杨宿存雄花序及果序 2~8 个排成总状

↑日本赤杨二年生枝灰色，具网状裂纹

↑日本赤杨实心髓，横切面呈三角形，淡黄至暗黄色

10. 叶迹 4~10 个，叶迹 7~13 组，或更多

11. 叶迹 4~10 个

　　树皮暗灰色，浅裂纹，一年生枝灰绿色，被稀疏星状毛

　　侧芽与枝痕或与花序痕混生，被白色星状毛，贴枝

　　锦葵科，木槿属

　　　　——木槿 *Hibiscus siriacus* L

↑木槿叶迹 4~10 个，排成环形，叶痕螺旋状互生，半圆形

↑木槿结果枝

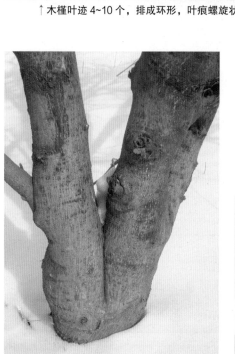

↑木槿树皮暗灰色，浅裂纹

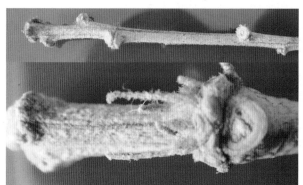

↑木槿无顶芽，一年生枝灰绿色，被稀疏星状毛

↑木槿灌木或小乔木，树高 5 m

↑木槿二年生枝灰色至灰紫色

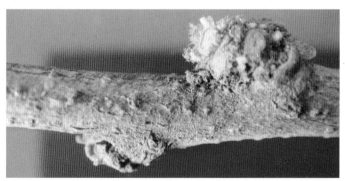

↑木槿侧芽与枝痕或与花序痕混生，被白色星状毛，贴枝

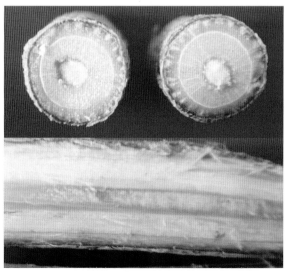

↑木槿海绵质髓，白色

↑木槿蒴果宿存，5 裂

11. 叶迹 7~13 组，或更多

12. 叶迹 7~13 组

一年生枝粗壮，径 7~12 mm，红褐色，无毛，皮孔明显

树冠椭圆形，树枝稀疏粗壮，树皮灰色或深灰色，幼时平滑，老时
粗糙或不规则浅裂，二年生枝具有剥落的薄膜

髓粗壮，淡褐色，断枝有特殊气味，叶痕盾形或肾形

无顶芽，侧芽近球形，径 3 mm，黄红褐色，被黄色绒毛或无毛

苦木科，臭椿属

——臭椿 *Ailanthus altissima*（Mill）Swingle

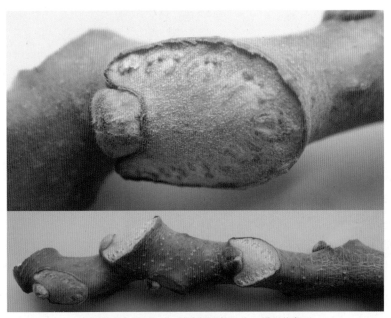

↑臭椿叶迹 7~13 组，叶痕螺旋状互生，盾形或肾形

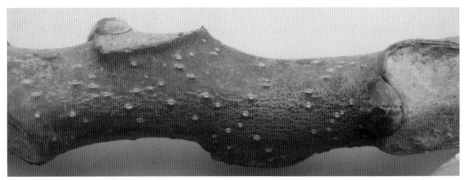

↑臭椿一年生枝粗壮，径 7~12 mm，红褐色，无毛，皮孔明显

↑ 臭椿树冠椭圆形，树枝稀疏粗壮

↑ 臭椿树皮灰褐色，幼时平滑，老时粗糙或不规则浅裂

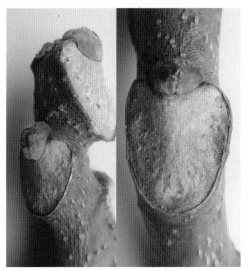

↑ 臭椿无顶芽，侧芽近球形，径 3 mm，黄红褐色，
被黄色绒毛或无毛

↑ 臭椿二年生枝绿褐色，具黄褐色皮
孔，明显

↑ 臭椿海绵质髓，粗壮，淡褐色

12. 叶迹 7 个至多数

13. 髓较粗，一年生枝具直伸的粗毛，毛长约 2 mm，疏具褐色皮孔

树冠圆形，树皮褐色，粗糙，树枝粗壮

二年生枝密被深灰色粗绒毛

侧芽近球形，密被淡褐色绒毛

海绵质髓，黄褐色，比木质部宽

漆树科，盐肤木属

——火炬树 *Rhus typhina* L

↑火炬树叶迹 7 个至多数，叶痕螺旋状互生，马蹄掌形

↑火炬树髓较粗，黄褐色

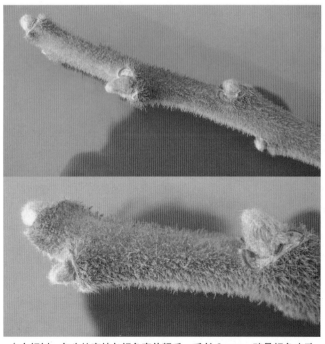

↑火炬树一年生枝密被灰褐色直伸粗毛，毛长 2 mm，疏具褐色皮孔

↑火炬树一年生枝顶常宿存紫红色火炬状果序

↑火炬树树冠圆形，树枝粗壮

↑火炬树树皮褐色，粗糙，皮有乳浆

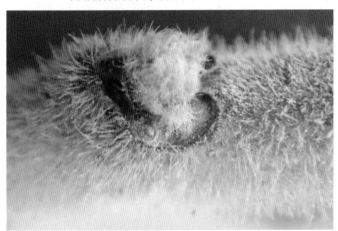

↑火炬树侧芽近球形，密被淡褐色绒毛

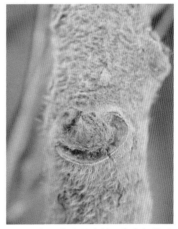

↑火炬树二年生枝密被深灰色粗绒毛

↑火炬树枝皮具黄白色乳浆

↑火炬树核果近球形，被红色短刺毛

13. 髓较细，一年枝具伏贴或弯曲的细毛，毛较短，疏具淡褐色圆形皮孔

树皮灰褐色，不开裂，二年生枝灰褐色

叶痕马蹄形，略隆起，侧芽扁球形，密被金黄色绒毛

海绵质髓，淡褐色，与木质部等宽

漆树科，盐肤木属

——盐肤木 *Rhus chinrnsis* Mill

↑盐肤木叶迹7个至多个，散生或排成V形，叶痕螺旋状互生，马蹄形或2列倒三角形，隆起

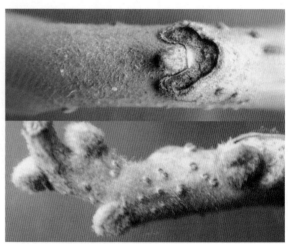

↑盐肤木一年生枝灰棕色，密被淡褐色伏贴或弯曲的短绒毛，疏具淡褐色圆形皮孔

↑盐肤木海绵质髓，较细，淡褐色

↑盐肤木灌木或小乔木，树高 10 m

↑盐肤木树皮灰褐色，较平滑，不开裂

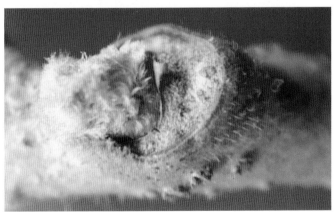

↑盐肤木侧芽为柄下芽，扁球形，密被金黄色绒毛

↑盐肤木二年生枝灰褐色

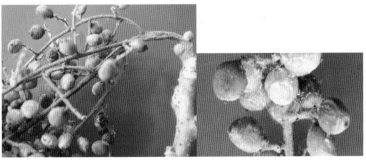

↑盐肤木核果扁圆形或近球形，密生灰白色短柔毛，成熟时红色

落叶灌木

1. 枝具有刺

　2. 具叶轴刺及托叶刺

　　　叶轴刺长 5~30 mm，托叶刺长 5~10 mm

　　　树高 1 m，一年生枝灰绿色，有细纵棱，无毛，具短横线形皮孔

　　　均质髓白色，圆形，托叶刺状，平直，长 6~7 mm

　　　顶芽缺，侧芽卵形，棕色，无毛，荚果不宿存

　　　　　　豆科，锦鸡儿属

　　　　　　　——红花锦鸡儿 *Caragana rosea* Turcz

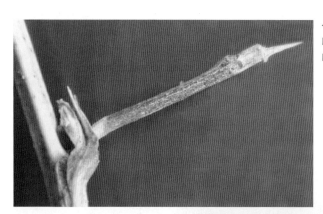

← 红花锦鸡儿具叶轴刺及托叶刺，叶轴刺长 5~30mm，托叶刺长 5~10 mm

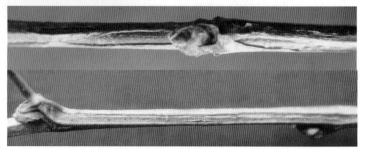

↑红花锦鸡儿一年生枝灰绿色，有细纵棱，无毛，具短横线形皮孔

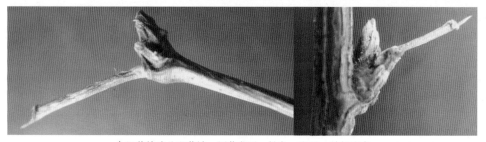

↑红花锦鸡儿顶芽缺，侧芽卵形，棕色，无毛，叶柄宿存

↑红花锦鸡儿灌木，株高 1.0~1.5 m

↑红花锦鸡儿枝干

↑红花锦鸡儿叶迹 1 个，叶痕螺旋状互生，新月形，隆起

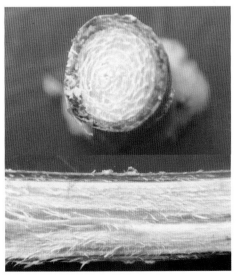

↑红花锦鸡儿均质髓，白色

↑红花锦鸡儿二年枝灰绿色，
枝皮剥裂

2.不具叶轴刺，分别具有托叶刺，叶刺，皮刺，枝刺

  3.仅具托叶刺

    树体较高，2~5 m，托叶刺长 5 mm，与芽长近相等

    树皮黄绿色或灰绿色，卷裂

    一年生枝灰绿色，微有纵棱，树皮剥裂后露出淡绿色内皮

      豆科，锦鸡儿属

        ——树锦鸡儿 *Caragana arborescens*（Amm）Lam

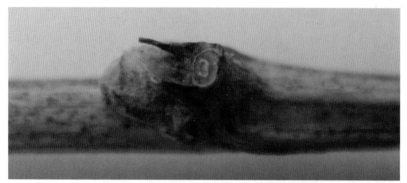

↑树锦鸡儿仅具托叶刺，刺长 5 mm，与芽长近相等

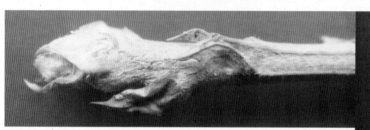

↗树锦鸡儿有顶芽，卵形，长 5~7 mm，苍黄色，被黄白色柔毛，侧芽略小，贴枝

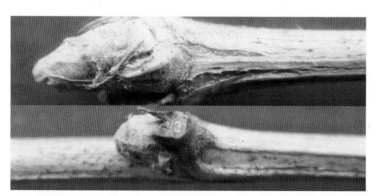

↑树锦鸡儿一年生枝灰绿色，微有纵棱，树皮剥裂后露出淡绿色内皮

↑树锦鸡儿灌木，株高 2~5 m

↑树锦鸡儿树皮灰绿色，平滑或卷裂

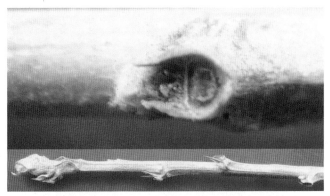

↑树锦鸡儿叶迹 1 个，叶痕螺旋状互生半圆形，隆起

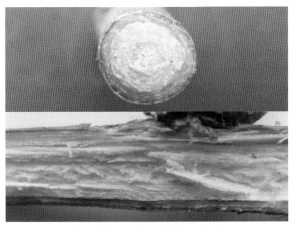

↑树锦鸡儿均质髓，白色至淡绿色

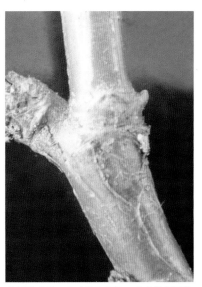

↑树锦鸡儿二年生枝灰绿色，光亮微具裂纹

3. 不具托叶刺、分别具叶刺、皮刺、枝刺

4. 具叶刺（小檗属）

5. 刺长 10~20 mm，叶刺与枝开张呈直角

一年生枝灰黄色，无毛，有黑色皮孔

小檗科，小檗属

——大叶小檗（阿穆尔小檗）*Berberis amurensis* Rupr

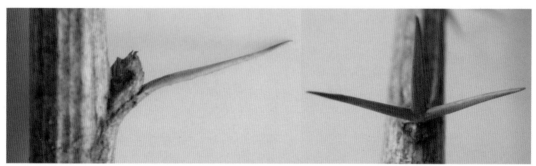

↑大叶小檗具叶刺，单 1 或 3 分杈，与枝开张呈直角，刺长 10~20 mm

↑大叶小檗一年生枝灰黄色或深灰色，无毛，有黑色皮孔，小枝上有明显多条细纵棱

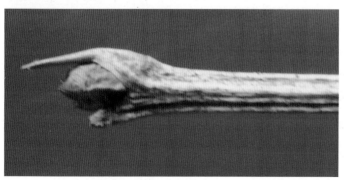

↑大叶小檗有顶芽，卵圆形，红棕色，无毛，被叶刺所包

↑大叶小檗侧芽卵圆形，红棕色，被叶刺所包

↑ 大叶小檗为 3 m 高的灌木，树冠扁圆形

↑ 大叶小檗树皮灰褐色，浅裂

↑ 大叶小檗叶迹 3 个，叶痕在长枝上互生，在短枝上簇生

↑ 大叶小檗有长短枝之分，短枝炬形，二年生枝深灰色

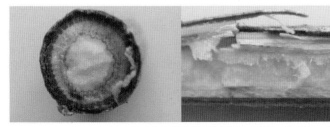

↑ 大叶小檗海绵质髓，较粗，黄白色

5. 刺长 10 mm 以内

6. 一年生枝灰褐色，有细棱，无毛，髓白色，叶刺与枝开张呈 45°角
   小檗科，小檗属
   —— 细叶小檗（狗奶子）*Berberis poiretii* Schneid

↖ 细叶小檗具叶刺，1~2 个，稀 3 个，刺长 10 mm 以内

↘ 细叶小檗无顶芽，侧芽小，紫褐色，无毛

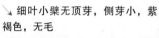
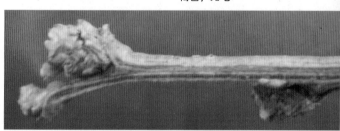

↑ 细叶小檗一年生枝红褐色或黄褐色，有细棱，无毛

↑细叶小檗灌木，株高 1~2 m

↑细叶小檗枝干丛生，灰褐色或红褐色

↑细叶小檗叶迹 3 个，叶痕隆起，小而不明显

↑细叶小檗海绵质髓，粗，白色

↑细叶小檗托叶宿存

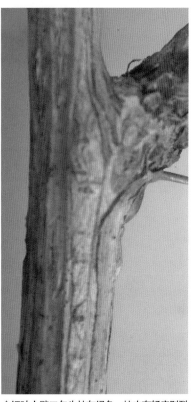

↑细叶小檗二年生枝灰绿色，枝皮有轻度剥裂

6. 一年生枝紫红色，有细纵棱，无毛，髓黄色，叶刺与枝开张呈 90° 角

小檗科，小檗属

——小檗（日本小檗）*Berberis thunbergii* DC

↑小檗单叶刺，或不明显 3 叶刺，叶刺生于短枝基部，刺长可达 15~18 mm

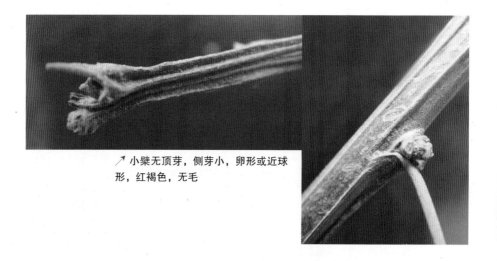

↗小檗无顶芽，侧芽小，卵形或近球
形，红褐色，无毛

↑一年生枝紫红色，具细沟槽，无毛，有长短枝之分

↑小檗树灌木，株高 1~2 m

↑小檗枝干及宿存果实

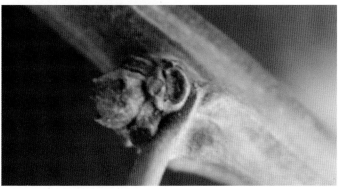

↑小檗叶迹 3 个，叶痕在长枝上互生，在短枝上簇生

← 小檗长椭圆
形浆果宿存

↑小檗二年生枝灰紫色，有纵沟棱

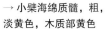

→ 小檗海绵质髓，粗，
淡黄色，木质部黄色

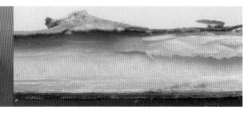

附：小檗的变种，除叶为紫色之外，其他特征同小檗

小檗科，小檗属

——紫叶小檗 *Berberis thunbergii* DC cv atropurpurea

↑紫叶小檗单叶刺，或不明显 3 叶刺，叶刺生于短枝基部，长刺可达 1.5~1.8 mm

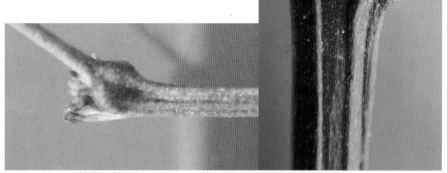

↑紫叶小檗无顶芽，侧芽小，卵形或近球形，红褐色，无毛

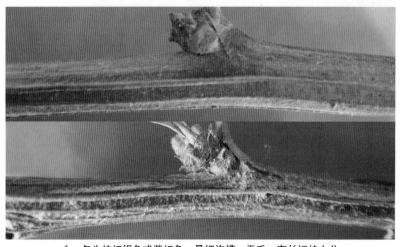

↑一年生枝红褐色或紫红色，具细沟槽，无毛，有长短枝之分

↑紫叶小檗灌木，株高 2 m

↑紫叶小檗树枝及宿存果实

↑紫叶小檗叶迹 3 个，叶痕在长枝上互生，在短枝上簇生

↑紫叶小檗二年生枝灰棕色，皮粗裂

↑紫叶小檗枯叶及浆果宿存，种子深紫红色，有光泽

↑紫叶小檗海绵质髓，粗，淡黄色

4. 不具叶刺，分别具皮刺、枝刺

5. 具皮刺

6. 茎蔓生

茎长达 3 m，一年生枝微呈 "之" 字形曲折，绿色或灰绿色

向阳面暗红色，无毛，皮刺长 3 mm，微弯

圆锥果序生于枝顶，果近球形或卵形，径 5~6 mm，红色，萼宿存

蔷薇科，蔷薇属

——野蔷薇（多花蔷薇、白玉堂）*Rosa multiflora* Thunb

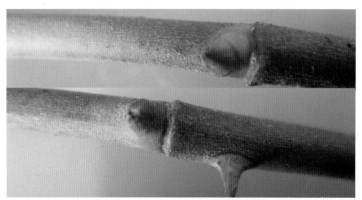

↑野蔷薇一年生枝微呈 "之" 字形曲折，绿色或灰绿色，向阳面暗红色，无毛，皮刺长 3 mm，微弯

↑野蔷薇侧芽圆锥形，紫红色，长 2~3 mm

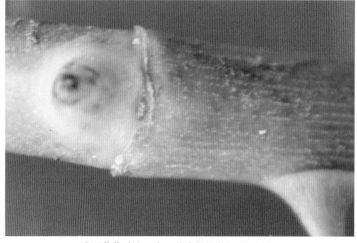

↑野蔷薇叶迹 3 个，叶痕螺旋状互生，V 形

↑野蔷薇蔓生灌木，茎蔓长可达3 m

↑野蔷薇海绵质髓，粗大，白色

↙野蔷薇果近球形或卵形，径5~6 mm，红色果中含黄白色骨质瘦果5个至多个

↑野蔷薇二年生枝暗红绿色相间，具灰白色皮刺

6.茎直立

   7.一年生枝及皮刺均被毛

     一年生枝无棱，灰紫色或局部紫红色，密被淡黄色短柔毛及腺毛

     每枝节具2个皮刺，长约6 mm，被柔毛

       蔷薇科，蔷薇属

        ——玫瑰 *Rosa rugosa* Thunb

↑玫瑰一年生枝紫红色，枝及皮刺密被淡黄色短柔毛及腺毛，每枝节具2个皮刺，长约6 mm，被柔毛

↙玫瑰有顶芽或顶芽败育，芽卵状圆锥形，长3~5 mm，紫红色，先端尖，无毛或局部被毛

↑玫瑰茎直立

↑玫瑰灌木，高 2 m

↑玫瑰树皮灰褐色，上具皮刺及刺毛

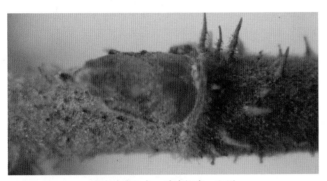

玫瑰叶迹 3 个，叶痕细窄，C 形

↑玫瑰二年生枝灰紫色

↑玫瑰枯叶及叶柄宿存

→ 玫瑰海绵质髓
粗，白色

7. 一年生枝及皮刺均无毛

8. 皮刺弯曲或钩形

9. 皮刺粗大

一年生枝绿色并向阳面红色，无毛，皮刺粗大而弯曲

芽长卵形，暗红色

蔷薇科，蔷薇属

——月季 *Rosa Chinansis* Jacq

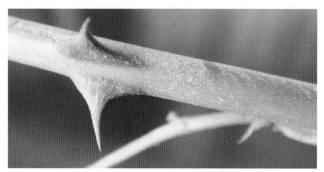

↑ 月季一年生枝及皮刺均无毛，绿色并向阳面红色

↘ 月季有顶芽，与侧芽同为卵状圆锥形，
红黄褐色，长 3~4 mm

←月季皮刺粗大而弯曲，
基部扁平，托叶宿存

↑月季灌木，株高 1~2 m

↑月季树皮紫绿色，具褐色纵条纹，具粗大皮刺

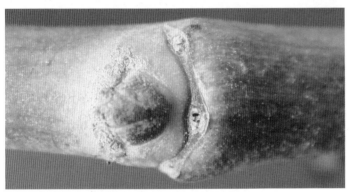

↑月季叶迹 3 个，叶痕螺旋状互生，细窄，C 形

↑月季具有宿存的干花苞及肉质浆果状假果

↑月季二年枝灰绿色，具淡红褐色皮刺

↑月季海绵质髓，粗大，白色

9. 皮刺较小

 10. 皮刺一型（只有弯刺）

  11. 枝节处只有 2 个微钩弯曲的皮刺，刺灰白色或灰黄色

   一年生枝无棱，暗红色，无毛

   有顶芽，圆锥形，侧芽单生，扁卵形，长 2~3 mm 芽顶部微被毛

   蔷薇科，蔷薇属

    ——达乌里蔷薇（刺玫果）*Rosa davurica* Pall

↑达乌里蔷薇节处有 2 个微钩弯曲的皮刺，刺灰白色或灰黄色

↗达乌里蔷薇有顶芽，圆锥形，侧芽单生，扁卵形，
紫红色，长 2~3 mm，芽顶部微被毛

↑达乌里蔷薇一年生枝无棱，暗红色，无毛

↑达乌里蔷薇灌木，株高 2 m

↑达乌里蔷薇茎直立，小枝暗红色

↑达乌里蔷薇叶迹 3 个，叶痕螺旋状互生，窄，C 形

↑达乌里蔷薇海绵质髓，粗，白色

↑达乌里蔷薇二年生枝暗灰紫色，枝皮局部剥裂

11. 枝节处没有 2 个微钩弯曲的皮刺，只在枝上疏生钩弯皮刺，刺长 3 mm
一年生枝具纯棱，红褐色，无毛，枝梢常枯死
顶芽缺，侧芽单生或叠生，主芽三角状卵形，长 3~5 mm
紫褐色，无毛，海绵质髓五边形，白色
蔷薇科，悬钩子属
——托盘儿（山楂叶悬钩子）*Rubus crataegifolius* Bunge

→ 托盘儿枝节处没有 2 个微钩弯曲的皮刺，只在枝上疏生钩弯皮刺，刺长 3 mm

↑ 托盘儿一年生枝具纯棱，红褐色，无毛，小枝常弓形弯曲，枝梢常枯死

↑ 托盘儿顶芽缺，侧芽单生或叠生，主芽三角状卵形，长 3~5 mm，紫褐色，无毛

↑托盘儿为灌木，树高3m，小枝紫红色，弓形下弯

↑托盘儿叶迹3个，叶痕新月形或倒三角形，黄白色

↑托盘儿叶柄具钩刺，叶柄基部宿存　　　↑托盘儿二年生枝紫红色，具皮刺

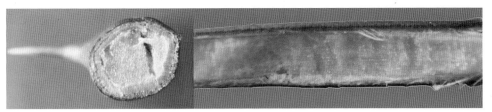

↑托盘儿海绵质髓五边形，白色

10. 皮刺二型

皮刺二型，细直刺散生，钩弯刺成对生于小枝上或托叶下部

一年生枝紫褐色或黄褐色，无毛

灌木高约1 m，枝弓形，细长，常具伏枝

蔷薇科，蔷薇属

——伞花蔷薇 *Rosa maximowicziana* Regel

↑伞花蔷薇皮刺二型，细直刺散生，钩弯刺成对生于小枝上或托叶下部

↑伞花蔷薇顶芽缺，一年生枝紫褐色或黄褐色，无毛

↑伞花蔷薇有时托叶宿存

↑伞花蔷薇侧芽卵形，先端钝，紫红色，芽鳞边缘有毛

↑伞花蔷薇灌木，高约 1 m

↑伞花蔷薇枝弓形，细长，常具伏枝

← 伞花蔷薇叶迹 3 个，叶痕
倒三角形或新月形

↑伞花蔷薇二年生枝红褐色或紫红色，有皮刺

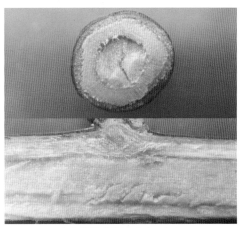

↑伞花蔷薇海绵质髓，白色

8.皮刺直伸

　9.有顶芽

　　10.叶迹3个

　　　11.树高3 m，树皮灰褐色，一年生枝紫红色或紫色，无毛

　　　　皮孔瘤状，不开裂

　　　　皮刺散生，近等长，长6~8 mm，紫红色，基部膨大或椭圆盘形

　　　　顶芽卵形，侧芽单生，卵形，髓粗大，圆形，白色

　　　　蔷薇科，蔷薇属

　　　　　　——黄刺梅 *Rosa xanthina* Lindl

↑黄刺梅有顶芽，顶芽卵形，芽鳞开展成圆柱形

↑黄刺梅叶迹3个，叶痕细窄，C形，V形

↑黄刺梅一年生枝紫红色或紫色，无毛，皮孔瘤状，不开裂，皮刺散生，近等长，长6~8 mm，紫红色，基部膨大或椭圆盘形

↑黄刺梅侧芽单生，卵形，先端尖，略扁，无毛

↑黄刺梅树高 3 m

↑黄刺梅树皮灰褐色，散生皮刺

↑黄刺梅二年生枝灰褐色，不平，皮刺直伸，灰白色

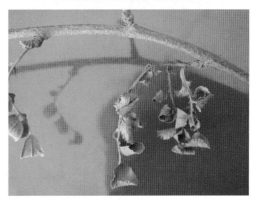

↑黄刺梅有宿存枯叶

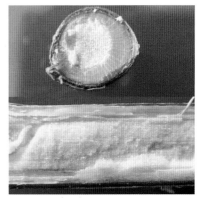

↑黄刺梅海绵质髓，粗，白色

11. 树高 1 m，树皮灰色，一年生枝灰黄色，密被黄色短柔毛

　节间密被皮刺毛，枝节部具 3~7 个针状皮刺，刺长 5~10 mm

　二年生枝皮剥裂时露出紫色内皮

　叶痕细窄，C 形，叶迹 3 个

　顶芽与侧芽等长，窄圆锥形，长 5~9 mm，黄色或深黄色，无毛

　　虎耳草科，茶藨子属

　　——刺果茶藨子（刺李）*Ribes burejense* Fr Schmidt

↑ 刺果茶藨子一年生枝灰黄色，密被黄色短柔毛，节间密被皮刺毛，枝节部具 3~7 个针状皮刺，刺长 5~10 mm

↘ 刺果茶藨子有顶芽，顶芽与侧芽等长，窄圆锥形，长 5~9 mm，黄色或深黄色，无毛

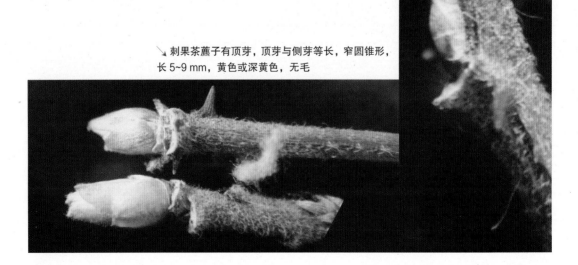

↑刺果茶藨子灌木，株高 1 m

↑刺果茶藨子树皮灰色，枝皮剥裂

↑刺果茶藨子叶迹 3 个，叶痕螺旋状互生，细窄，C 形，白色，微隆起

↑刺果茶藨子海绵质髓，淡绿色

↑刺果茶藨子二年生枝灰色，枝皮剥裂时露出紫色内皮

10. 叶迹 5 个或多个

11. 叶迹 5 个，排成单列

树高 2 m，常丛生，枝节部具有气生根，具有炬状短枝

一年生枝淡灰褐色，无毛，皮孔淡灰色，椭圆形或裂孔形

皮刺单生于叶痕下部，先端尖锐，略下弯

叶痕 U 形，环绕芽周围而生，有顶芽，与侧芽均为卵状球形

芽鳞先端尖三角形，具长凸刺尖，灰褐色，无毛

五加科，五加属，芽鳞先端尖三角形，具长凸刺尖

——五加 *Acanthopanax gracilistylus* W W Smith

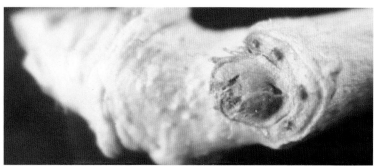

← 五加叶迹 5 个，排成单列

↗ 五加枝节部具有气生根，具有炬状短枝

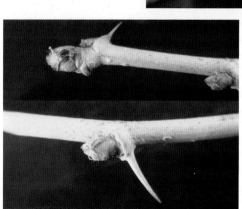

↑ 五加一年生枝淡灰褐色，无毛，皮孔淡灰色，皮刺单生于叶痕下部，先端尖锐，略下弯

↑五加树高3m，常丛生

↑五加树皮灰褐色，平滑

↑五加芽鳞先端尖三角形，具长凸刺尖，灰褐色，无毛

↑五加二年生枝灰色，具皮刺

↑五加有顶芽，与侧芽均为卵状球形，褐色或灰褐色，无毛

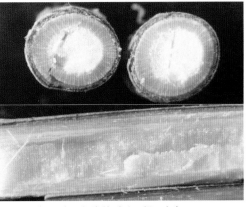

↑五加海绵质髓，粗，白色

11. 叶迹多数

树高 2 m，树皮褐色，浅纵裂，疏生细刺，一年生枝淡褐色

密生细针状皮刺，刺向下倾斜成锐角，而叶痕周围的针刺向上伸展

叶痕 V 形或马蹄掌形，叶迹多数

顶芽比侧芽大，长 5~6 mm，淡红褐色，具黄白色缘毛

五加科，刺五加属

——刺五加（刺拐棒）*Acanthopanax senticosus*（Rupr et Maxim）Harms

↑刺五加叶迹多数，叶痕螺旋状互生，V 形

↑刺五加有顶芽，顶芽比侧芽大，长 5~6 mm，芽卵状圆锥形，淡红褐色，具黄白色缘毛

← 刺五加一年生枝淡褐色，密生
细针状皮刺，刺向下倾斜成锐角
而叶痕周围的针刺向上伸展

↑刺五加灌木，树高2m

↑刺五加树皮灰褐色，浅纵裂，密生细刺

↑刺五加二年生枝灰褐色，具刺

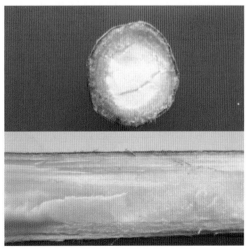

↑刺五加海绵质髓，粗，白色

9.除节部有2枚托叶状扁平皮刺外，节间也散生皮刺

一年生枝黄褐色或紫褐色，果基部成柄状

芸香科，花椒属

——香花椒（崖椒）*Zanthoxylum schinifolium* Sieb et Zucc

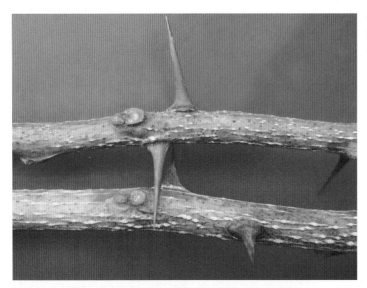

← 崖椒除节部有2枚托叶状扁平皮刺外，节间也散生皮刺

↑崖椒叶迹3个，叶痕螺旋状互生，半圆形，微隆起

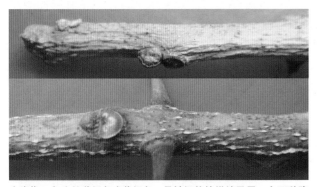

↑崖椒一年生枝黄褐色或紫褐色，具皱褶状的纵棱及黑、白两种隆起的皮孔，皮刺暗紫红色

↑崖椒蓇葖果3裂，黑灰色，种子球形，黑色，有光泽

↑崖椒为 1~3 m 的灌木，宽卵形

↑崖椒树皮灰褐色，浅裂，具散生的皮刺

崖椒二年生枝深灰色，皮粗糙

↑崖椒无顶芽，侧芽单生，近球形，紫红色，长
1~2 mm，无毛

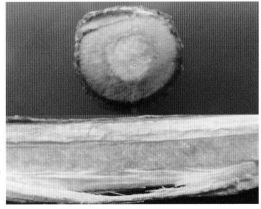

↑崖椒海绵质髓，较粗，白色

5. 不具皮刺、具枝刺

  6. 枝顶端呈刺状

   7. 且枝上有刺

    8. 叶迹 1 个

      树高 4 m，树皮深灰色，枝常呈拱弯下垂

      一年生枝具细棱，无毛，黄白色，顶端常呈刺状

      叶痕半圆形或新月形，叶迹 C 形

      侧芽单生或 2~4 个簇生，球形，黄棕色，微被毛

       茄科，枸杞属

        ——枸杞 *Lycium chinanse* Maill

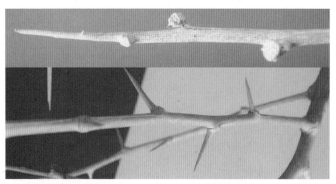

↑枸杞枝顶端呈刺状，且枝上有刺，一年生枝具细棱，无毛，黄白色

↑枸杞枝常呈拱弯下垂

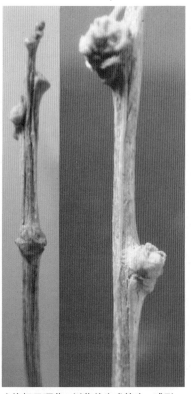

↑枸杞无顶芽，侧芽单生或簇生，球形，黄棕色，微被毛

↑枸杞灌木，树高 4 m

↑枸杞树皮深灰色

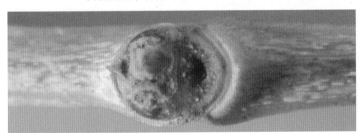

↑枸杞叶迹 1 个，C 形，叶痕半圆形或新月形

←枸杞果柄
宿存

↑枸杞二年枝深灰色，具枝刺

→ 枸杞海绵质
髓，黄白色

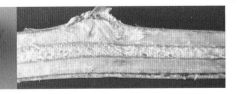

8.叶迹3个

树体较矮，高2m，枝条直立而开展

一年生枝不具棱，紫红色，疏被白色星状毛，顶端常呈刺状

叶痕半圆形或倒三角形，叶迹3个

无顶芽，侧芽单生，三角状，先端凸尖，紫红色，无毛

花芽近球形，在老枝上簇生

蔷薇科，木瓜属

——贴梗海棠 *Chaenomeles speciosa*（Sweet）Nakai

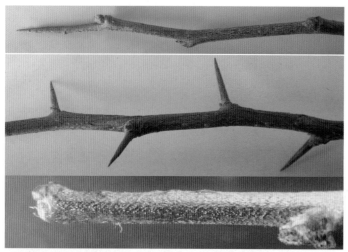

↑贴梗海棠顶端常呈刺状，且枝上有刺，一年生枝不具棱，紫红色，疏被白色星状毛

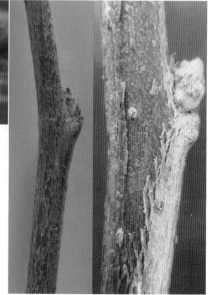

↗贴梗海棠无顶芽，侧芽单生，三角状，先端凸尖，紫红色，无毛，花芽近球形，在老枝上簇生

↑贴梗海棠树体较矮，高2m，枝条直立而开展

↑树皮灰紫色，具浅薄裂纹

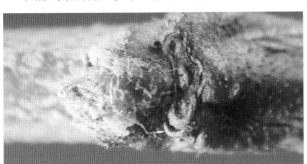

↑贴梗海棠叶迹3个，叶痕半圆形或倒三角形

↑贴梗海棠实心髓，淡绿或淡褐色

↑贴梗海棠二年生枝紫褐色，具纵状条纹，有短枝

7. 且枝上无刺，叶痕对生

8. 侧芽较小

9. 一年生枝径 2~3 mm，紫色，无毛

短枝上顶芽卵形，长 2.5~3.5 mm

侧芽扁卵形，不被托叶所包，无毛

树高 1~3 m，分枝多，宿存线状披针形托叶

鼠李科，鼠李属

——金刚鼠李 *Rhamnus diamantiaca* Nakai

→金刚鼠李枝顶端刺
状，且枝上无刺，一
年生枝径 2~3 mm，
紫灰色，无毛

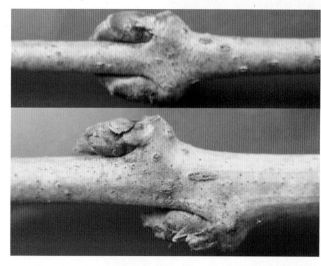

←金刚鼠李叶痕对生
或近对生，侧芽长圆
形或扁卵形，较小，
长 2.5~3.5 mm， 紫
灰色，贴枝

→金刚鼠李宿存
线状披针形托叶，
托叶不包芽

↑金刚鼠李树高 1~3 m，分枝多

↑金刚鼠李树皮紫灰色，纸状卷裂

↑金刚鼠李叶迹 3 个，叶痕半圆形，隆起

↑金刚鼠李核果宿存

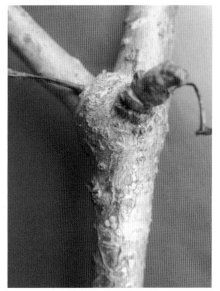

↑金刚鼠李二年生枝紫灰色

↑金刚鼠李海绵质髓，较粗，白色

9. 一年生枝径 1~2 mm，灰棕色，被短柔毛

短枝上顶芽近球形或宽卵形，长 2.0~2.5 mm

侧芽卵形，被托叶所包，密被短柔毛或短绒毛，具缘毛

树高 1~3 m，宿存线状披针形托叶

鼠李科，鼠李属

——圆叶鼠李 *Rhamnus globosa* Bunge

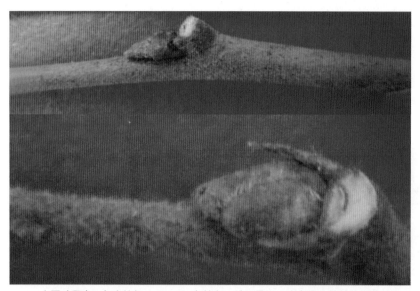

↑圆叶鼠李一年生枝径 1~2 mm，灰棕色，被短柔毛，宿存线状披针形托叶

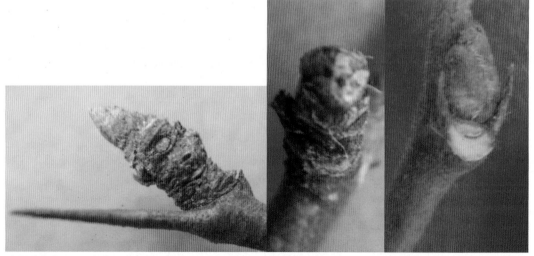

↑圆叶鼠李短枝上顶芽近球形或宽卵形，长 2.0~2.5 mm，具短绒毛，侧芽卵形，被托叶所包，密被短柔毛或短绒毛，具缘毛

↑圆叶鼠李灌木或小乔木，树高 2~5 m

↑圆叶鼠李树皮灰褐色，浅纵裂

↑圆叶鼠李叶迹 3 个，叶痕半圆形，淡褐色，隆起

↑圆叶鼠李二年生枝棕色，粗糙

↑圆叶鼠李核果近球形，紫黑色

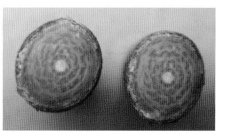

↑圆叶鼠李海绵质髓，白色

8. 侧芽较大，长 3.5~8.0 mm

树高 3~5 m，分枝少，一年生枝灰棕色，无毛，无宿存托叶

鼠李科，鼠李属

——乌苏里鼠李（老鸹眼）*Rhamnus ussuriensis* J Vass

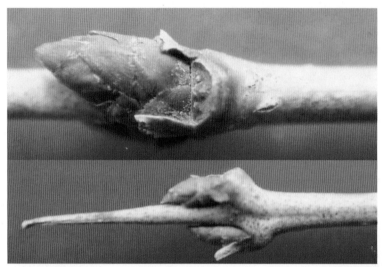

↑乌苏里鼠李侧芽较大，卵状圆锥形，长 3.5~8.0 mm，无顶芽，枝顶端呈刺状

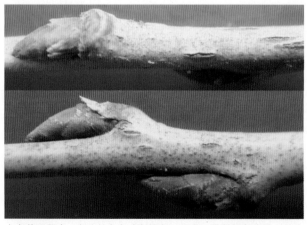

↑乌苏里鼠李一年生枝灰色或灰棕色，无毛，具黑褐色皮孔，枝皮局部剥裂

↑乌苏里鼠李宿存核果，近球形，紫黑色

↑ 乌苏里鼠李灌木或小乔木，树高 5 m

↑ 乌苏里鼠李树皮灰色，纸状剥裂

↑ 乌苏里鼠李叶迹 3 个，叶痕对生或近对生，淡褐色，边缘褐色，隆起

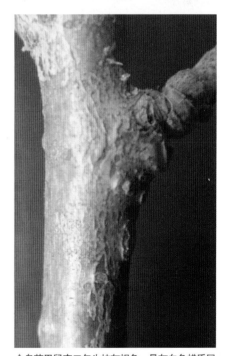

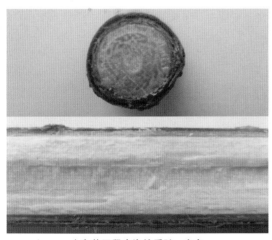

↑ 乌苏里鼠李海绵质髓，白色

↑ 乌苏里鼠李二年生枝灰褐色，具灰白色蜡质层

6. 枝顶端非刺状，只具枝刺

　7. 分隔髓

　　　树高 2~3 m，树皮暗灰色，条状剥落，托叶宿存

　　　一年生枝灰绿色，分枝多，无毛，表皮剥落后露出灰紫色内皮

　　　叶痕及托叶暗红色，无顶芽，侧芽疏被柔毛，分隔髓白色至淡绿色

　　　　蔷薇科，扁核木属

　　　　　——东北扁核木（扁担胡子）*Prinsepia uniflora* Batal

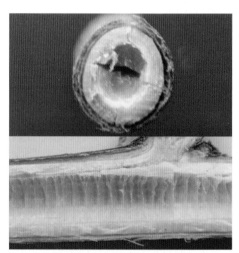

↑东北扁核木分隔髓，白色或淡绿色

↑东北扁核木枝顶端非刺状，只具枝刺，一年生枝灰绿色，无毛，表皮剥落后露出灰紫色内皮，托叶宿存

↘东北扁核木无顶芽，侧芽卵圆形或扁球形，紫红色，疏被柔毛，芽基部被宿存托叶所包裹

↑东北扁核木树高 2~3 m，树冠扁圆形

↑东北扁核木树皮暗灰色，条状剥落

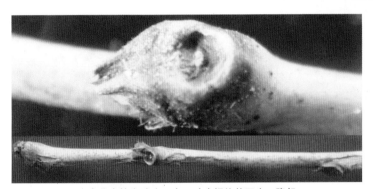

↑东北扁核木叶迹 1 个，叶痕螺旋状互生，隆起

↑东北扁核木二年生枝表皮剥落后露出紫褐色内皮

↑东北扁核木宿存核果，径 10~15 mm，暗紫红色，果皮表面有白粉

7. 海绵质髓，托叶不宿存

叶迹 3 个

树体较高，3~6 m，有粗大枝刺，树皮片状脱落，具显著褐色痕迹

一年生枝圆柱形，暗紫红色，幼时被淡黄色绒毛，托叶宿存

蔷薇科，木瓜属

——木瓜海棠 *Chaenomeles cathayensis*（Hemsl）Schneid

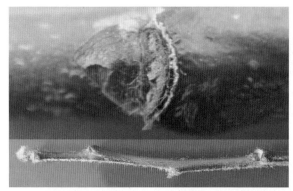 

↑木瓜海棠叶迹 3 个，叶痕螺旋状互生，新月形　　　↑木瓜海棠具粗壮枝刺

↗木瓜海棠无顶芽，侧芽单生，扁宽卵形，
紫红色，芽鳞 2 片，疏被白色绒毛

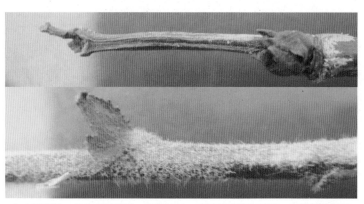

↑木瓜海棠一年生枝圆柱形，暗紫红色，幼时被淡黄色绒毛，有残留的托叶

↑ 木瓜海棠树冠宽卵形，也有灌木形

↑ 木瓜海棠树皮片状脱落，落后具显著褐色痕迹

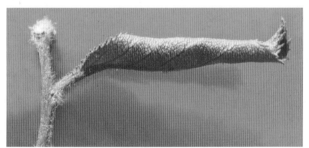

↑ 木瓜海棠枯叶宿存

↑ 木瓜海棠海绵质髓，淡绿色

↑ 木瓜海棠二年生枝紫红色，光滑表面具蜡质薄膜

1. 枝不具刺

　2. 叶痕对生

　3. 有顶芽

　　4. 叶迹 1 个

　　　5. 枝具有宽木栓翅

　　　　　树高 2 m，一年生枝绿色，受光面略带红色

　　　　　有 2~4 条宽 10 mm 的木栓翅，无毛，皮孔不明显

　　　　　海绵质髓，"十"字形，顶芽宽卵形，长 1~3 mm，棕色，无毛

　　　　　　　卫矛科，卫矛属

　　　　　　　　——卫矛（鬼见羽）*Euonymus alatus*（Thunb）Sieb

↑卫矛枝不具刺，叶痕对生，有顶芽，叶迹 1 个，枝具有宽木栓翅

↑卫矛一年生枝绿色，受光面略带红色，无毛，皮孔不明显，枝具有 2~4
条宽 10 mm 的木栓翅

↑卫矛侧芽卵状圆锥形，略小，黑紫色

↑卫矛低矮灌木，株高 1~2 m

↑卫矛树干与树枝

↑卫矛蒴果 3 瓣裂，假种皮红色

↑卫矛二年生枝具木栓翅

↑卫矛海绵质髓，细，白色

5. 鳞芽

6. 顶芽大

顶芽细长圆锥形，长 7~17 mm，紫黑色，无毛

树高达 5 m，一年生枝灰绿色，髓淡绿色

卫矛科，卫矛属

——垂丝卫矛（球果卫矛）*Euonymus oxyphyllus* Miq

↑垂丝卫矛鳞芽，顶芽大，细长圆锥形，长 7~17 mm，紫黑色，无毛

↑垂丝卫矛一年生枝绿色或灰绿色

↘垂丝卫矛侧芽单生，细长圆锥形，紫黑色，无毛，与枝开展呈 40°角

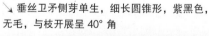

↑垂丝卫矛灌木，树高 2.5 m

↑垂丝卫矛树皮灰褐色，粗糙

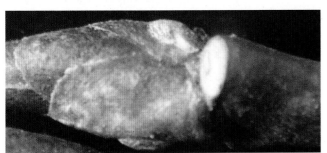

↑垂丝卫矛叶迹 1 个，C 形，叶痕对生，半圆形，微隆起

←垂丝卫矛宿存蒴
果，3~5 裂

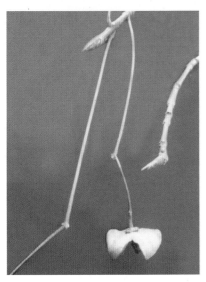

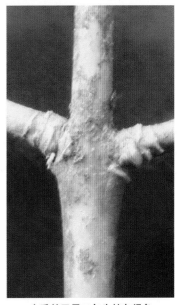

↑垂丝卫矛二年生枝灰绿色

↑垂丝卫矛海绵质髓，淡绿色

6.顶芽小

7.顶芽卵形，长 2~3 mm，黄褐色，被短柔毛

树高 3 m，树皮灰色

一年生枝细，1~2 mm，具有 4~6 条棱线，淡褐色至褐色

具棕色圆形小皮孔

二年生枝灰褐色，近无毛，侧芽扁卵形，被疏柔毛

木樨科，女贞属

——水腊 *Ligustrum obtusifolium Sieb et Zucc*

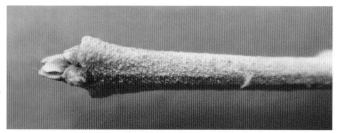

↑水蜡顶芽小，卵形，长 2~3 mm，黄褐色，被短柔毛

↗水蜡侧芽扁卵形，黄褐色，
被疏柔毛

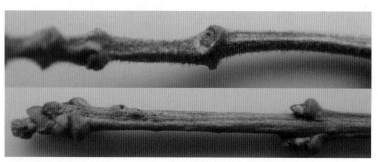

↑水蜡一年生枝细，1~2 mm，具有 4~6 条棱线，淡褐色至褐色，具棕色圆形小皮孔，
枝先端密被短毛

↑水蜡树高3m，枝条较密

↑水蜡树皮灰色，粗糙

↑水蜡叶迹1个，线状新月形，叶痕半圆形，隆起

↑水蜡二年生枝灰色，纵裂纹

↑水蜡宿存浆果状核果，黑色

↑水蜡海绵质髓，较细，白色

7. 顶芽扁三角状圆锥形，两侧具棱，长 2~3 mm，灰黄色，无毛

   树高 3 m，树皮灰褐色

   一年生枝径 2~3 mm，圆柱形，无棱线，黄褐色至灰褐色

   具褐色长椭圆形 2 裂皮孔，二年生枝灰褐色，具褐色裂纹，无毛

   侧芽扁圆锥形，芽鳞外分，无毛

     木樨科，女贞属

      ——金叶女贞 *Ligustrum vicaryi*

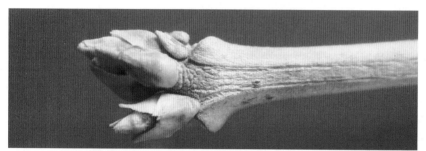

↑金叶女贞顶芽扁三角状圆锥形，两侧具棱，长 2~3 mm，灰黄色，无毛

↗金叶女贞侧芽扁圆锥形，芽鳞外分，无毛

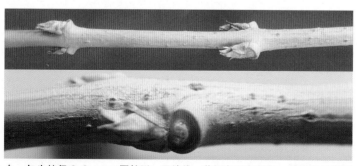

↑一年生枝径 2~3 mm，圆柱形，无棱线，黄褐色至灰褐色，具褐色长椭圆形 2 裂皮孔

↑金叶女贞灌木，株高3m　　　　　　　↑金叶女贞枝干灰色

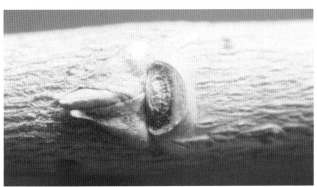

↑金叶女贞叶迹1个，线状新月形，叶痕交互对生，半圆形，隆起

↑金叶女贞二年生枝，灰褐色，具褐色
裂纹，无毛

↑金叶女贞枯叶与核果宿存，种子紫红色

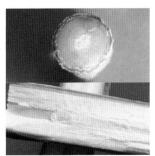

↑金叶女贞海绵质髓，淡绿色

4.叶迹1组或3个

5.叶迹1组

6.海绵质髓

顶芽卵形长近9 mm，先端尖，棕黄色，疏被白色绒毛

侧芽单生，扁三角状卵形，长2~5 mm

一年生枝圆柱形，淡灰褐色，无毛或幼枝具疣状凸起及星状毛

木樨科，丁香属

——红丁香Syringa villosa Vahl

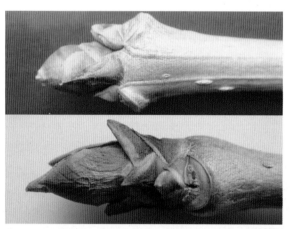

↑红丁香顶芽卵形，长近9 mm，先端尖，棕黄色，疏被白色绒毛

↑红丁香侧芽单生，扁三角状卵形，长2~5 mm，棕黄色，疏被白色绒毛

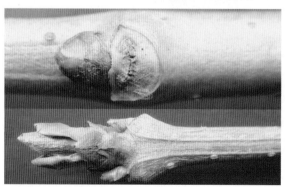

↑红丁香一年生枝圆柱形，淡灰褐色，无毛，皮孔明显，或幼枝具疣状凸起及星状毛

↑红丁香树球，树可高达 3 m

↑红丁香树皮灰色，老树干粗糙

↑红丁香叶迹 1 组，C 形，叶痕半圆形，稍隆起

↑红丁香蒴果宿存，黄褐色，果皮 2 裂

↑红丁香二年生枝灰色，具瘤状皮孔

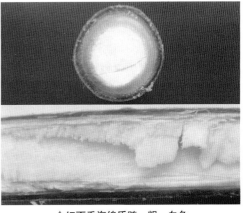

↑红丁香海绵质髓，粗，白色

6. 空心髓或分隔髓

　7. 空心髓

　　　枝节部具隔节

　　　树高 3 m，枝条常呈弓形下弯，一年生枝黄棕色向阳面紫褐色

　　　沿叶痕两侧下延纵棱不明显，无毛，散生椭圆形皮孔

　　　叶痕倒三角形，叶痕间有连线，叶迹 1 组，线状新月形

　　　顶芽纺锤形，长 4~8 mm，侧芽叠生或单生，叠生时主芽在上

　　　　木樨科，连翘属

　　　　　　——连翘 *Forsythia suspensa*（thunb）Vahl

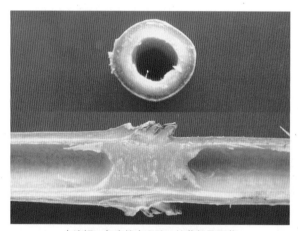

↑连翘一年生枝空心髓，枝节部具隔节

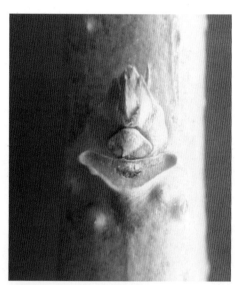

↑连翘叶迹 1 组，线状新月形，叶痕对生，倒三角形，边角不下延

↑连翘一年生枝黄棕色，向阳面紫褐色，无毛，散生椭圆形皮孔，叶痕间有连线

↑连翘灌木，高3m，枝条常弓形下垂

↑连翘树皮灰褐色，粗糙

↑连翘顶芽纺锤形，长4~8mm，黄棕色，侧芽扁卵形，叠生或单生，叠生时主芽在上

↑连翘对生3出小叶，常宿存

7. 分隔髓

  8. 枝节部无隔节

    树高3m，枝条不弓形下弯，一年生枝灰黄色，无毛，散生圆形凸起的皮孔

    叶痕倒三角形，两边角下延，叶痕间无连线

    沿叶痕无下延的纵棱，叶迹1组，线状新月形

    顶芽卵状圆锥形，侧芽单生或2个叠生，芽具棱脊，黑紫红色

    外层芽鳞及芽尖黄色

      木樨科，连翘属

        ——东北连翘 *Forsythia mandshurica* Uyeki

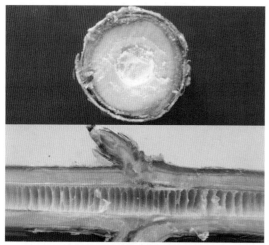

↑东北连翘分隔髓，枝节部无隔节

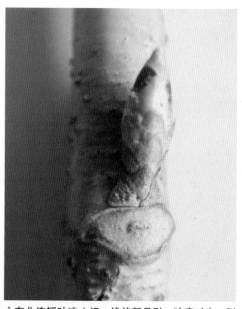

↑东北连翘叶迹1组，线状新月形，叶痕对生，倒三角形，两边角下延

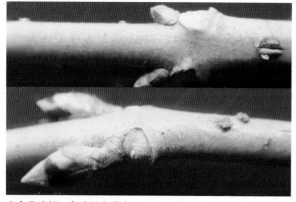

↑东北连翘一年生枝灰黄色，无毛，散生圆形凸起的皮孔，叶痕间无连线

↑东北连翘灌木，树高3m

↑东北连翘枝条不弓形下弯

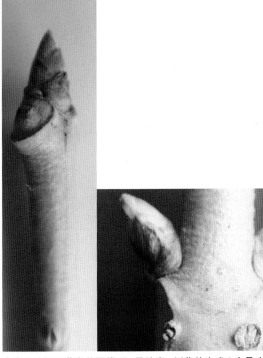

↑东北连翘顶芽卵状圆锥形，具棱脊，侧芽单生或2个叠生，黑紫红色，芽尖黄色

↑东北连翘二年生枝灰色，皮孔凸出，表皮粗糙

8. 枝节部具隔节

　　树高 3 m，枝条弓形下弯，一年生枝向阳面紫红色或红褐色

　　背阳面深绿色，无毛，散生长圆形凸起的黄白色皮孔

　　叶痕倒三角形，两边角不下延，叶痕间有连线，并有两条下延纵棱线

　　叶迹 1 组，线状新月形，顶芽常败育，侧芽单生或 2 个叠生

　　　木樨科，连翘属

　　　　——金钟连翘 *Forsythia viridissima* Lindl

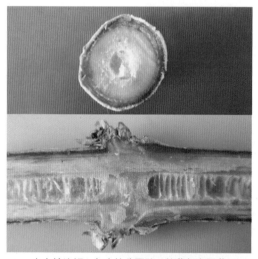 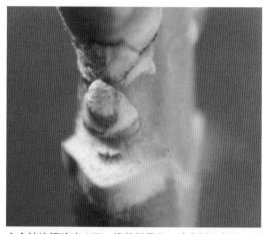

↑金钟连翘一年生枝分隔髓，枝节部有隔节

↑金钟连翘叶迹 1 组，线状新月形，叶痕倒三角形，两边角不下延

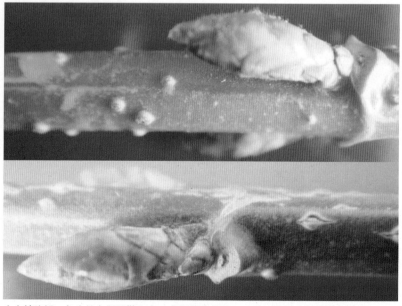

↑金钟连翘一年生枝向阳面紫红色，背阳面深绿色，无毛，散生凸起的黄白色皮孔，叶痕间有连线

↑金钟连翘树皮灰褐色，浅裂

↑金钟连翘树高3 m，树冠圆形

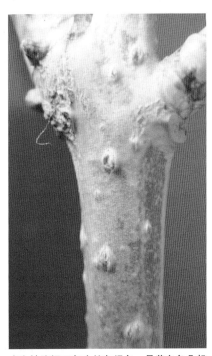

↑金钟连翘顶芽常败育，侧芽单生或2个叠生，纺锤形，黄褐色，芽鳞黑紫色

↑金钟连翘二年生枝灰绿色，具黄白色凸起皮孔

5.叶迹3个

6.裸芽

7.芽具柄，一年生枝密被灰白色或黄白色星状毛，叶痕新月形或 V 形

有顶芽，无托叶痕，侧芽小，均密被星状毛

花序裸露越冬，核果宿存，蓝黑色

忍冬科，荚蒾属

——绣球荚蒾 *Viburnus macrocephalum* Fort

↑绣球荚蒾叶迹3个，叶痕对生，新月形或 V 形

↘绣球荚蒾裸芽，有顶芽，芽具柄，侧芽比顶芽小，有时裸芽
两个叶片分离，芽密被灰白色星状毛

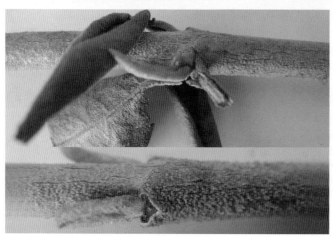

←绣球荚蒾一年生枝绿褐色，密
被灰白色或黄白色星状毛，枯叶
或叶柄宿存

↑绣球荚蒾为树高3m的灌木

↑绣球荚蒾树皮灰褐色，平滑，有皮孔

↑绣球荚蒾海绵质髓，白色或褐色髓心

↑绣球荚蒾二年生枝灰白色，具褐色浅裂纹

7. 芽无柄，树皮暗灰色，较软，一年生枝幼时被星状短柔毛

二年生枝无毛，淡灰色

裸芽，顶芽长圆柱形，中间具一纵沟，密被灰褐色柔毛

侧芽扁长圆形或长条形，单生或 2 个叠生，核果宿存，蓝黑色

忍冬科，荚蒾属

——暖木条子 *Viburnus burejacticum* Regelet Herd

← 暖木条子叶迹
3 个，叶痕倒三
角形，隆起

↗ 暖木条子裸芽，具顶芽，芽无柄，长圆柱形，中间
具一纵沟，侧芽扁长圆形或长条形，单生或 2 个叠生，
芽密被灰褐色柔毛

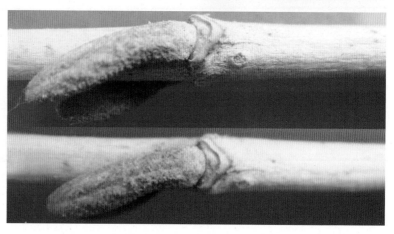

→ 暖木条子一年
生枝灰绿色至灰
褐色，被星状短
柔毛

↑暖木条子灌木或小乔木，树高 5 m

↑暖木条子树皮暗灰色，较软

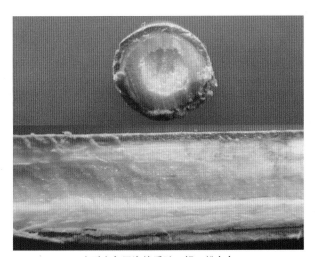

↑暖木条子海绵质髓，粗，粉白色

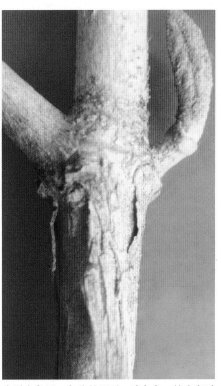

↑暖木条子二年生枝无毛，淡灰色，枝皮有时片状剥裂

6.鳞芽

7.空心髓

树高近 4 m，树皮灰白色，剥裂，一年生枝灰褐色，被稀疏短毛

枝皮剥裂后呈灰白色，髓黑褐色后变空心髓，近木质部褐色

顶芽圆锥形，长 5~8 mm，灰紫色，芽鳞 6~8 对，背面有脊

有白色长缘毛，侧芽单生，稀 2~3 个叠生

忍冬科，忍冬属

——黄花忍冬（金花忍冬）*Lonicera chirysantha* Turcz

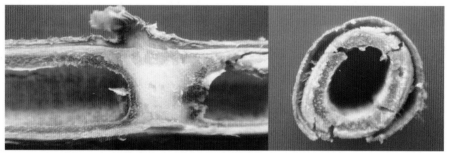

↑黄花忍冬空心髓，近木质部褐色，枝节部具隔节

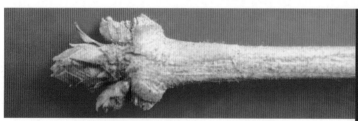

↗黄花忍冬顶芽圆锥形，长5~8 mm，侧芽单生，稀2~3个叠生，
芽鳞灰紫色，外被黄白色长缘毛，与枝开展呈60°角

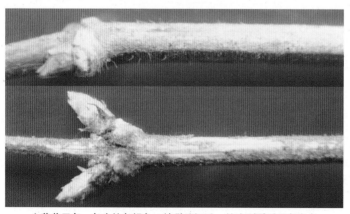

↑黄花忍冬一年生枝灰褐色，被稀疏短毛，枝皮剥裂后呈灰白色

↑黄花忍冬灌木，树高4 m

↑黄花忍冬树皮灰白色，剥裂

↑黄花忍冬叶迹3个，叶痕扁三角形，灰白色

↑黄花忍冬宿存浆果，红色

↑黄花忍冬二年生枝紫灰色，微具毛

7. 海绵质髓

8. 一年生枝四棱形

　　树高可达 5 m，一年生枝四棱形，灰黄褐色，密被灰褐色绒毛

　　二年生枝色较深，海绵质髓，方形，白色，常有宿存果序

　　顶芽扁球形，密被黄色绒毛，侧芽单生或 2 个叠生

　　　马鞭草科，牡荆属

　　　　——荆条 *Vitex negundo* L var *heterophylla* Rehd

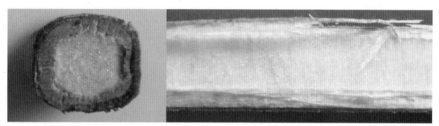

↑荆条海绵质髓，方形，白色

↗荆条顶芽扁球形，密被子黄色绒毛，
侧芽单生或 2 个叠生

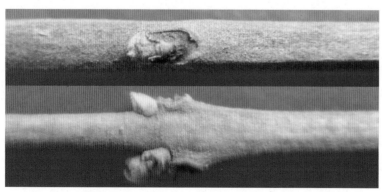

↑荆条一年生枝四棱形，灰黄褐色，密被灰褐色绒毛

↑荆条灌木或小乔木，树高 5 m

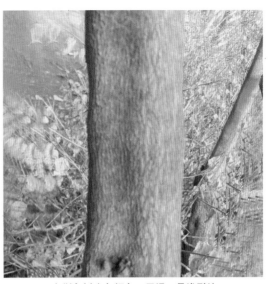

↑荆条树皮灰褐色，平滑，具浅裂纹

↑荆条叶迹 3 个，中间一个大，呈 C 形，两侧的呈圆点形，叶痕对生，U 形，平坦

↑荆条常有宿存核果，果序

↑荆条二年生枝灰色，有纵纹

8.一年生枝非四棱形

9.一年生枝血红色，被白粉，树高3m，树皮暗红色，平滑

一年生枝径1~3mm，血红色，常被白粉，有"丁"字毛，疏生皮孔

海绵质髓，大而白色，叶痕V形，隆起，两叶痕间有连线痕

顶芽卵状披针形，长5mm，紫红色，侧芽单生，贴枝

常有宿存白色核果

山茱萸科，梾木属

——红瑞木 *Cornus alba* L

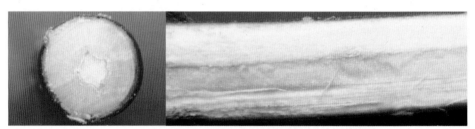

↑红瑞木海绵质髓，较粗，白色

↑红瑞木一年生枝，血红色，径1~3mm，常被白粉，有"丁"字毛，疏生皮孔

↘红瑞木顶芽卵状披针形，长5mm，
紫红色，侧芽单生，贴枝

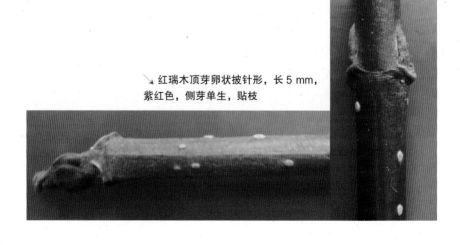

↑红瑞木灌木，球形，高3m

↑红瑞木树皮暗红色，平滑

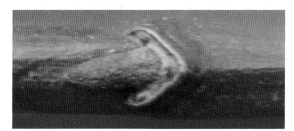

↑红瑞木叶迹3个，叶痕Ｖ形，隆起，两叶痕间有连线痕

↑红瑞木常宿存核果，初时白色，种子1个，紫黑色

↑红瑞木二年生枝暗红色，具白色皮孔

9. 一年生枝非血红色

10. 顶芽四棱锥形

11. 一年生枝淡黄色，树高3 m，树皮灰褐色，不开裂

两叶痕间有连接线，并有一纵棱，棱上有一列柔毛，皮孔隆起

二年生枝灰褐色，侧芽三棱锥状圆锥形

忍冬科，锦带花属

——锦带花 *Weigela florida*（Bunge）A DC

↑锦带花顶芽四棱锥形，长约5 mm

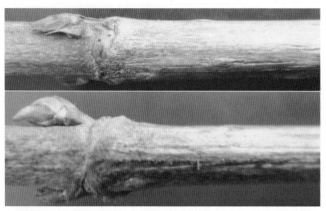

↑锦带花一年生枝淡黄色，两叶痕间有连接线，并有一纵棱，棱上有1列柔毛，皮孔隆起

↑锦带花侧芽三棱锥状圆锥形，先端尖，微具白色缘毛

↑锦带花灌木，株高 3 m

↑锦带花树皮灰褐色，不开裂或呈裂纹开裂

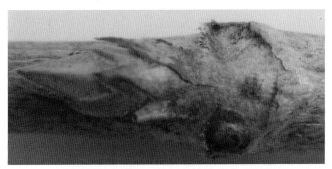

↑锦带花叶迹 3 个，叶痕对生倒三角形，较宽

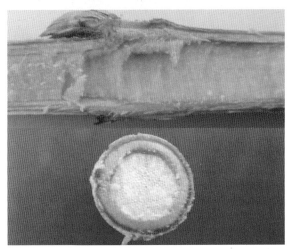

↑锦带花海绵质髓，粗，白色

↑锦带花二年生枝灰褐色

11. 树高 1~2 m，树皮灰褐色，一年生枝淡红色
　　其余同锦带花
　　忍冬科，锦带花属
　　　——红王子锦带 *Weigela florida*（Bunge）A DC Var prince

↑ 红王子锦带顶芽四棱锥形，长约 5 mm

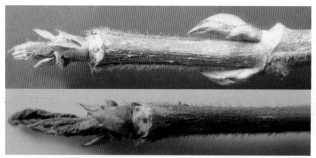

↑ 红王子锦带一年生枝红褐色，两叶痕之间有连接线痕，连线中间有 1~2 列柔毛，皮孔隆起

↑ 红王子锦带侧芽三棱锥状，圆锥形，具白色缘毛，贴枝

↑红王子锦带为灌木，树高 1~2 m

↑红王子锦带枝干丛生，灰褐色

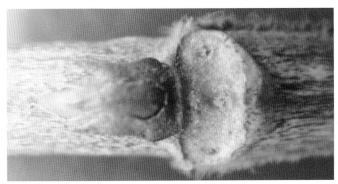

↑红王子锦带叶迹 3 个，叶痕对生，倒三角形，较宽

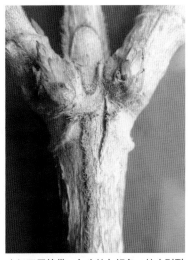

↑红王子锦带二年生枝灰褐色，枝皮剥裂

↑红王子锦带枯叶与蒴果宿存，蒴果长条形，蒴果顶端具啄，具白色缘毛，2 裂

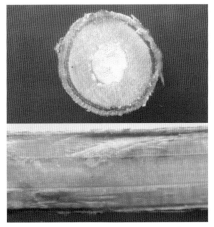

↑红王子锦带海绵质髓，粗，白色

10. 顶芽非四棱锥形

11. 芽有柄，两侧具棱线，芽鳞 2 片

一年生枝径 2~3 mm，密被黄白色星状毛，叶痕新月形或 V 形

有顶芽，顶牙与侧芽灰褐色，基部有短柄，均密被黄白色星状毛

核果宿存，先为红色，后变蓝黑色

忍冬科，荚蒾属

——蝴蝶荚蒾 *Viburnum plicatum* Thunb

f *tomentosum*（Thunb）Rehd

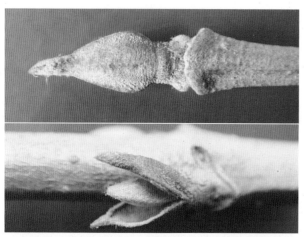

↑蝴蝶荚蒾顶芽非四棱锥形，灰褐色，有短柄，密被黄白色星状毛，芽鳞 2 片

↑蝴蝶荚蒾侧芽灰褐色，基部有短柄，两侧具棱线，密被黄白色星状毛

→蝴蝶荚蒾一年生枝
径 2~3 mm，密被黄
白色星状毛

↑蝴蝶荚蒾灌木或小乔木，高5m

↑蝴蝶荚蒾树皮灰色，平滑

↑蝴蝶荚蒾叶迹3个，叶痕对生，新月形或V形

↑蝴蝶荚蒾果

↑蝴蝶荚蒾二年生枝淡灰色，光滑

↑蝴蝶荚蒾海绵质髓，淡绿色

11. 芽无柄，两侧无棱线

　12. 顶芽宽卵形，卵形

　　13. 树高 4 m，树皮红褐色，片状剥落

　　　一年生枝径 2~4 mm，褐色，无毛

　　　顶芽小，长 5 mm，黄褐色，叶痕 V 形，长 3 mm

　　　侧芽近球形，长 2~3 mm，褐色，与枝开张呈 90° 角

　　　　虎耳草科，绣球花属

　　　　──东陵绣球花 *Hydrangea bretschneideri* Dippel

↑东陵绣球花顶芽宽卵形，芽无柄，两侧无棱线，黄褐色，无毛

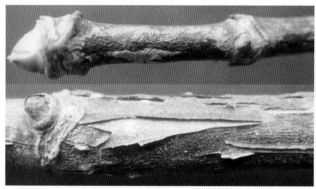

↑东陵绣球花一年生枝栗褐色，无毛，枝皮剥裂

↑东陵绣球花侧芽近球形，褐色，长 2~3 mm，
与枝开张呈 90° 角

↑东陵绣球花灌木，树高 4 m

↑东陵绣球花树皮红褐色，片状剥落

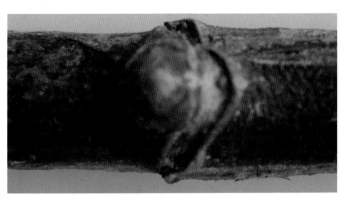

↑东陵绣球花叶迹 3 个，叶痕对生，V 形

↑东陵绣球花二年生枝栗褐色，枝皮剥裂，具白色膜层

↑东陵绣球花宿存花序，灰白色

↑东陵绣球花海绵质髓，粗，横切面六角形，白色

13. 树高 1~3 m，树皮淡灰褐色，不剥落，粗糙
一年生枝径 2~3 mm，黄褐色，无毛
顶芽小，长 5 mm，红褐色，叶痕 V 形，长 3 mm
侧芽近球形，长 2~3 mm，红褐色，与枝开张呈 90°角
虎耳草科，绣球花属
——大花圆锥绣球花 *Hydrangea paniculata* Sieb var *grandiflora* Sieb

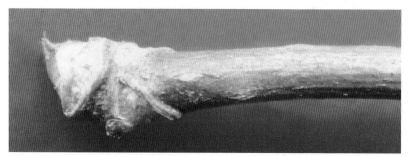

↑大花圆锥绣球花顶芽小，宽卵形，长 5 mm，红褐色

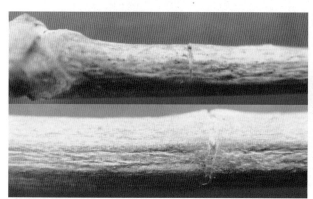

↑大花圆锥绣球花一年生枝径 2~3 mm，黄褐色，无毛

↑大花圆锥绣球花侧芽近球形，红褐色，与枝
开张呈 90°角

↑大花圆锥绣球花灌木，树高 1~3 m

↑大花圆锥绣球花树皮淡灰褐色，不剥落，粗糙

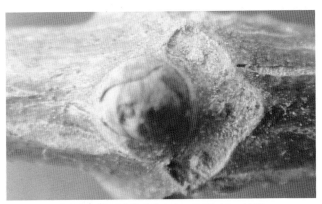

↑大花圆锥绣球花叶迹 3 个，叶痕对生，V 形

↑大花圆锥绣球花二年生枝，灰紫色，光滑，不剥裂

↑大花圆锥绣球花宿存花，果序褐色至红褐色

↑大花圆锥绣球花海绵质髓，粗，白色，横切面六角形

12. 顶芽卵形

    树高 1~2 m，树皮灰白色，层片状剥落

    一年生枝径 1.0~1.5 mm，褐色，具黄褐色丝状毛

    顶芽小，长 3 mm，背部有脊，具长毛

    侧芽长 2~3 mm

      忍冬科，忍冬属

      ——早花忍冬 *Lonicera praeflorens* Batalia

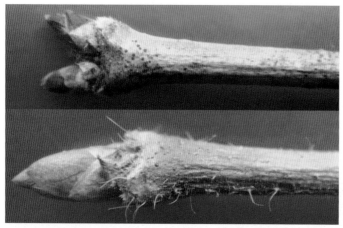

↑早花忍冬有顶芽或顶芽败育，卵形，先端尖，长 3 mm，灰绿色或红紫色，背部有脊，具白色柔毛

↑早花忍冬侧芽扁卵形，灰绿色，具白毛，长 3 mm，与枝开展成呈 40° 角

↑一年生枝褐色，径 1.0~1.5 mm，具黄褐色长丝状毛

↑早花忍冬灌木，树高 1~2 m

↑早花忍冬树皮灰白色至灰褐色，树皮成大片状剥落

↑早花忍冬叶迹 3 个，叶痕对生，半圆形，具白色长柔毛

↑早花忍冬二年生枝灰褐色，枝皮片状剥裂

→早花忍冬海绵质髓，较粗，白色，枝节部有隔节

3. 无顶芽

　4. 叶迹 1 个

　　5. 一年生枝圆柱形，绿褐色，或黄褐色，密被灰白色绒毛

　　　　树高 1 m 上下，枝条黄褐色，向上直伸，海绵质髓粗，白色

　　　　叶痕小，长 1 mm，半圆形，侧芽球形，常 2 个叠生，宿存聚伞果序

　　　　　马鞭草科，莸属

　　　　　　——金叶莸 *Caryopteris clandonensis* 'Worcester Gold'

↑金叶莸无顶芽，侧芽球形，常 2 个叠生

↑金叶莸叶迹 1 个，C 形，叶痕对生，盾形

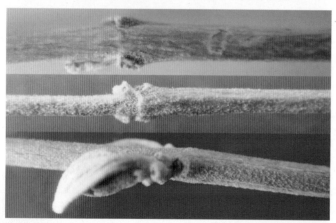

↑金叶莸一年生枝圆柱形，绿褐色或红褐色，密被灰白色绒毛，枯叶宿存，灰蓝色，包芽

↑ 金叶莸为小灌木，树高 1 m 上下　　　↑ 金叶莸丛生树干灰褐色，有纵纹

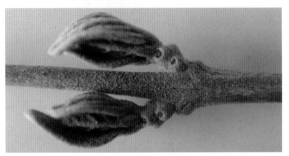

↑ 金叶莸有时具短枝

↑ 金叶莸二年枝黄褐色，老枝灰褐色，具明显浅纵裂纹

↑ 金叶莸宿存聚伞果序，有宿萼，萼具明显脉纹

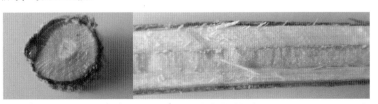

↑ 金叶莸实心髓，白色或淡褐色

5. 一年生枝四棱形，深绿色，无毛

　　树高 2 m，树冠 2 m，枝条绿色，弓形下弯

　　叶痕隆起，长 3~5 mm，半圆形

　　侧芽单生，四棱状长卵形或圆锥形，无宿存果序

　　　　木樨科，素馨属

　　　　　　——迎春花 *Jasminum nudiflorum* Lindi

↑迎春花一年生枝四棱形，深绿色，无毛

↑迎春花叶迹 1 个，叶痕对生，隆起，半圆形

↘迎春花侧芽单生，四棱状长卵形或
圆锥形，淡紫红色，无毛，背部有脊

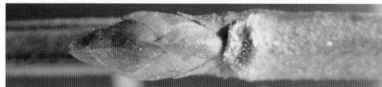

↑迎春花灌木，树高2m，枝条绿色，弓形下弯

↑迎春花二年生枝绿褐色，有纵裂纹

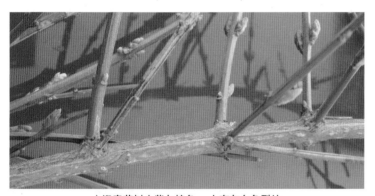

↑迎春花树皮紫灰棕色，上有灰白色裂纹

↑迎春花具有发达的气生根

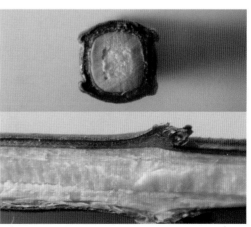

↑迎春花海绵质髓，方形，白色

4.叶迹3个或5个

5.叶迹3个

6.芽鳞1片，风帽状

7.果实宿存

宿存红色浆果，果有臭味

树高4 m，树皮灰褐色，纵裂，有少量木栓

一年生枝3~5 mm，黄褐色或灰绿色，有纵棱，无毛

散生白色凸圆形皮孔，叶痕对生，新月形或V形，叶迹3个

侧芽长卵形，长4~6 mm，紫红色，贴枝

忍冬科，荚蒾属

——鸡树条荚蒾（天目琼花）*Viburnum sargentii* Koeh

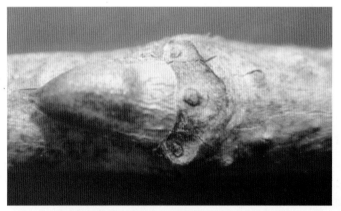

↑鸡树条荚蒾叶迹3个，叶痕对生，新月形或V形

↑鸡树条荚蒾宿存红色，浆果状核果，果有鸡屎味

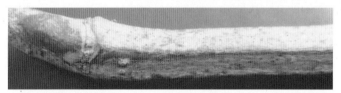

↑鸡树条荚蒾一年生枝3~5 mm，黄褐色或灰绿色，有纵棱，无毛，散生白色圆形凸起的皮孔

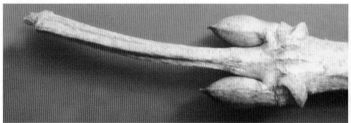

↑鸡树条荚蒾无顶芽，芽鳞1片，风帽状，侧芽长卵形，两侧具棱线，长4~6 mm，紫红色，贴枝

↑鸡树条荚蒾灌木，树高 4 m

↑鸡树条荚蒾树皮灰褐色，纵裂，有少量木栓

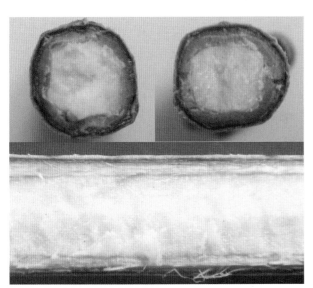

↑鸡树条荚蒾海绵质髓，粗，近正方形或六边形，白色

↑鸡树条荚蒾二年生枝灰色，皮上有褐色斑块

7. 果实不宿存

　　叶痕弯线形，叶迹 3 个

　　树高 1~3 m，树皮灰绿色，有纵裂纹

　　一年生枝黄绿色受光面红色，无毛，有光泽

　　花芽卵状圆锥形，长 7 mm，黄褐色，无毛，叶芽线形，两侧有棱

　　无毛，贴枝

　　　杨柳科，柳属

　　　——杞柳 *Salix integra* Thunb

→ 杞柳芽鳞1片，
风帽状

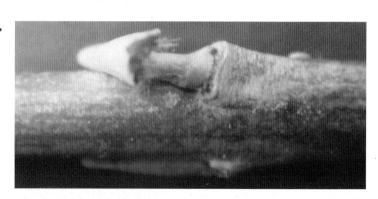

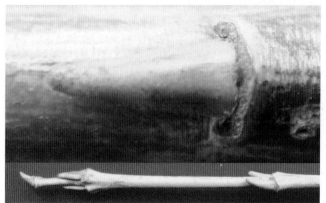

↑杞柳叶迹 3 个，叶痕对生或近对生，弯线形

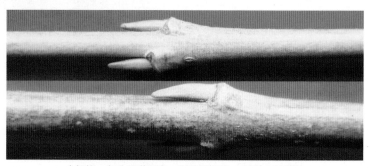

↑杞柳一年生枝黄绿色，受光面红色，无毛，有光泽

↑杞柳灌木，树高 1~3 m

↑杞柳树皮灰绿色，有纵裂纹

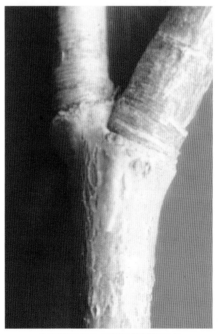

↑杞柳无顶芽，花芽卵状圆锥形，黄褐色，叶芽线形，两侧有棱，贴枝，芽无毛

↑杞柳二年生枝黄绿色带紫红色

← 杞柳海绵质髓，淡褐色

6. 芽鳞 2 片以上，非风帽状

7. 空心髓，枝节部具隔节

8. 近空心髓的木质部褐色

9. 顶芽败育

　　树高 3 m，树皮灰褐色，剥裂

　　一年生枝灰白色，具短柔毛或脱落

　　空心髓，近髓木质部褐色，顶芽败育呈卵形，长 2~3 mm，褐色

　　芽鳞 2~3 对，背部无脊，被短毛

　　侧芽单生，稀 2~3 个叠生

　　　忍冬科，忍冬属

　　　　——长白忍冬 *Lonicera ruprechtiana* Regel

↑长白忍冬空心髓，枝节部具隔节，靠近木质部褐色

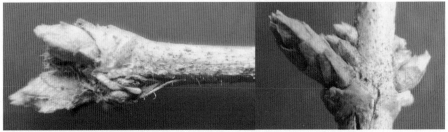

↑长白忍冬芽鳞 2 片以上，非风帽状。顶芽败育，呈卵形，长 2~3 mm，褐色，侧芽单生，稀 2~3 个叠生

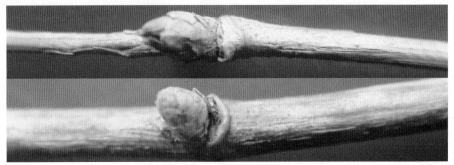

↑长白忍冬一年生枝灰白色，具短柔毛或脱落

↑长白忍冬灌木，树高3 m

↑长白忍冬树皮灰褐色，剥裂

↑长白忍冬叶迹3个，叶痕对生，半圆形或倒三铁形

↑长白忍冬宿存浆果，红色，径5 mm

↑长白忍冬二年生枝深灰色，枝皮剥裂

9. 具假顶芽

树高近 5 m，树皮灰褐色或灰白色，纵裂

一年生枝灰白色或灰褐色，有柔毛，空心髓，近髓木质部褐色

假顶芽卵状圆锥形，长 3~5 mm，淡黄色带褐色，芽鳞 2~3 对

背部有脊，芽上部有缘毛

侧芽单生或 2~3 个叠生，稀有并生

忍冬科，忍冬属

——金银忍冬（王八骨头）*Lonicera maackii*（Rupr）Maxim

→ 金银忍冬空心髓，近木质部褐色

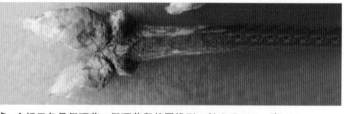

↖ 金银忍冬具假顶芽，假顶芽卵状圆锥形，长 3~5 mm，淡黄色带褐色，背部有脊，芽上部有缘毛，侧芽单生或 2~3 个叠生，淡黄色带褐色

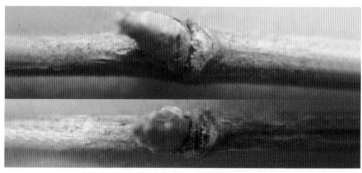

↑金银忍冬一年生枝灰白色或灰褐色，有柔毛

↑金银忍冬灌木，树高近5m，红色浆果宿存

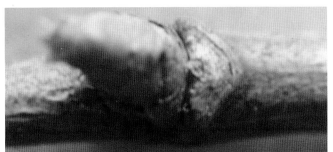

↑金银忍冬叶迹3个，不明显，叶痕半圆形或倒三角形，隆起，灰褐色

↑金银忍冬树皮灰褐或灰白色，树皮呈条片状剥裂

↖金银忍冬宿存浆果红色，球形，径6~8mm

↑金银忍冬二年生枝灰褐色，枝皮剥裂

8. 近空心髓的木质部非褐色

9. 空心周围由褐色海绵质髓与木质部结合

　　侧芽四棱状圆锥形，长 6~7 mm，棕色，被星状毛

　　树高 2 m，一年生枝灰褐色，被稀疏星状毛

　　宿存聚伞果序具 1~3 个蒴果，蒴果半球形，径 4~5 mm

　　虎耳草科，溲疏属

　　　　——大花溲疏 *Deutzia grandiflora* Bunge

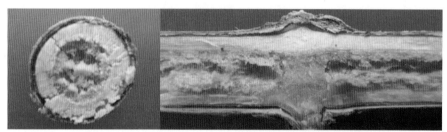

↑大花溲疏空心髓，节部有隔节，空心周围由褐色海绵质髓与木质部结合

↑大花溲疏侧芽四棱状圆锥形，长 6~7 mm，红棕色，被星状毛

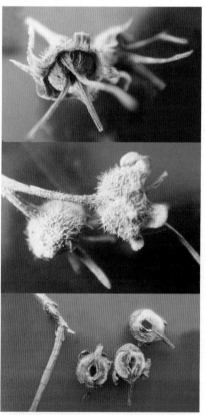

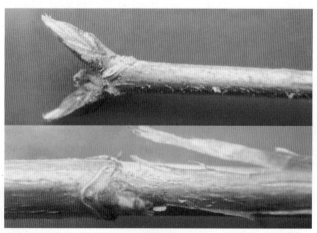

↑大花溲疏一年生枝灰褐色，被稀疏星状毛，枝皮呈纸状剥裂

↑大花溲疏宿存聚伞果序，具 1~3 个蒴果，具星状毛，蒴果半球形，径 4~5 mm

↑大花溲疏灌木，树高2m

↑大花溲疏树枝，树干

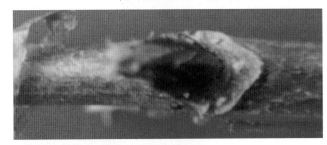

← 大花溲疏叶迹3个，叶痕对生，V形

↑大花溲疏三年生枝紫灰色

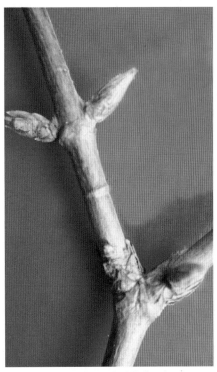

↑大花溲疏二年生枝紫红色

9. 空心髓周围的木质部淡绿色

　　侧芽长卵形，长 2~3 mm，被星状毛

　　树高 1 m，一年生枝褐色，无毛，皮剥落

　　宿存伞房状果序，蒴果扁球形，径 2~3 mm

　　　虎耳草科，溲疏属

　　　　——东北溲疏 *Deutzia amurensis*（regel）Airy-Shaw

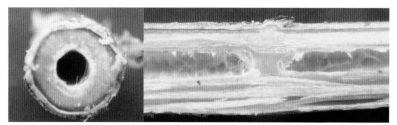

↑ 东北溲疏空心髓，节部有隔节，周围的木质部淡绿色

↖ 东北溲疏顶芽缺，侧芽长卵形，长 2~3 mm，被星状毛，与枝开展呈 30° 角

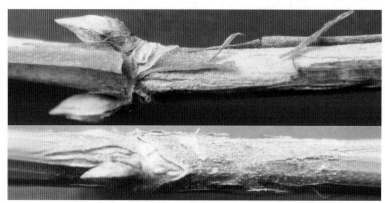

↑ 东北溲疏一年生枝褐色至暗紫色，无毛，枝皮纸状剥落

↑东北溲疏灌木，树高 1~2 m

↑东北溲疏树皮灰褐色，不裂

↑东北溲疏叶迹 3 个，叶痕对生，浅 V 形

↑东北溲疏宿存伞房状果序，被星状毛

↑东北溲疏二年生枝紫灰色，枝皮深度剥裂

7. 实心髓

8. 侧芽单生或 2~3 个并生

9. 海绵质髓，粗，淡褐色

树皮红灰色，一年生枝紫褐色，无毛

忍冬科，接骨木属

——东北接骨木 *Sambucus mandshurica* Kitag

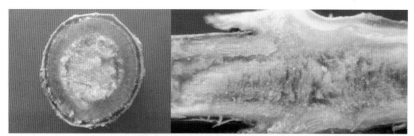

↑东北接骨木海绵质髓，粗，淡褐色

↗东北接骨木无顶芽，侧芽单生，芽有柄，
卵形，紫红色，与枝开展呈 30° 角

↑东北接骨木一年生枝紫褐色至紫红色，无毛

↑东北接骨木灌木，树高2 m

↑东北接骨木树皮红灰色，粗糙

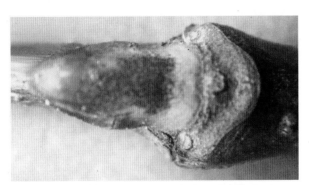

↑东北接骨木叶迹3个，叶痕对生，倒三角形

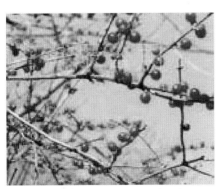

↑东北接骨木宿存浆果状核果，红色，径5 mm

↑东北接骨木二年生枝暗紫红色

9.海绵质髓，细，菱形，白色

芽鳞 6~14 片，背面无棱，无毛或先端两面有缘毛

侧芽 3 个并生或单生，主芽三角状卵形，先端尖，紫褐色

一年生枝黄褐色或灰褐色，无毛

散生褐色小皮孔，常有宿存的黑色干燥核果

蔷薇科，鸡麻属

——鸡麻 *Rhodotypos scandens*（Thunb）Makino

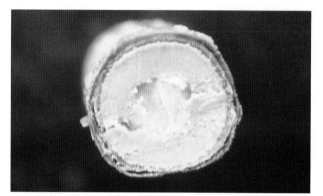

↑鸡麻海绵质髓，较粗，菱形，白色

↑鸡麻侧芽 3 个并生或单生，主芽三角状卵形，先端尖，芽鳞上半部紫褐色，下部绿色

↑鸡麻常有枯叶宿存

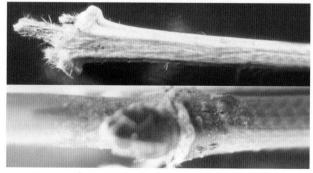

↑鸡麻一年生枝黄褐色或灰褐色，无毛，散生褐色小皮孔

↑鸡麻灌木，高达 2 m

↑鸡麻树皮灰褐色，粗糙

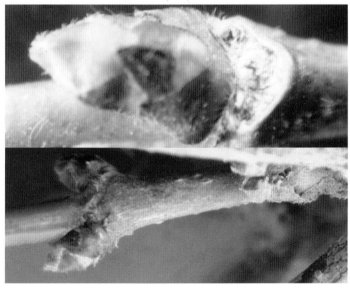

↑鸡麻叶迹 3 个，叶痕对生，新月形

↑鸡麻二年生枝灰褐色

↑鸡麻常有宿存亮黑色干燥核果，种子 1 个，灰黄色

8. 侧芽单生

9. 老枝具明显六棱

树高 3 m，树皮深灰色

一年生枝紫红色，具纵条棱，有光泽，无毛，枝节部膨大

叶痕处有残存囊状叶柄包围侧芽，叶痕 U 形，侧芽小，顶端有毛

忍冬科，六道木属

——六道木（双花六道木） *Abelia biflora* Turcz

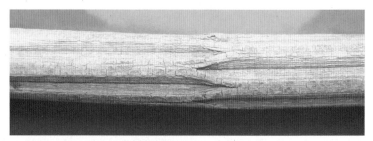

↑六道木老枝灰褐色，具明显六棱

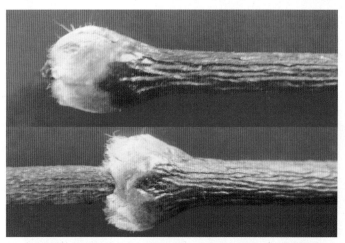

↑六道木一年生枝紫红色，具纵条棱，有光泽，无毛、枝节部膨大

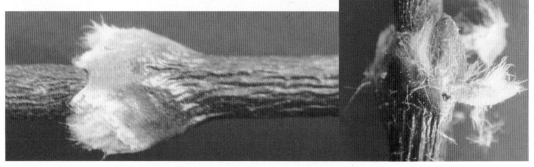

↑六道木无顶芽，侧芽小，单生，顶端有毛，叶痕处有残存囊状叶柄包围侧芽

↑六道木灌木，树高 3 m

↑六道木树皮深灰色，有明显六棱

↑六道木叶迹 3 个，叶痕对生 U 形，细窄

↑六道木枝顶端宿存红褐色花萼片

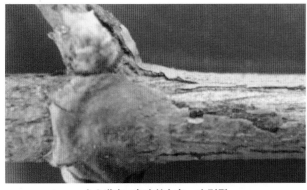

↑六道木二年生枝灰色，皮剥裂

→六道木海绵质
髓，较粗，白色

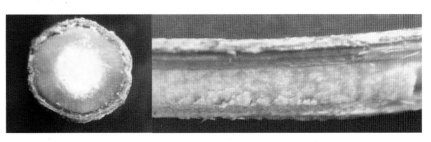

9. 老枝不具明显六棱

10. 髓淡褐色

　　树高 3 m，树皮灰褐色，老枝皮剥裂

　　一年生枝径 1 mm，紫褐色，密被灰白色粗毛，皮孔不明显

　　无顶芽，侧芽三角状卵形，长 2 mm，紫红色，具缘毛，与枝开展呈

　　40° 角，宿存瘦果状核果，2 个合生，纺锤形，密被黄褐色长刚毛

　　　　忍冬科，蝟实属

　　　　——蝟实 *Kolkwitzia amabilis* Graebn

↑蝟实海绵质髓，淡褐色

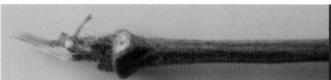

↗蝟实无顶芽，侧芽三角状卵形，长 2 mm，
紫红色，具缘毛，与枝开展呈 40° 角

↑蝟实一年生枝径 1 mm，紫褐色，密被灰白色粗毛，皮孔不明显

↑ 蝟实灌木，树高 3 m

↑ 蝟实树皮灰褐色，老枝皮剥裂

↑ 蝟实叶迹 3 个，叶痕交互对生，浅 V 形，叶痕间有连接线

↑ 蝟实宿存瘦果状核果，2 个合生，纺锤形，密被黄褐色长刚毛

↑ 蝟实二年生枝红褐色，枝皮剥裂

10. 髓白色

11. 一年生枝及果梗无毛，褐色，枝皮剥裂

叶痕倒三角形，宿存蒴果的萼片无毛，果径约 4 mm

海绵质髓，圆形，白色

虎耳草科，山梅花属

——北京山梅花（太平花）*Philadelphus pekinensis* Rupr

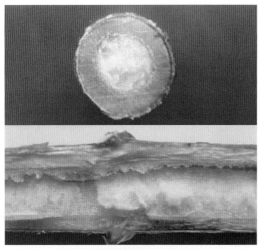

↑北京山梅花海绵质髓，粗，白色

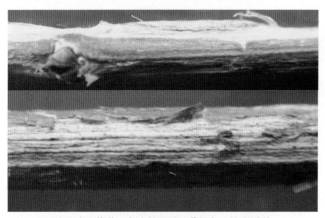

↑北京山梅花一年生枝无毛，紫褐色，枝皮剥裂

↑北京山梅花无顶芽，侧芽对生，芽小，隐于白色叶痕之中

↑北京山梅花灌木，树高 2 m

↑北京山梅花树皮灰黑色，具细纵裂纹

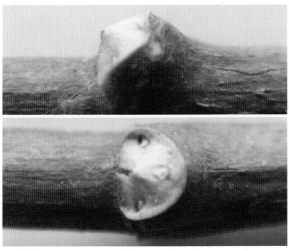

↑北京山梅花叶迹 3 个，圆点形，叶痕俯视半圆形，侧视矮三棱锥形

↑北京山梅花蒴果宿存

↑北京山梅花二年生枝，暗紫褐色，枝皮剥落，露出灰白色内皮

11. 一年生枝及果梗被长毛，果径约 7 mm

　其余与太平花同

　　虎耳草科，山梅花属

　　　——东北山梅花 *Philadelphus schrenkii* Rupr

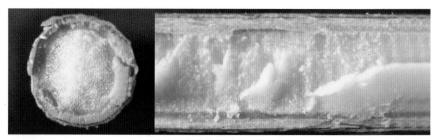

↑东北山梅花海绵质髓，粗，白色

↑东北山梅花宿存叶柄，萼片，果梗均被毛

↑东北山梅花一年生枝灰褐色，被白色疏长柔毛，无顶芽，侧芽小，隐于白色叶痕之中

↑东北山梅花灌木，高 2 m

↑东北山梅花树皮灰色，细纵裂

↑东北山梅花叶迹 3 个，叶痕对生，倒三角形

← 东北山梅花蒴果宿
存，果径 5~7 mm

↑东北山梅花二年生枝色深，紫褐色

5.叶迹5个

叶痕半圆形，叶迹5个

树高3 m，树皮薄，紫红色

一年生枝淡灰褐色，有纯棱，无毛，皮孔细小而密

侧芽扁宽卵形，长3~4 mm，紫红色，开张角度呈30°

省沽油科，省沽油属

——省沽油 *Staphylea bumalda* DC

↑省沽油叶迹5个，叶痕半圆形，黄白色，隆起

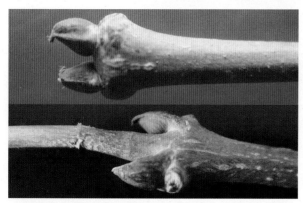

↑省沽油一年生枝淡灰褐色，有纯棱，无毛，皮孔细小而密

↑省沽油无顶芽，侧芽单生，扁宽卵形，紫红色，芽先端有刺尖，芽鳞1片，风帽状，芽开张呈30°角

↑省沽油灌木，树高3m

↑省沽油树皮薄裂，紫灰色

↑省沽油宿存蒴果膀胱状，扁平，顶端2裂

↑省沽油二年生枝灰褐色，皮孔裂目形

→省沽油海绵质髓，粗，
白色，横切面近四角形
或六角形

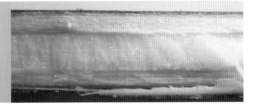

2.叶痕互生

　3.叶痕2列互生

　　4.有顶芽

　　　叶迹3个

　　　树高1m，树皮剥裂

　　　一年生枝1.0~1.5mm，深褐色，有纵棱，无毛，皮孔不明显

　　　二年生枝灰色，剥裂

　　　髓粗，圆形，白色，叶痕微隆起，淡黄色，下部外围红褐色

　　　顶芽披针形或窄圆锥形，长9~10mm，先端尖，黄色，无毛

　　　侧芽略小，披针形，长7~10mm，微内曲，微具短缘毛

　　　　　虎耳草科，茶藨子属

　　　　　　——北方茶藨子（尖叶茶藨子）*Ribes maximowiczianum* Kom

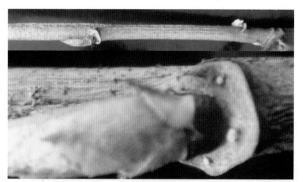

↑北方茶藨子叶迹3个，叶痕近2列互生，隆起，淡黄色，下部外围红褐色

↗北方茶藨子顶芽窄圆锥形，先端尖，黄色，无毛，侧芽略小，披针形，微内曲，微具短缘毛

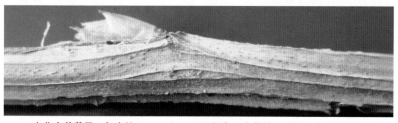

↑北方茶藨子一年生枝1.0~1.5mm，深褐色，有纵棱，无毛，皮孔不明显

↑北方茶藨子灌木树高 1 m

↑北方茶藨子树皮剥裂

↖ 北方茶藨子宿存浆
果近球形，紫红色，
种子红褐色

↑北方茶藨子海绵质髓，绿白色

↑北方茶藨子二年生枝灰色，枝皮剥裂

4. 无顶芽

  5. 叶迹 3 个，叶迹 3 组或多数

    6. 叶迹 3 个

      7. 一年生枝绿色，有细棱

        树高 1~3 m，树皮灰绿色，树枝绿色

        叶痕 U 形，下方有 5 条明显纵棱，有时叶柄基部宿存，叶迹 3 个

        无顶芽，枝顶端常枯死，二年生枝绿色，具纵棱

        侧芽单生或 3 个并生，纺锤状长圆形，先端钝，淡紫红色，无毛

          蔷薇科，棣棠花属

            ——棣棠花 *Kerria japonica*（L.）DC

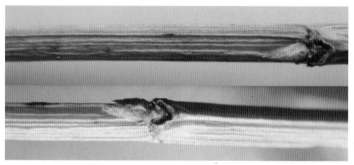

↑棣棠花一年生枝绿色，叶痕下方有 5 条明显纵棱，有时叶柄基部宿存

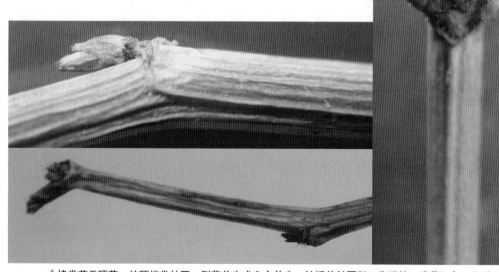

↑棣棠花无顶芽，枝顶端常枯死，侧芽单生或 3 个并生，纺锤状长圆形，先端钝，淡紫红色，无毛

↑棣棠花灌木，树高 1~3 m

↑棣棠花树皮灰绿色，树枝绿色

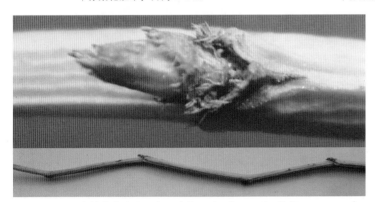

↑棣棠花叶迹 3 个，叶痕 2 列互生，U 形，隆起

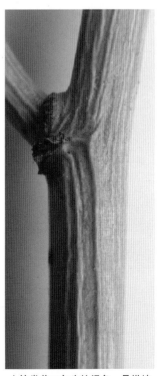

↑棣棠花海绵质髓，粗，白色

↑棣棠花二年生枝绿色，具纵棱

7. 一年生枝非绿色，无细棱

　　树高 4 m，树皮灰褐色，枝条呈弓形弯曲

　　一年生枝径 1~2 mm，紫红色或红褐色，幼时密生黄白色绒毛，表皮白色

　　薄膜状，皮孔细小，叶痕新月形，托叶痕及叶迹不明显

　　侧芽卵形，先端圆，芽内密生黄白色长毛，外露，梨果球形，红色

　　　　薔薇科，栒子木属

　　　　——水栒子 *Cotoneaster multiflorus* Bunge

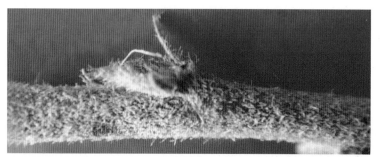

↑水栒子一年生枝细，紫红色，幼时密生黄白色绒毛，表皮白色薄膜状，托叶宿存生于叶座上

↘水栒子无顶芽，侧芽单生，卵形，先端圆，芽内密生黄白色长毛，外露

↑水荀子，树高 4 m，枝条呈弓形弯曲　　　　　↑水荀子树皮灰褐色

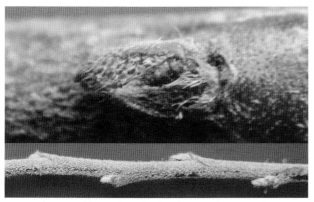 

↑水荀子叶迹 3 个，不明显，叶痕 2 列互生，新月形

↙水荀子宿存梨果球形，红色，种子扁卵形，褐

↑水荀子二年生枝灰紫色，皮剥裂

 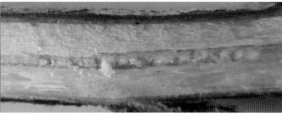

→海绵质髓，细，白色至淡褐色

423

6.叶迹3组，3个至3组或多数

7.叶迹3组

髓心淡褐色

树高2.5 m，树皮紫灰色，一年生枝细弱，径1~2 mm，紫红色

老枝黄褐色，枝皮剥裂，海绵质髓，淡褐色，叶痕倒三角形，隆起

有假顶芽，卵形，与侧芽等大，紫红色，无毛

宿存蓇葖果，近球形，被柔毛

蔷薇科，野珠兰属

——小野珠兰 *Stephanandra incisa*（Thunb）Zabel

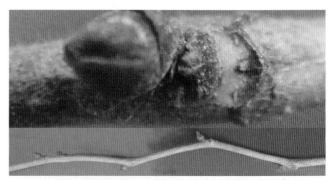

↑小野珠兰叶迹3组，叶痕2列互生，倒三角形，隆起

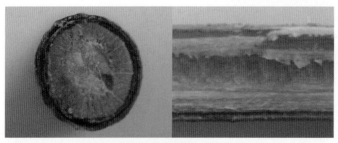

↑小野珠兰海绵质髓，淡褐色

↑小野珠兰一年生枝细弱，黄褐色至红褐色，枝皮剥裂

↑小野珠兰灌木，树高 2.5 m

↑小野珠兰老枝黄褐色，枝皮剥裂

↑小野珠兰无顶芽，侧芽单生或 2~3 个叠生，紫红色

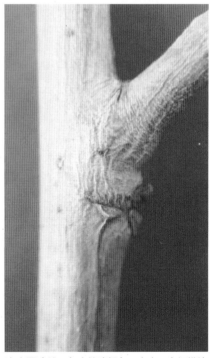

↑小野珠兰二年生枝淡褐色，光亮，有细纵棱

7.叶迹3个至3组、3组至多数

8.叶迹3个至3组

芽较小芽卵形或宽卵形，长2~4 mm，紫红色，无毛或疏被柔毛

树高1~3 m，树皮浅灰色

一年生枝1~2 mm，灰黄色、被短柔毛，疏生圆形皮孔

二年生枝深灰色，芽卵形或宽卵形，紫红色无毛或疏被短柔毛

宿存雄花序短圆柱形，长不足1 cm

　　桦木科，虎榛子属

　　——虎榛子 *Ostryopsis davidiana* Decae

← 虎榛子叶迹3个至3组，叶痕2列互生，半圆形

↘ 虎榛子顶芽缺，或有假顶芽，芽卵形，紫红色带绿色，被短柔毛

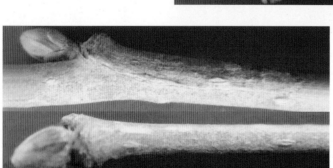

↑虎榛子一年生枝灰黄色，被短柔毛，疏生圆形皮孔

↑虎榛子灌木，树高 1~3 m

↑虎榛子树皮浅灰色，较平滑

↑虎榛子宿存雄花序单生，或 2 个并生，圆柱形

↑虎榛子二年生枝深灰色，浅纵裂

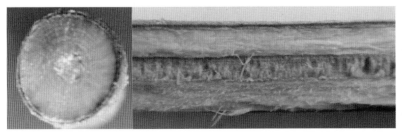

←虎榛子海绵质髓，较细，淡灰褐色

8.叶迹3组至多数

9.一年生枝灰紫色，被灰色短柔毛

树皮黄灰色，茎常弯曲，枝开张角度大

顶芽缺，假顶芽较大，卵形，长3~5 mm，球形或卵圆形，稍扁，无毛

髓心四边形，褐色

叶痕半圆形，极隆起

桦木科，榛属

——榛（平榛子）*Corylus heterophylla* Fisch et Trautv

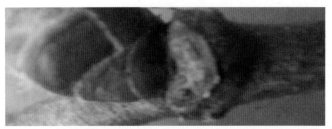

↑榛子叶迹3组至多数，叶痕2列互生，近半圆形

↑榛子一年生枝紫灰色，被灰色短柔毛

↘榛子顶芽缺，假顶芽发达，芽卵圆形或球形，
稍扁，紫红色，近无毛

↑榛子常灌木或小乔木，树高 7 m

↑榛子树皮黄灰色或灰色

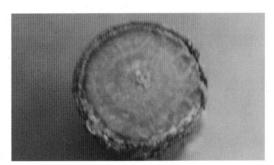

↑榛子髓海绵质髓，四边形，黄褐色

↑榛子二年生枝灰紫色，具皮孔

↑榛子雄花序宿存，2~4 个排成总状，具缘毛

9. 一年生枝灰黄色，疏具白色长柔毛

　树皮暗灰色，枝干常通直，枝开张角度小

　顶芽缺，假顶芽较大，芽卵形，长 4~8 mm，黄褐色，密被灰白色柔毛

　髓心四边形，黄褐色

　叶痕倒三角形，极隆起

　　桦木科，榛属

　　　——毛榛子 *Corylus mandshurica* Maxim

→ 毛榛子一年生枝灰黄色，疏具白色长柔毛

← 毛榛子树皮暗灰色，枝干常通直，枝开张角度小

↘毛榛子顶芽缺，假顶芽较大，芽卵形，长 4~8 mm，黄褐色，密被灰白色柔毛

↑毛榛子灌木，树高 3~4 m，枯叶宿存

↑毛榛子二年生枝紫灰色，近无毛，枝皮有明显剥裂

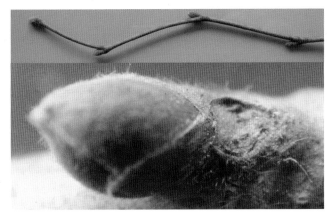

↑毛榛子叶迹 4~5 个成 3 组，叶痕 2 列互生，倒三角形，隆起

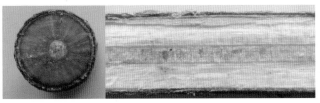

↑毛榛子髓心四边形，淡褐色

↑毛榛子雄花序宿存，2~4 个排成总状

3. 叶痕螺旋状互生

  4. 有顶芽

   5. 叶迹 1 个

    6. 叶痕 5 个轮生于枝顶

     树高 1~2 m，枝条在枝顶端轮生，一年生枝有腺毛，后渐脱落

     顶芽发达，侧芽单生

      杜鹃花科，杜鹃花属

       ——大字香（达子香）*Rhdodendron schlippenbachii* Maxim

↑大字香叶迹 1 个，叶痕 5 个轮生于枝顶，半圆形或盾形

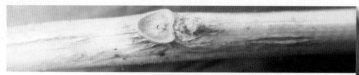

↗大字香枝条在枝顶端轮生，一年生枝灰褐色至黄褐色，初时有腺毛，后渐脱落

↑大字香顶芽发达，侧芽单生，极小或缺

↑大字香灌木，树高 1~2 m

↑大字香树皮灰白色，光滑无毛

↑大字香宿存蒴果，矩圆状卵形，开裂

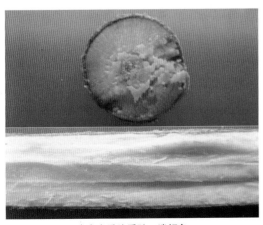

↑大字香均质髓，淡褐色

↑大字香二年生枝灰褐色，枝皮有小薄片剥裂

6.叶痕非5个轮生于枝顶

7.叶痕互生于枝茎上

　　树高1.5 m，多分枝，枝皮剥裂

　　一年生枝细长，黄褐色，无毛，疏生鳞片

　　顶芽发达，花芽卵状圆锥形，先端凸尖，长10~15 mm，红褐色，无毛

　　叶芽稍小，侧芽极小或缺

　　　杜鹃花科，杜鹃花属

　　　　——映山红（迎红杜鹃）*Rhdodendron mucronulatum* Turcz

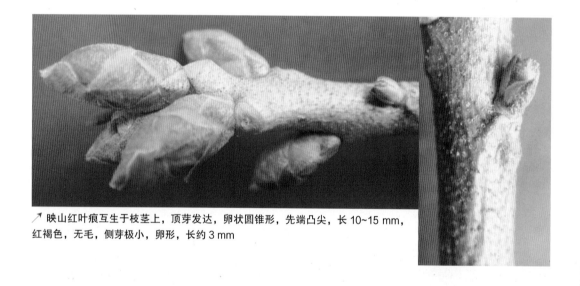

↗ 映山红叶痕互生于枝茎上，顶芽发达，卵状圆锥形，先端凸尖，长10~15 mm，红褐色，无毛，侧芽极小，卵形，长约3 mm

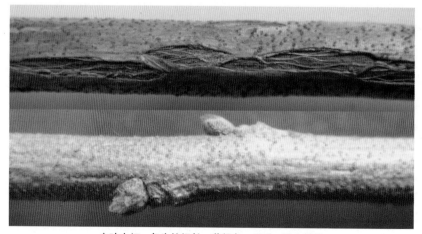

↑ 映山红一年生枝细长，黄褐色，无毛，疏生鳞片

↑映山红灌木，株高 1~2 m

↑映山红树皮淡灰色，微裂

↑映山红叶迹 1 个，C 形，叶痕倒三角形或半圆形

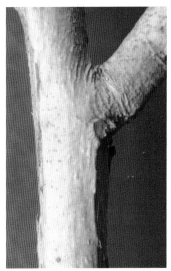

↑映山红二年生枝灰褐色，皮剥裂

↑映山红宿存蒴果，圆柱形

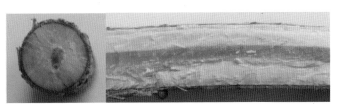

↑映山红实心髓，淡绿色

7.叶痕互生于枝顶端

　　树高1~2 m，一年生枝条较细，枝具褐色鳞片

　　叶互生于枝顶，叶倒披针形，顶端钝尖，向下渐狭

　　叶面稍有鳞片，叶背面密生淡棕色鳞片，顶生密总状花序宿存

　　蒴果炬圆形

　　　　杜鹃花科，杜鹃花属

　　　　——照白杜鹃（照山白）*Rhdodendron micranthum* Turcz

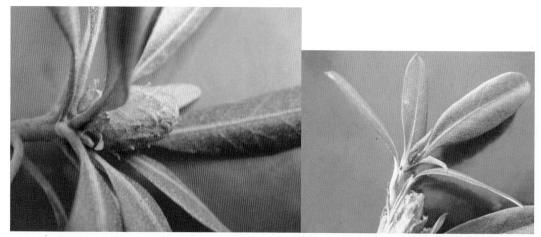

↑照白杜鹃叶互生于枝顶，叶倒披针形，顶端钝尖，向下渐狭，叶面稍有鳞片，叶背面密生淡棕色鳞片

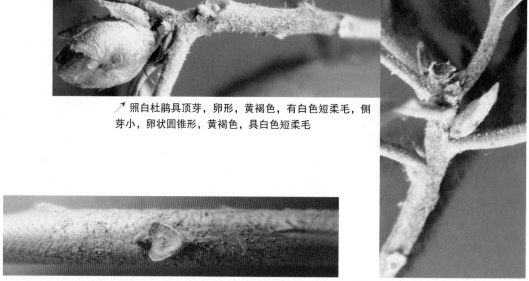

↗照白杜鹃具顶芽，卵形，黄褐色，有白色短柔毛，侧芽小，卵状圆锥形，黄褐色，具白色短柔毛

↑一年生枝条较细，枝具褐色鳞片及灰白色柔软毛

↑照白杜鹃灌木，树高 1~2 m

↑照白杜鹃树皮灰色，剥裂

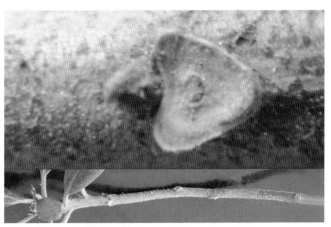

↑照白杜鹃叶迹 1 个，叶痕互生，半圆形

← 照白杜鹃顶生总状花序宿存，蒴果炬圆形

↑照白杜鹃二年生枝黑灰色，枝皮剥裂

↑照白杜鹃实心髓，细，淡绿色

5. 叶迹 3 个、3~5 个、5~7 个

　6. 叶迹 3 个

　　7. 树皮紫红色或红褐色

　　　8. 侧芽单生

　　　　高达 2 m，一年枝圆柱形，无毛，灰绿色或红紫色，老时暗褐色

　　　　有顶芽，侧芽单生，卵形，先端圆钝，无毛或近于无毛，紫红色

　　　　叶痕倒三角状新月形

　　　　宿存蒴果倒圆锥形，具 5 脊棱，5 室，无毛

　　　　　蔷薇科，白鹃梅属

　　　　　——榆叶白鹃梅（齿叶白鹃梅）*Exochorda serratifolia* S. Moore

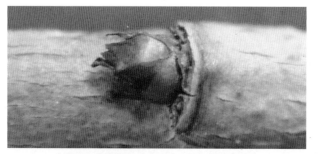

↑榆叶白鹃梅叶迹 3 个，叶痕倒三角状新月形

↑榆叶白鹃梅有顶芽，侧芽单生，芽卵形，先端圆钝，无毛或近于无毛，紫红色

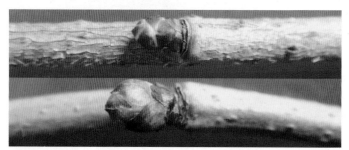

↑榆叶白鹃梅一年生枝圆柱形，无毛，灰褐色或红褐色，老时暗褐色

↑榆叶白鹃梅灌木，树高3m

↑榆叶白鹃梅树皮灰褐色，平滑

↑榆叶白鹃梅宿存蒴果，倒圆锥形，具5脊棱，5室，无毛

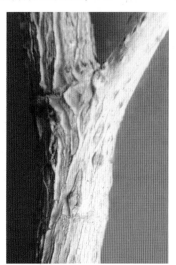

↑榆叶白鹃梅二年生枝灰色

↑榆叶白鹃梅海绵质髓，白色

8. 侧芽 2~3 个并生

9. 假顶芽卵形，一年生枝紫红色，无毛，表皮剥裂，疏具黄白色小皮孔
宿存托叶不裂或少裂，叶痕两侧和中央各有 1 条下延纵棱
蔷薇科，李属（樱属）
——榆叶梅 *Prunus triloba* Lindl

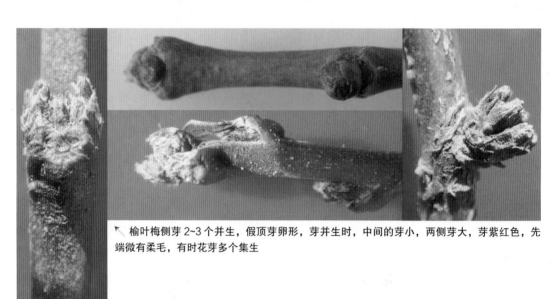

↖ 榆叶梅侧芽 2~3 个并生，假顶芽卵形，芽并生时，中间的芽小，两侧芽大，芽紫红色，先端微有柔毛，有时花芽多个集生

↑榆叶梅一年生枝紫红色，无毛，或微有白色柔毛，表皮剥裂，疏具黄白色皮孔，宿存托叶，非多裂状

↑榆叶梅灌木，树高5m

↑榆叶梅树皮黑褐色，树皮浅裂或纸状剥裂

↑榆叶梅叶迹3个，叶痕新月形，V形或半圆形

↑榆叶梅海绵质髓，细，淡褐色

↑榆叶梅二年生枝红褐色，枝皮剥裂，
皮孔隆起

9.顶芽长卵形或圆锥形

　　一年生枝红褐色，密被绒毛，有纵裂纹，皮孔不明显

　　宿存托叶呈多裂状，叶痕无下延纵棱

　　　蔷薇科，李属（樱属）

　　　　——毛樱桃 *Prunus tomentosa* Thunb（P tomentosa Thunb Wall）

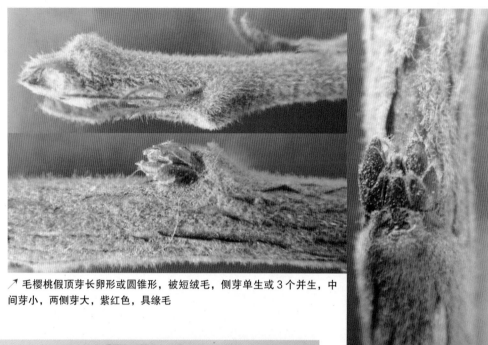

↗毛樱桃假顶芽长卵形或圆锥形，被短绒毛，侧芽单生或3个并生，中间芽小，两侧芽大，紫红色，具缘毛

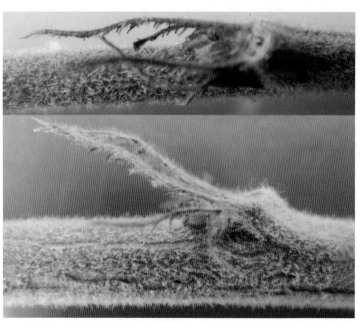

↑一年生枝红褐色，密被绒毛，有纵裂纹，皮孔不明显，宿存托叶，深裂状

↑毛樱桃灌木，树高3 m

↑毛樱桃树皮黑褐色，薄片状剥裂

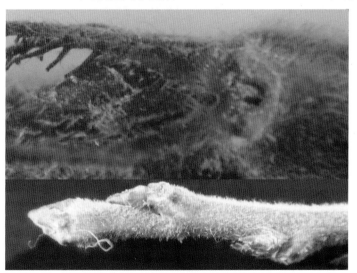

↑毛樱桃叶迹3个，叶痕螺旋状互生，隆起，新月形

↑毛樱桃二年生枝皮剥裂，露出紫红色内皮

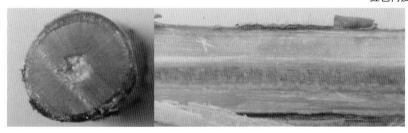

← 毛樱桃海绵质髓，淡褐色

7. 树皮灰褐色

8. 托叶宿存，合生，叶座伸长成鞘状，长 3~4 mm

小灌木，高 1.5 m

一年生枝红褐色或灰褐色，被丝状柔毛，枝皮剥裂，基部有宿存芽鳞

叶痕小，下方有明显三纵棱

侧芽单生，圆柱形，被白色长柔毛，髓褐色

蔷薇科，金老梅属（委陵菜属）

——金老梅（金露梅）*Potentilla fruticosa* L

↑金老梅托叶宿存，合生，叶座伸长成鞘状，长 3~4 mm，一年生枝红褐色或灰褐色，被丝状柔毛，枝皮剥裂，叶痕下方有明显三纵棱

↘金老梅有顶芽，侧芽单生，圆柱形，被白色长柔毛，包藏于叶座和托叶内

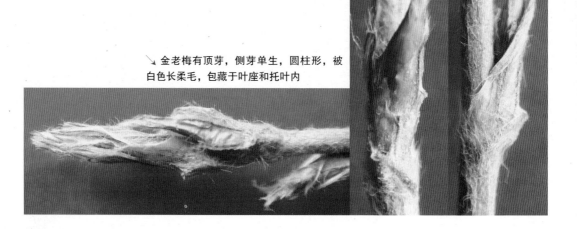

↑金老梅灌木，株高 1.5 m

↑金老梅树皮灰色，枝皮剥落

↑金老梅叶迹 3 个，叶痕螺旋状互生，小，椭圆形

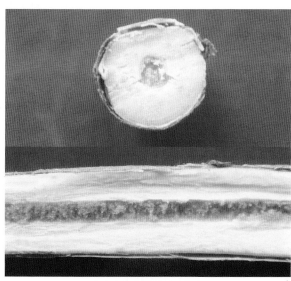

↑金老梅海绵质髓，褐色

↑金老梅二年生枝褐色，皮剥裂

8. 托叶不宿存

9. 一年生枝无毛或微被短柔毛

树高 2 m，树皮灰色，一年生枝叶痕两侧有下延纵棱，灰黄色或褐色

二年生枝灰褐色，枝皮剥裂

顶芽短圆锥形或卵形，长 6~8 mm

侧芽先端尖，黄白色间紫色，被黄白色柔毛

虎耳草科，茶藨子属

——东北茶藨子 *Ribes mandshuricum*（Maxim）Kom

↑东北茶藨子一年生枝无毛或微被短柔毛，叶痕两侧有下延纵棱，灰黄色或褐色

↑东北茶藨子顶芽短圆锥形或卵形，长 6~8 mm，被黄白色柔毛

↑东北茶藨子侧芽先端尖，黄白色间紫色，被黄白色柔毛

↑ 东北茶藨子灌木，树高 2 m   ↑ 东北茶藨子树皮灰色，枝皮剥裂

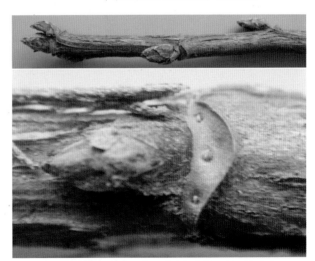

↑ 东北茶藨子叶迹 3 个，叶痕螺旋状互生，新月形

 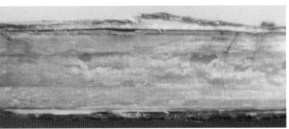

↑ 东北茶藨子海绵质髓，淡绿色

9. 一年生枝被白色短柔毛

树高 1~2 m，树皮紫灰色，一年生枝棕色或红褐色，被白色短柔毛

二年生枝灰色，被白色短柔毛，枝皮不规则条状剥裂

顶芽卵形，长 3~5 mm，褐色

侧芽三角状卵形，略扁，内曲，具凸尖头，背部有纵脊，具缘毛

内部芽鳞桃红色

虎耳草科，茶藨子属

——香茶藨子 *Ribes odoratum* Wendl

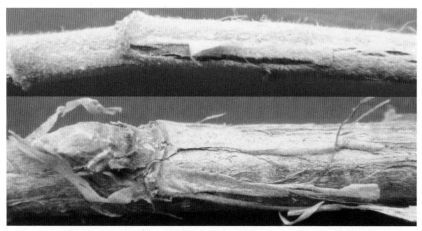

↑香茶藨子一年生枝棕色或红褐色，被白色短柔毛，树皮不规则条状剥裂

↗ 香茶藨子顶芽卵形，长 3~5 mm，褐色，侧芽
三角状扁卵形，内曲，背部有纵脊，具缘毛

↑香茶藨子灌木，树高 1~2 m

↑香茶藨子树皮紫灰色，粗糙

↑香茶藨子叶迹 3 个，叶痕螺旋状互生，细窄，近 C 形，褐色，微隆起

↑香茶藨子二年生枝灰色，枝皮剥裂

↑香茶藨子海绵质髓，淡褐色

6. 叶迹 3~5 个

7. 树高 3 m

一年生枝稍弯曲，黄褐色或灰褐色

叶痕下面有明显三纵棱，无毛

侧芽单生，卵形，内弯，贴枝，宿存蓇葖果常膨大，卵形

蔷薇科，风箱果属

——风箱果（托盘幌子）*Physocarpus amurensis*（Maxim）Maxim

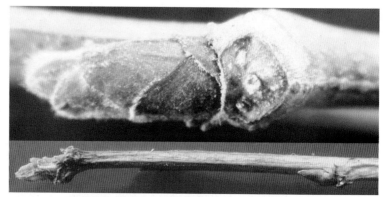

↑ 风箱果叶迹 3~5 个，叶痕螺旋状互生，倒三角形，隆起

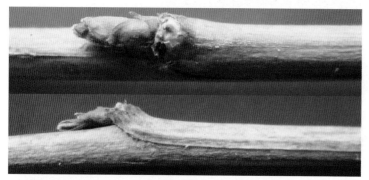

↑ 风箱果一年生枝稍弯曲，灰黄色或灰褐色，叶痕下面有明显三纵棱，无毛

↘ 风箱果有顶芽，侧芽单生，卵形，内弯，贴枝，芽紫红色或黄褐色，被白色柔毛

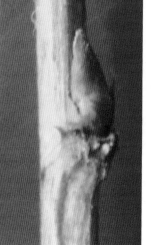

↑风箱果灌木，树高3m

↑风箱果树皮条状剥裂

↑风箱果宿存蓇葖果常膨大，卵形

↑风箱果二年生枝灰色，条状剥裂

↑风箱果海绵质髓，较粗，淡褐色

7. 树高 1~2 m

  8. 一年生枝淡栗褐色

    树高 1~2 m，树皮黄白色，条状剥裂

    一年生枝不弯曲，淡栗褐色，叶痕下面有明显三纵棱，无毛

    二年生枝灰褐色，枝皮薄片状剥裂

    侧芽单生，长卵状圆锥形，不内弯，不贴枝，宿存蓇葖果膨大，卵形

      蔷薇科，风箱果属

        ——金叶风箱果 *Physocarpus opulifolium* var luteus

↑金叶风箱果叶迹 3~5 个，叶痕螺旋状互生，三角状新月形

↑金叶风箱果一年生枝不弯曲，淡栗褐色，叶痕下面有明显 3 纵棱，无毛

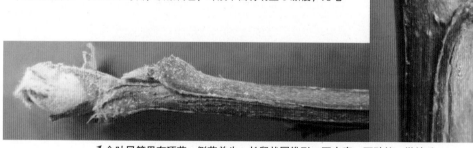

↗金叶风箱果有顶芽，侧芽单生，长卵状圆锥形，不内弯，不贴枝，微被毛

↑金叶风箱果灌木，树高 2 m

↑金叶风箱果树皮黄白色，条状剥裂

↑金叶风箱果二年生枝灰褐色，枝皮薄片状剥裂

↑金叶风箱果宿存蓇葖果，常膨大，卵形

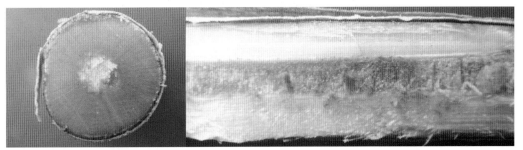

↑金叶风箱果髓淡褐色

8. 一年生枝暗紫红色

　　树高 1~2 m，树皮灰褐色，枝皮条状剥裂

　　一年生枝弯曲，暗紫红色，叶痕下面有明显 3 纵棱，无毛

　　二年枝灰紫色，枝皮条状剥裂

　　侧芽单生，扁卵状圆锥形，内弯、贴枝，宿存蓇葖果膨大，卵形

　　　　蔷薇科，风箱果属

　　　　　　——紫叶风箱果 *Physocarpus opulifolium* 'Summer Wine'

↑紫叶风箱果叶迹 3~5 个，叶痕螺旋状互生，三角状新月形

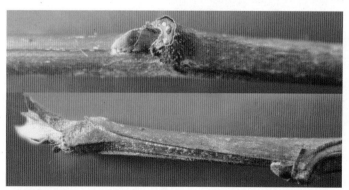

↑紫叶风箱果一年生枝弯曲，暗紫红色，叶痕下面有明显三纵棱，无毛

↘紫叶风箱果有顶芽，侧芽单生，扁卵状圆锥形，内弯，贴枝，微被毛

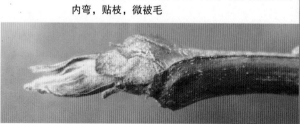

↑紫叶风箱果灌木，树高 1~2 m

↑紫叶风箱果树皮灰褐色，枝皮条状剥裂

↑紫叶风箱果宿存蓇葖果，膨大，卵形

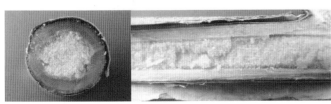

↑紫叶风箱果海绵质髓，淡褐色

↑紫叶风箱果二年生枝灰紫色，枝皮厚
片状剥裂

4. 无顶芽

　5. 叶迹 1 个

　　6. 叶迹 1 个，一点状或 "一" 字形

　　　7. 髓白色

　　　　8. 矮小灌木，株高 0.4~0.6 m，冠幅 0.7~0.8 m

　　　　　　新梢顶端宿存枯叶暗红色，宿存蓇葖果直立，褐色，无毛

　　　　　　蔷薇科，绣线菊属

　　　　　　　　——金焰绣线菊 *Spiraea xbumalda* cv. Coldfiame

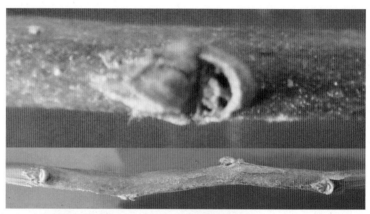

↑金焰绣线菊叶迹 1 个，一点式，叶痕螺旋状互生，半圆形，稍隆起

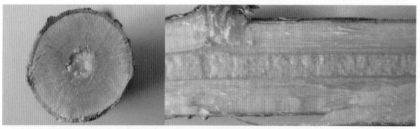

↑金焰绣线菊海绵质髓，白色

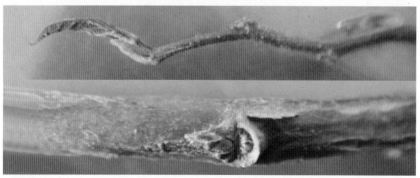

↑金焰绣线菊一年生枝呈 "之" 字形曲折，红褐色或暗红色，疏被白色绒毛，皮孔稀少，枝顶枯叶宿存

金焰绣线菊矮小灌木，株高 0.4~0.6 m

金焰绣线菊枝干暗红色至红褐色

↗ 金焰绣线菊无顶芽，侧芽三角状卵形，红褐色，疏被黄白色绒毛，与枝开张呈 40° 角

← 金焰绣线菊二年生枝，暗红色，枝皮剥裂

金焰绣线菊宿存蓇葖果，直立，褐色，无毛

8. 灌木，株高 1.0~3.0 m

9. 树高 1~3 m，枝细

　一年生枝 1~2 mm，干稻秆色或灰黄色，有角棱，无毛

　二年生枝淡褐色，髓白色

　叶芽淡褐色，无毛，芽鳞 2 片，对生，上边一片露出

　花芽簇生于叶腋

　　大戟科，叶底珠属

　　——叶底珠（狗杏条）*Securinega suffruticosa*（Pall）Rehd

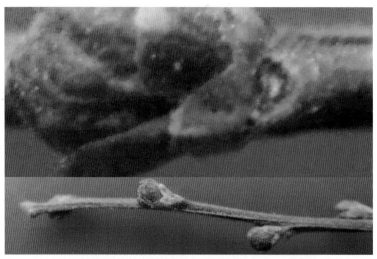

↑叶底珠叶迹 1 个，一点状，叶痕螺旋状互生，半圆形

↑叶底珠海绵质髓，白色

↑叶底珠一年生枝 1~2 mm，灰黄色，灰绿色或红褐色，有角棱，无毛，枝皮有时剥裂，脱落

叶底珠灌木，树高 1~3 m

叶底珠枝干较密，灰色

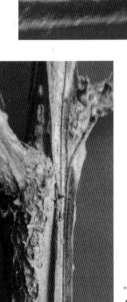

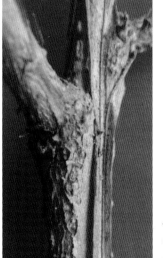

↗ 叶底珠叶芽三角状卵形，黑紫色，芽鳞褐色，叶底珠花芽圆球形，单生或丛生

→ 叶底珠有时宿存枯叶

← 叶底珠二年生枝褐色，枝皮纸状剥裂

9. 树高 1.5 m，一年生枝具细棱，褐色或红褐色，初被毛，后脱落

二年生枝灰紫色，枝皮易剥裂

花芽卵形，长 1 mm，红棕色，无毛，叶芽极小

宿存蓇葖果无毛，萼片直立或反曲

蔷薇科，绣线菊属

——珍珠绣线菊（珍珠花）*Spiraea thunbergii* Sieb et Blume

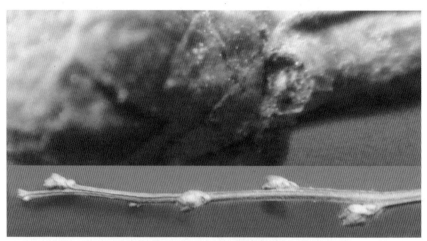

↑珍珠绣线菊叶迹 1 个，叶痕螺旋状互生，隆起

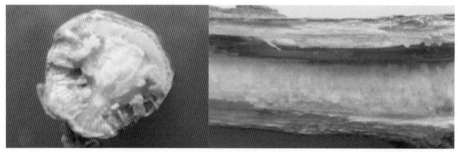

↑珍珠绣线菊海绵质髓，白色

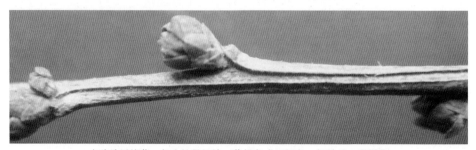

↑珍珠绣线菊一年生枝具细棱，紫褐色或红褐色，初被毛，后脱落

↑珍珠绣线菊灌木，树高 1.5 m

↑珍珠绣线菊枝茎灰褐色

↑珍珠绣线菊宿存蓇葖果，无毛，萼片直立

↑珍珠绣线菊二年生枝灰紫色，枝皮剥裂

↑珍珠绣线菊无顶芽，侧芽单生或 2~3 个并生，花芽卵形，叶芽极小，芽黑紫色，无毛

7. 髓淡褐色或水红色

 8. 髓淡褐色

  9. 芽鳞2片

   树高2m，一年生枝具纵棱，暗红色或灰紫色，营养枝无毛

   花枝被短柔毛，侧芽单生，圆锥形，长2~4mm

   先端扭曲，贴枝，红棕色或紫红色，无毛

   宿存蓇葖果直立，合成圆筒形，密被短绒毛，萼片直立

    蔷薇科，绣线菊属

     ——毛果绣线菊 *Spiraea trichocarpa* Nakai

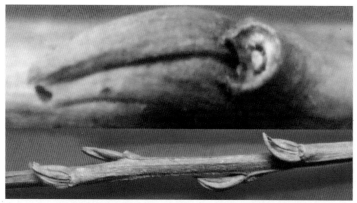

↑毛果绣线菊叶迹1个，叶痕螺旋状互生，半圆形，隆起

↑毛果绣线菊海绵质髓，髓淡褐色

↑毛果绣线菊一年生枝具纵棱，暗红色或红褐色，无毛或被短柔毛，枝皮剥裂，内皮淡黄色

↑毛果绣线菊灌木，树高2m

↑毛果绣线菊茎枝红褐色，枝皮剥裂

↗毛果绣线菊无顶芽，侧芽单生，圆锥形，先端扭曲，贴枝，红棕色或紫红色，无毛，芽鳞2片

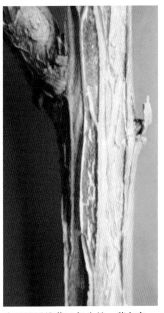

↑毛果绣线菊二年生枝，紫灰色，枝皮剥裂

← 毛果绣线菊宿存蓇葖果直立

9. 芽鳞 20 片

　　树高 1~2 m，一年生枝具纵棱，灰紫色，被短柔毛

　　枝皮易剥裂，内皮白色

　　侧芽单生，圆锥形，先端尖，贴枝，芽鳞披针形，20 片以上

　　密被短毛，褐色

　　宿存蓇葖果直立，无毛，或沿腹缝线有短毛，萼片反曲

　　　蔷薇科，绣线菊属

　　　——柳叶绣线菊（空心柳）*Spiraea salicifolia* L

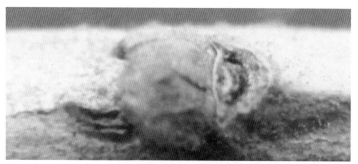

↑柳叶绣线菊叶迹 1 个，叶痕螺旋状互生

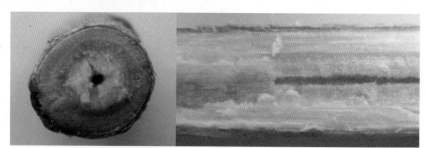

↑柳叶绣线菊海绵质髓，粗，淡褐色，髓心有时中空

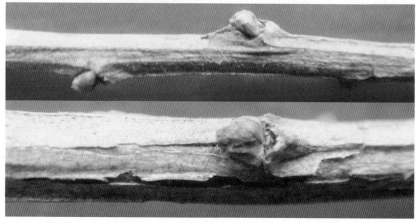

↑柳叶绣线菊一年生枝具纵棱，黄褐色或灰紫色，被短柔毛，枝皮易剥裂，内皮黄白色

↑柳叶绣线菊灌木，树高 1~2 m

↑柳叶绣线菊枝条黄褐色

↑柳叶绣线菊侧芽单生，卵圆形或长卵形，褐色，密被短毛，不贴枝

↑柳叶绣线菊二年生枝紫灰色

← 柳叶绣线菊宿存
蓇葖果直立，无毛

8.髓水红色

灌木，树高 1.5 m

侧芽卵状圆锥形，芽鳞卵状披针形，3~10 片，无毛或被疏毛

红褐色或黄褐色

宿存膏葖果无毛，或沿腹缝线被柔毛，萼片直立

　　蔷薇科，绣线菊属

　　　　——日本绣线菊（粉花绣线菊）*Spiraea japonica* L F

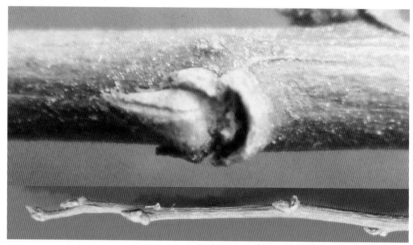

↑日本绣线菊叶迹 1 个，叶痕螺旋状互生，半圆形，隆起

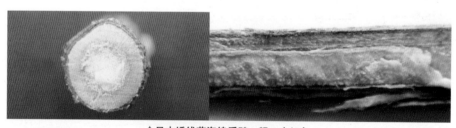

↑日本绣线菊海绵质髓，粗，水红色

↑日本绣线菊一年生枝具棱，红褐色或紫红色，微具毛

↑日本绣线菊灌木，树高 1.5 m

日本绣线菊枝茎红褐色，枝皮轻度剥裂

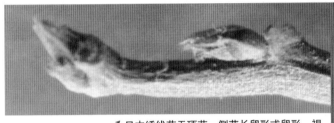

↗日本绣线菊无顶芽，侧芽长卵形或卵形，褐色，微具白色缘毛

←日本绣线菊二年生枝灰褐色，具白色膜质，微剥裂

↑日本绣线菊宿存蓇葖果直立

6. 叶迹1个，C形或半圆形

7. 叶迹1个，C形

    灌木或小乔木

    树高2~4 m，树皮灰白色，老树皮浅纵裂

    一年生枝有的"之"字形曲折，淡褐色，无毛，疏生皮孔

    叶痕半圆形，稍隆起，均质髓，质硬，深绿色

    侧芽单生或2~3个并生，卵圆形，长2.0~3.5 mm，先端纯圆

    褐色，无毛

      山矾科，山矾属

        ——白檀（灰木）*Symplocos paniculata*（Thunb）

↑白檀叶迹1个，C形，叶痕2列互生，半圆形，隆起

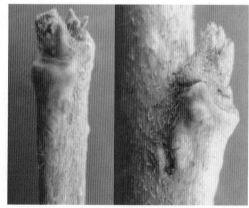

↑白檀无顶芽，侧芽单生或2~3个并生，卵圆形，长2.0~3.5 mm，先端纯圆

↑白檀一年生枝有的"之"字形曲折，淡褐色，无毛，疏生皮孔

↑白檀灌木，树高 2~3 m

↑白檀树皮灰褐色，粗糙

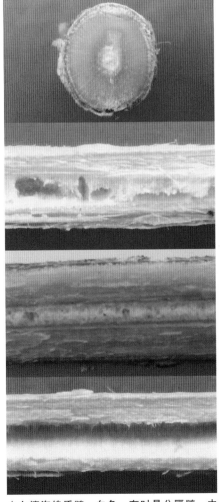

↑白檀海绵质髓，白色，有时是分隔髓，中空髓

↑白檀二年生枝淡褐色，薄皮剥裂

7.叶迹1个，半圆形

灌木或小乔木，树高3~5 m，树皮灰白色，平滑不裂，枝开展而密生

叶宿存，革质而坚硬，有光泽，炬圆形，长4~8 cm，顶端扩大

有3枚坚硬刺齿，中间1枚背向弯曲，基部两侧各有1~2枚刺齿

一年生枝淡黄色，光滑无毛，从叶痕下延3条沟状纵棱

二年生枝淡灰黄色，具棱线，三年生枝灰白色，具网状浅裂纹

无顶芽，侧芽小，近球形，单生或多数为2~3个并生或叠生

海绵质髓，淡土红黄色

冬青科，冬青属

——构骨 *Ilex cornuta* Lindl

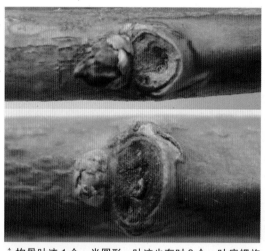

↑构骨叶迹1个，半圆形，叶迹也有时3个，叶痕螺旋状互生，半圆形，极度隆起

← 构骨树皮灰白色，平滑不裂

↑构骨灌木或小乔木，树高3~5 m

↘ 构骨叶宿存，革质而坚硬，有光泽

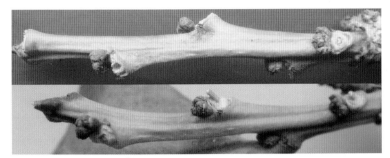

↑构骨一年生枝淡黄色，光滑无毛，从叶痕下延3条沟状纵棱

↑构骨二年生枝淡灰黄色，具棱线

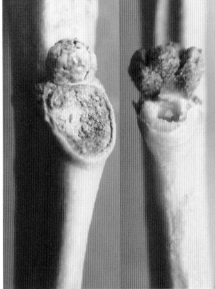

↙构骨无顶芽，侧芽小，近球形，黄褐色，单生，多数为2~3个并生或叠生

↑构骨三年生枝灰白色，具网状浅裂纹

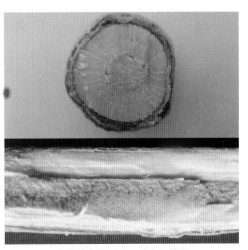

↑构骨海绵质髓，淡土红黄色

5. 叶迹 3 个

　6. 髓白色

　　7. 宿存荚果弯角状

　　　　树高 4 m，树皮暗灰色，平滑

　　　　一年生枝灰绿色或灰褐色，有棱线，幼时密被短柔毛，有凸起的锈色皮孔，枝稍端常枯死，侧芽 2 个叠生，灰褐色，被短柔毛

　　　　常宿存弯角状小荚果，内有种子 1 粒

　　　　　　豆科，蝶形花亚科，紫穗槐属

　　　　　　——紫穗槐（棉槐）*Amorpha fruticosa* L

↑紫穗槐叶迹 3 个，叶痕螺旋状互生，倒三角形

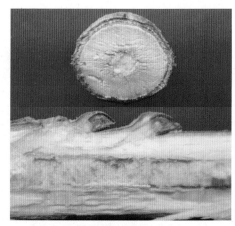

↑紫穗槐海绵质髓，白色

↑紫穗槐宿存荚果弯角状，内有种子 1 粒

↑紫穗槐灌木，树高可达 4 m

↑紫穗槐树枝及宿存果实

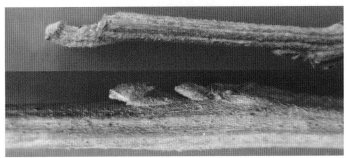

↑紫穗槐一年生枝灰绿色或灰褐色，有棱线，密被短柔毛，有锈色皮孔，枝稍端常枯死

↑紫穗槐无顶芽，侧芽 2 个叠生，灰褐色，被短柔毛

↑紫穗槐二年生枝灰褐色，平滑

7. 果实宿存

8. 宿存荚果圆筒形，种子多数

　　树高1 m，树皮灰褐色

　　一年生枝纤细，呈"之"字形曲折，有细纵棱，灰绿色或绿褐色

　　被白色"丁"字毛，有灰白色蜡质层及黑点状皮孔

　　侧芽单生或3个并生，卵形或扁卵形

　　荚果圆筒形，先端狭尖，褐色，光滑，长3.5~7.0 cm，种子多数

　　　　豆科，槐蓝属

　　　　　　——花木蓝（樊梨花）*Indigofera Kirilowii* Maxim et Palibin

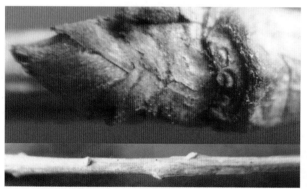

↑花木蓝叶迹3个，叶痕螺旋状互生，半圆形，隆起

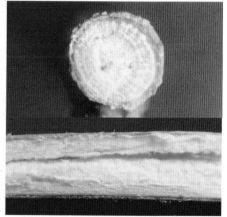

↑花木蓝海绵质髓，较细，白色

↙花木蓝宿存荚果圆筒形，先端狭尖，褐色，光滑，种子多数

↑花木蓝灌木，树高 1 m

↑花木蓝树皮灰褐色

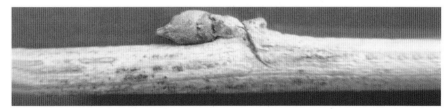

↑花木蓝一年生枝纤细，有细纵棱，灰褐色或绿褐色，被白色"丁"字毛及黑点状皮孔

↑花木蓝无顶芽，侧芽单生或 3 个并生，卵形或扁卵形

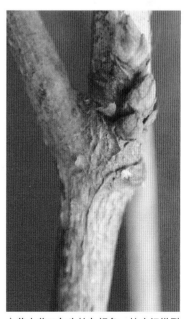

↑花木蓝二年生枝灰褐色，枝皮细纵裂

8. 宿存荚果扁平，种子1个

　　侧芽2~3个并生或单生，芽均无柄，宿存荚果萼下部果梗无关节

　　树高1~2 m，一年生枝淡黄色或灰黄色，无毛或有短柔毛

　　海绵质髓白色，托叶宿存或脱落，宿存托叶时，凿形

　　荚果斜卵形，扁平，先端有尖，两面微凸，脉络明显，密被柔毛

　　长0.5~0.7 cm，种子1个

　　　　豆科，胡枝子属

　　　　——胡枝子 *Lespedeza bicolor* Turcz

← 胡枝子叶迹3个，叶
痕螺旋状互生，半圆形

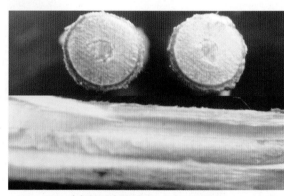

↑胡枝子海绵质髓，白色至淡黄色

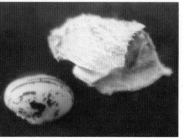

↑胡枝子宿存荚果，斜卵形，扁平，先端有尖，密被柔毛，种子1个

↑胡枝子树高 1~2 m

↑胡枝子枝条红褐色

↑胡枝子无顶芽，侧芽单生，或 2~3 个并生，中间的芽大，两侧的芽小

↑胡枝子一年生枝淡褐色或红褐色，有细纵棱，具短柔毛

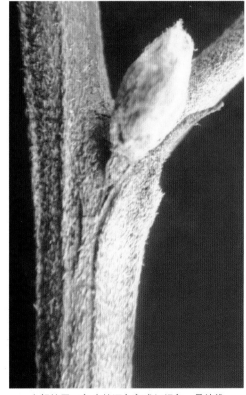

↑胡枝子二年生枝深灰色或红褐色，具棱线

6.髓淡褐色

树高2m，枝梢常枯死，一年生枝红褐色或黄褐色，无毛或有短柔毛

叶迹3个，3点状

侧芽单生，卵形，先端纯，紫褐色，无毛或顶端微有毛

　　蔷薇科，珍珠梅属

　　　——珍珠梅 *Sorbaria sorbifolia*（L）A Br

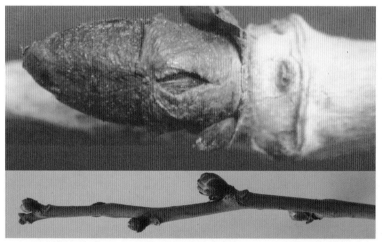

↑珍珠梅叶迹3个，3点状，叶痕螺旋状互生，圆形，近圆形或椭圆形

↑珍珠梅海绵质髓，圆形，淡褐色

↑珍珠梅宿存蓇葖果，直立，长圆形，沿腹缝开裂，含种子数枚

↑珍珠梅灌木，树高2m

↑珍珠梅树皮淡灰色，平滑

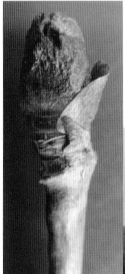

↙珍珠梅无顶芽，侧芽单生，卵形，先端
纯紫褐色至紫红色，无毛或顶端微有毛

↑珍珠梅一年生枝红褐色或黄褐色，无毛或有短柔毛

↑珍珠梅二年生枝紫灰色

木质藤本

1. 叶痕对生
 2. 枝条节部有气生根
  3. 叶迹 1 组，C 形
    叶迹 1 组，C 形，叶痕半圆形，长 5~8 mm
    一年生枝径 3~5 mm，淡黄色，无毛，海绵质髓，白色
    无顶芽，侧芽单生，宽卵形，长 2 mm，无毛
        紫葳科，凌霄属
          ——凌霄 *Campsis grandiflora*（Thunb）Loisel

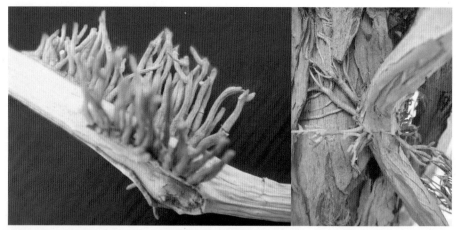

↑凌霄枝条节部有气生根

↑凌霄叶迹 1 组，C 形，叶痕对生，半圆形，长 5~8 mm

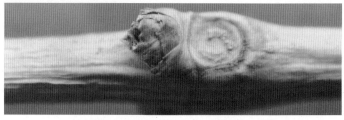

↑凌霄一年生枝径 3~5 mm，淡黄色，无毛

↑凌霄木质藤木

↑凌霄树皮灰褐色，呈条片状剥裂

↑凌霄无顶芽，侧芽单生，宽卵形，长2mm，无毛

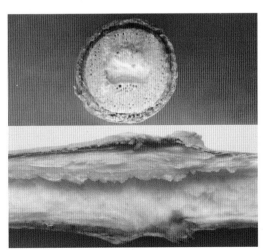

↑凌霄海绵质髓，白色

3.叶迹3个

空心髓，枝条节部有气生根，茎皮灰白色，条状剥裂

一年生枝径 2~3 mm，棕色，幼时密生柔毛和腺毛

二年生枝暗棕色，叶痕 V 形，叶痕间有连接线

侧芽卵状圆锥形，长 3~4 mm，被隆起的叶座所掩盖

宿存椭圆形叶片及球形，黑色浆果

忍冬科，忍冬属

——忍冬（金银花）*Lonicera japonica* Thunb

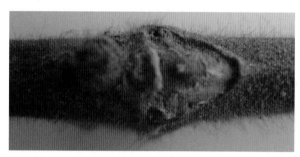

← 忍冬叶迹3个，
叶痕对生，Ⅴ形，
叶痕间有连接线

↑忍冬空心髓

↑忍冬枝节部具有气生根

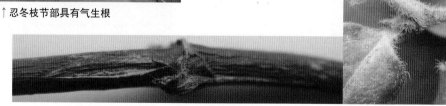

↗忍冬茎皮棕色至红棕色，条状剥裂，一年生枝，叶上具柔毛及腺毛

↑忍冬半常绿木质藤本

↑忍冬枝干灰色，皮剥落

↑忍冬无顶芽，枝顶宿存椭圆形小叶，侧芽卵状圆锥形，被隆起的叶座掩盖

→忍冬宿存浆果，球形，黑色

↑忍冬二年生枝灰棕色，薄片状条形剥裂

2. 枝条节部无气生根

　3. 叶迹1个，实心髓

　　　一年、二年生枝径2~3 mm，灰绿色至红褐色，无毛，散生圆形皮孔

　　　叶痕半圆形，隆起极高，叶痕间有连接线痕

　　　顶芽缺，侧芽小，为宿存的叶柄基部所遮蔽

　　　　　　萝藦科，杠柳属

　　　　　　　——杠柳 *Periploca sepium* Bunge

↑杠柳叶迹1个，叶痕对生，半圆形或近圆形，隆起极高，叶痕间有连接线痕

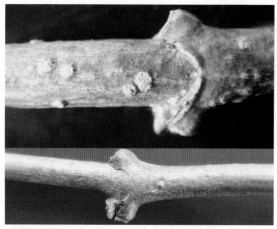

↑杠柳一年、二年生枝径2~3 mm，灰绿色至红褐色，无毛，散生圆形皮孔

↑杠柳顶芽缺，侧芽小，为宿存的叶柄基部所遮蔽

↑杠柳木质藤本

↑杠柳二年生枝灰色，微裂

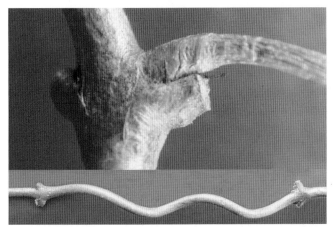

↑杠柳小枝

↑杠柳海绵质髓，绿色

1.叶痕互生

2.茎和小枝具有卷须

3.卷须先端无吸盘，不具结节状短枝

4.叶迹多数，海棉质髓，褐色，节部具横隔，一年生枝皮孔不明显

藤长达 15 m，树皮红褐色，条状剥裂

一年生枝径 3~4 mm，具细棱，红褐黄色，无毛或微被白色柔毛

卷须长 10 cm，分枝，叶痕半圆形，整齐

叶迹多数，排成 C 形或环形

侧芽卵状圆锥形，长 2.5~4.0 mm，褐色，先端纯尖，被锈色柔毛

葡萄科，葡萄属

——山葡萄 *Vitis amurensis* Rupr

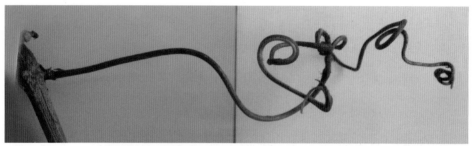

↑山葡萄茎和小枝具有卷须，卷须先端无吸盘，不具结节状短枝

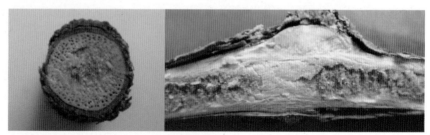

↑山葡萄海绵质髓，褐色，节部具横隔

← 山葡萄叶迹多数，叶痕互生，半圆形，整齐

↑山葡萄木质藤本

↑山葡萄树皮灰褐色，条形剥裂

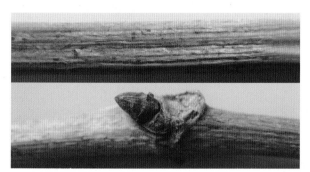

↑山葡萄一年生枝径 3~4 mm，具细棱，红褐黄色，无毛或微被白色柔毛

↑山葡萄侧芽卵状圆锥形，褐色，先端纯尖，被锈色柔毛

4. 叶迹 5 个，薄膜质髓，白色，局部为分隔髓，一年生枝皮孔明显

藤长 10 m，树皮粗糙、灰褐色

一年生枝粗壮，径 4~6 mm，具细纵棱，淡褐色或黄棕色，无毛或

微有毛，具锈色圆形隆起皮孔

叶痕三角状卵圆形，淡黄色，边缘褐色

芽隐于皮层下，3~4 个或更多个叠生，上面的为主芽

葡萄科，蛇葡萄属（蛇白蔹）

——蛇葡萄 *Ampelopsis brevipedunculata*（Maxim）Trautv

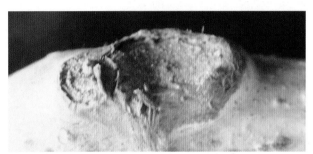

↑蛇葡萄叶迹 5 个，叶痕 2 列互生，隆起

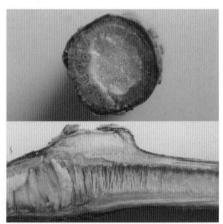

↑蛇葡萄薄膜质髓，粗，白色，枝节部为分隔髓

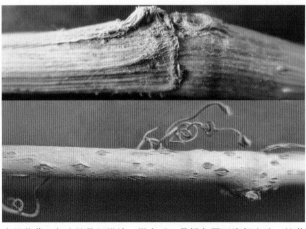

↑蛇葡萄一年生枝具细纵棱，微有毛，具锈色圆形隆起皮孔，枝节处具卷须，先端无吸盘，无结节状

↑蛇葡萄木质藤本

↑蛇葡萄枝干暗灰褐色，皮剥裂

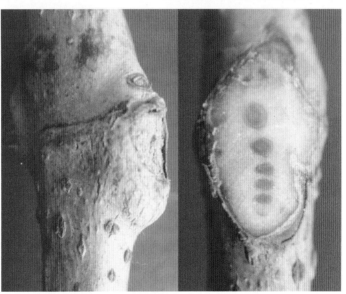

↑蛇葡萄无顶芽，侧芽隐于皮层下，多个叠生，上面的为主芽

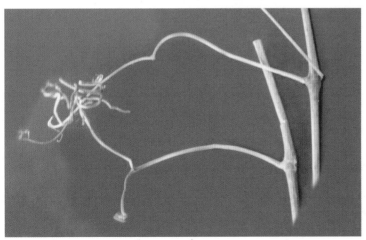

← 蛇葡萄小枝及卷须

3.卷须先端具吸盘，具结节状短枝

　4.一年生枝无毛

　　　树皮暗灰褐色，卷须长 1~5 cm，5~7 分枝

　　　一年生枝灰褐色或红褐色，具椭圆形皮孔

　　　二年生枝粗壮，表皮有菱形裂纹，具气生根，叶痕近圆形，淡黄色

　　　叶迹多数，排成环形，侧芽卵状圆锥形，长 1~3 mm，褐色

　　　　　葡萄科，爬山虎属（爬墙虎）

　　　　　　——爬山虎 *Parthenocissus tricuspidata*（Siep et Zucc）Planch

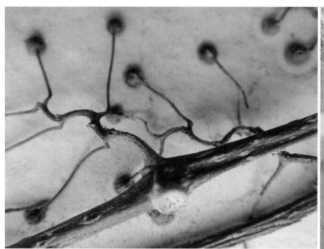

↑爬山虎卷须先端具吸盘，具结节状短枝，一年生枝灰褐色或红褐色，
具椭圆形皮孔

← 爬山虎叶迹多数，排成环
形，叶痕 2 列互生，近圆形，
灰白色或灰黄色

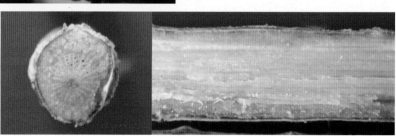

→ 爬山虎海绵质
髓，淡绿色

↑爬山虎木质藤本

↑爬山虎树皮暗灰褐色，残留吸盘和气生根

← 爬山虎侧芽卵状圆锥形，长 1~3 mm，红褐色

↑爬山虎二年生枝粗壮，表皮有菱形裂纹，具吸盘和气生根

↑爬山虎宿存浆果，蓝黑色

4.一年生枝被刚毛

树皮红褐色，小枝褐红色，卷须与叶对生，5~8分枝

葡萄科，爬山虎属

——五叶地锦 *Parthenocissus quinquefolia*（L）Planch

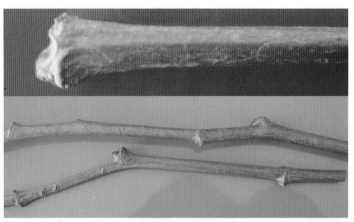

↑五叶地锦一年生枝被刚毛，褐红色

↑五叶地锦叶迹多数，排成环形，叶痕近圆形，隆起

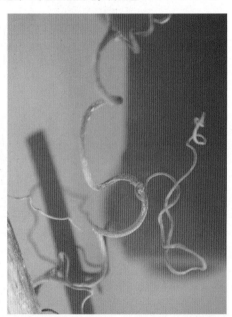

↑五叶地锦卷须与叶对生，5~8分枝，先端具吸盘

← 五叶地锦单生或2个
叠生，卵形，褐红色

↑五叶地锦木质藤本

↑五叶地锦树皮红褐色，具气生根

↑五叶地锦宿存浆果，蓝黑色

↑五叶地锦二年生枝淡褐色，具皮孔

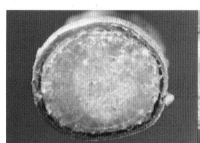

↑五叶地锦海绵质髓，粗，白色

2. 茎和小枝不具有卷须，缠绕藤本

3. 叶迹1个，C形或U形

4. C形

5. 芽隐于皮层下或半隐芽或全隐芽，叶迹1个，C形

6. 侧牙为半隐芽，海绵质髓，白色

一年生枝紫褐色，无毛，散生长圆形皮孔

无顶芽，侧芽大部分隐藏在叶痕隆起的皮层里仅露出芽的上部

猕猴桃科，猕猴桃属

——葛枣猕猴桃 *Actinidia polygama*（Sieb et Zucc）Maxim

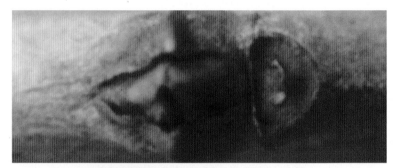

↑葛枣猕猴桃叶迹1个，C形，叶痕隆起，近圆形

↑葛枣猕猴桃侧牙为半隐芽，隐藏在叶痕隆起的皮层里仅露出芽的上部

↑葛枣猕猴桃一年生枝紫褐色，无毛，散生长圆形皮孔

↑葛枣猕猴桃木质藤本

↑葛枣猕猴桃树皮褐色，片状剥落

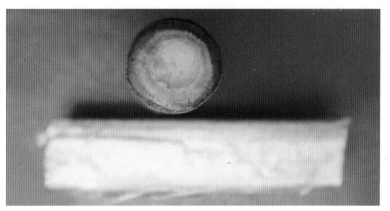

↑葛枣猕猴桃海绵质髓，白色

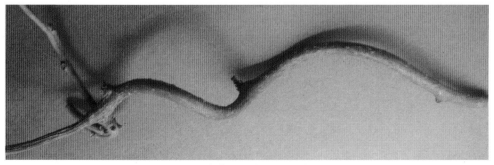

↑葛枣猕猴桃小枝

6. 侧芽为全隐芽，分隔髓，黄褐色或褐色

7. 髓黄褐色，一年生枝灰色或淡灰色，嫩时有灰白色绒毛，老时无毛

无顶芽，侧芽全部隐藏在叶痕隆起的皮层里，不露出

猕猴桃科，猕猴桃属

——软枣猕猴桃 *Actinidia arguta*（Sieb et Zucc）Planch

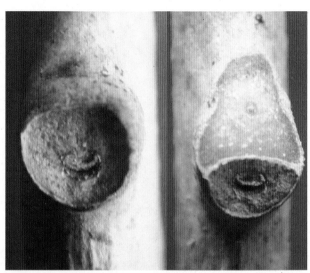

↑软枣猕猴桃侧芽为全隐芽，侧芽全部隐藏在叶痕隆起的皮层里，仅露出芽尖

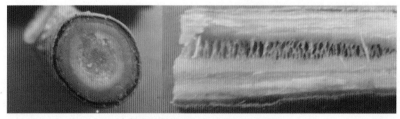

↑软枣猕猴桃分隔髓，黄褐色或褐色

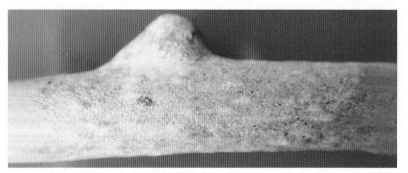

↑软枣猕猴桃一年生枝灰色或淡灰色，嫩时有灰白色绒毛，老时无毛

↑软枣猕猴桃木质藤本

↑软枣猕猴桃树皮灰色，薄片状剥裂

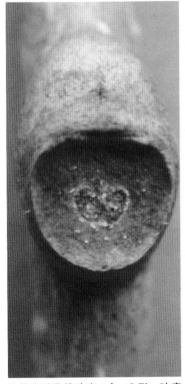

↑软枣猕猴桃叶迹1个，C形，叶痕近圆形，隆起

↑软枣猕猴桃小枝灰白色

7. 分隔髓褐色，一年生枝红褐色，密被灰白色圆形凸起皮孔

其余特性同软枣猕猴桃

猕猴桃科，猕猴桃属

—— 狗枣猕猴桃 *Actinidia kolomikta*（Rupr et Maxim）Maxim

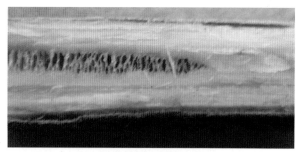

↑狗枣猕猴桃分隔髓，褐色

↑狗枣猕猴桃侧芽隐于皮层内

↑狗枣猕猴桃一年生枝红褐色，密被灰白色圆形凸起皮孔

↑狗枣猕猴桃木质藤本

↑狗枣猕猴桃茎枝灰色至红褐色

↑狗枣猕猴桃叶迹1个，C形，叶痕近圆形，隆起

↑狗枣猕猴桃二年生枝灰褐色

5. 芽不隐于皮层下，明显

　　6. 芽鳞呈钩刺状，实心髓，五角形，淡绿色

　　　　藤长 8 m，树皮褐色，粗糙有皱纹

　　　　一年生枝细，径 1.0~2.5 mm，有棱，褐色，二年生枝灰褐色

　　　　叶痕椭圆形，长 1.5 mm

　　　　无顶芽，侧芽宽卵形，无毛，长 1.0~1.5 mm

　　　　最外一对芽鳞成钩刺状，侧芽与枝开张呈 90° 角

　　　　　　卫矛科，南蛇藤属

　　　　　　　　——刺苞南蛇藤 *Celastus flagellaris* Rupr

↑ 刺苞南蛇藤叶迹 1 个，C 形，叶痕螺旋状互生，椭圆形

↑ 刺苞南蛇藤无顶芽，侧芽宽卵形，无毛，长 1.0~1.5 mm

↑ 刺苞南蛇藤芽鳞呈钩刺状，一年生枝细，径 1.0~2.5 mm，有棱，黄色或红褐色

↑刺苞南蛇藤木质缠绕藤本

↑刺苞南蛇藤树皮褐色，粗糙

↑刺苞南蛇藤蒴果宿存

↑刺苞南蛇藤二年生枝灰褐色

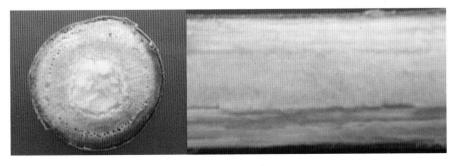

←刺苞南蛇藤海绵质髓，五角形白色至淡绿色

6. 芽鳞不呈钩刺状，海绵质髓，圆形，白色

　一年生枝粗，径 2~7 mm，无棱，灰褐色或灰紫色，密生淡褐色小皮孔

　叶痕半圆形，长 3 mm

　无顶芽，侧芽近球形，长 2~3 mm，栗棕色，无毛，开张呈 70° 角

　　　卫矛科，南蛇藤属

　　　　——南蛇藤 *Celastus orbiculatus* Thunb

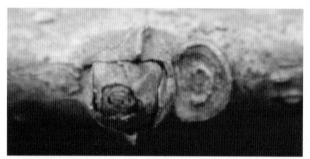

↑南蛇藤叶迹 1 个，C 形，叶痕螺旋状互生，半圆形，隆起

↑南蛇藤无顶芽，侧芽近球形，长 2~3 mm，栗棕色，无毛，开张呈 70° 角

↑南蛇藤芽鳞不成钩刺状，一年生枝粗，径 2~7 mm，无棱，灰褐色或灰紫色

↑南蛇藤属木质大藤本，高达 10 多米

↑南蛇藤树皮灰色，纵裂

↑南蛇藤蒴果球形，橙黄色，3 瓣裂，内含 1~2
粒黄白色种子

↑南蛇藤二年生枝紫灰色

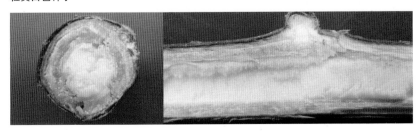

←南蛇藤海绵质髓，
圆形，白色

4.叶迹 U 形

一年生枝径 2~3 mm，红褐色至金黄色，无毛，具长圆形暗红色瘤状皮孔

二年生枝深褐色，髓淡褐色，叶痕半圆形，长 2 mm

顶芽缺，侧芽圆锥形，长 2~4 mm，红褐色，无毛

开张角度为 45~60°

　　卫矛科，雷公藤属

　　——东北雷公藤 *Tripterygium regeli sprague* et Tak

← 东北雷公藤叶迹 1 个，U 形，叶痕螺丝状互生，淡黄色，隆起

↑东北雷公藤顶芽缺，侧芽圆锥形，长 2~4 mm，红褐色，无毛，开张角度为 45~60°

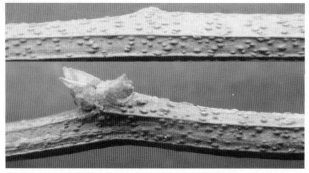

↑东北雷公藤一年生枝径 2~3 mm，红褐色至金黄色，无毛，具长圆形暗红色瘤状皮孔

↑东北雷公藤木质藤本

↑东北雷公藤树皮红褐色

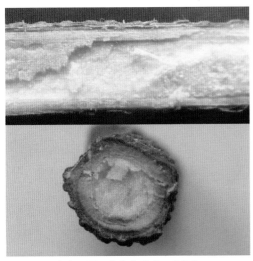

↑东北雷公藤海绵质髓，淡褐色

↑东北雷公藤小枝

3. 叶迹 3 个或 3 组

4. 叶迹 3 个，无顶芽

5. 叶痕两侧各具角状凸起 1 个

大藤本，藤长 15 m，径达 20 mm，树皮灰褐色，平滑或浅裂

一年生枝灰绿色至灰褐色，被短毛或无毛，叶痕半圆形，隆起

侧芽单生，卵形或卵状圆锥形，长 5~8 mm，褐色

残存荚果，长 10~15 cm，灰绿色，密被灰白色绒毛

豆科，紫藤属

——紫藤 *Wisteria sinansis* Sweet

↑紫藤叶迹 3 个，叶痕两侧各具角状凸起 1 个

↑紫藤一年生枝灰绿色至灰褐色，被短毛或无毛，有长短枝之分

↑紫藤无顶芽，侧芽单生，卵形或卵状圆锥形，长 5~8 mm，褐色

↑ 紫藤为木质大藤本

↑ 紫藤树皮灰褐色，平滑或浅裂

↑ 紫藤残存荚果，长 10~15 cm，灰绿色，密被灰白色绒毛

↑ 紫藤海绵质髓，粗，白色

5.叶痕两侧无角状凸起

6.木质部淡绿色，小枝折断有香气

一年生枝径1.5~3.0 mm，微具棱，灰褐色，无毛，散生圆形隆起皮孔

叶痕半圆形或近圆形2.0~2.5 mm，叶迹集中排在中上部

侧芽并生或单生，卵形，长3 mm，红褐色，无毛，或具少许缘毛

木兰科，五味子属

——北五味子 *Schisandra chinensis*（Turcz）Baill

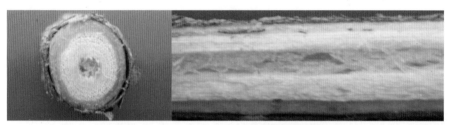

↑北五味子木质部淡绿色，小枝有香气，海绵质髓，绿色

↑北五味子叶迹3个，集中排在中上部，叶痕半圆形或近圆形，两侧无角状凸起

↑北五味子一年生枝径1.5~3.0 mm，微具棱，灰褐色至红褐色，无毛，散生圆形隆起皮孔

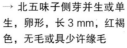

→北五味子侧芽并生或单生，卵形，长3 mm，红褐色，无毛或具少许缘毛

↑北五味子木质藤本，长达 10 m　　　↑北五味子藤枝

↑北五味子三年生枝，灰褐色，枝皮粗糙

↖北五味子宿存浆果，球形，肉质，组成穗状聚合果

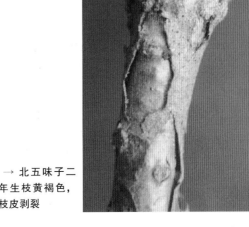

→ 北五味子二年生枝黄褐色，枝皮剥裂

6.木质部非淡绿色，有射线，小枝折断有特殊气味

　　一年生枝径3~5 mm，圆柱形，绿色，微有短毛，具灰黄色长圆形皮孔

　　叶痕V形或马蹄掌形，叶迹分散排列在中间和两端

　　侧芽2~3个叠生，上面芽腋生，下面芽为柄下芽，半球形

　　芽鳞不明显，密被白色柔毛

　　　　马兜铃科，马兜铃属

　　　　——木通马兜铃 *Aristolochia mandshuriensis* Kom

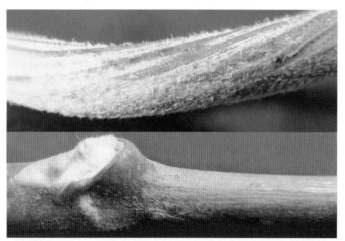

↑ 木通马兜铃一年生枝径3~5 mm，圆柱形，绿色，微有短毛，具灰黄色长圆形皮孔

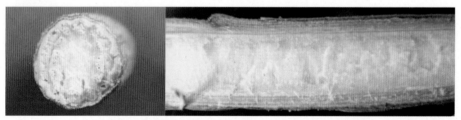

↑ 木通马兜铃木质部有明显射线，约有10个分离的维管束孔洞，海绵质髓，粗，白色

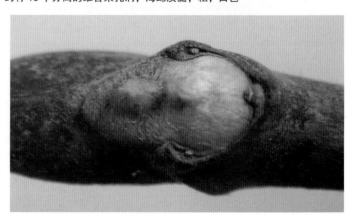

→ 木通马兜铃叶迹6个，叶迹分散排列在中间和两端，叶痕螺旋状互生，V形或马蹄掌形

↑木通马兜铃木质藤本

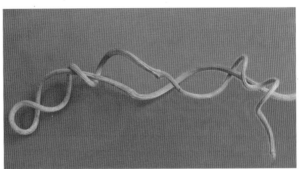

↑木通马兜铃小枝

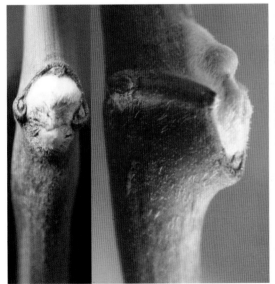

↑木通马兜铃无顶芽，侧芽2~3个叠生，上面芽腋生，下面芽为柄下芽，半球形，芽鳞不明显，密被白色柔毛

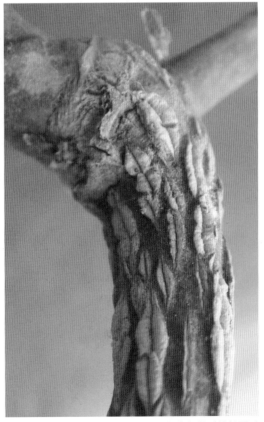

↑木通马兜铃二年生枝灰绿色，具灰黄色纵裂的长圆形皮孔

　4.叶迹3组

　　5.叶痕两侧各具明显凸起的圆形托叶痕1个

　　　藤本，常有肥大块根，茎右旋缠绕

　　　一年生枝灰绿色至灰棕色，有刚毛

　　　二年生枝深灰色，韧皮纤维发达，叶痕扁圆形或倒三角形

　　　侧芽单生或并生，卵形或宽卵形，长3mm，淡黄色，开张角度30°

　　　荚果条形，长5~10cm，长约0.9cm，扁平，先端短渐尖

　　　密生褐色长硬毛

　　　　　豆科，葛藤属

　　　　　——葛藤 *Pueraria lobata*（Willd）Ohwi

↑葛藤叶迹3组，叶痕两侧各具明显凸起的圆形托叶痕1个

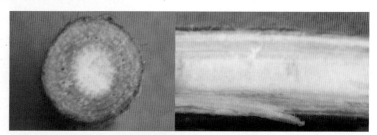

↑葛藤海绵质髓，较粗，白色

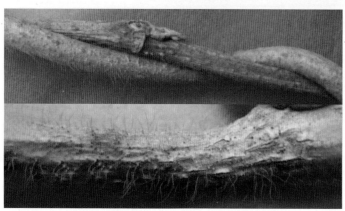

↑葛藤一年生枝灰绿色至灰棕色，有红褐色刚毛

↑葛藤木质藤本

↑葛藤树皮灰褐色，粗糙

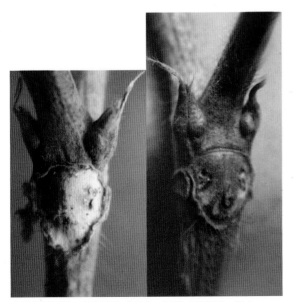

↑葛藤无顶芽，侧芽单生或并生，卵形或宽卵形，长3 mm，
淡黄色，开张角度30°

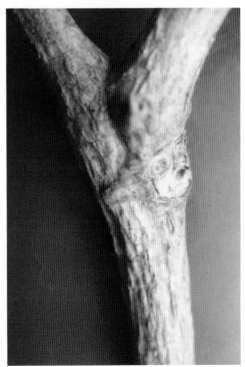

↑葛藤二年生枝深灰褐色，韧皮纤维发达

5.叶痕两侧不具凸起的圆形托叶痕

　　侧芽叠生或间有单生，无毛或微有毛，不密被长毛

　　叶迹5~7个，排成3组，叶痕圆形或椭圆形

　　一年生枝径2~3 mm，具纵棱，绿色或绿褐色，无毛或被黄白色柔毛

　　　防己科，蝙蝠葛属

　　　　——蝙蝠葛（山豆根）*Menispermum dauricum* DC

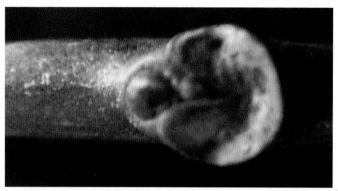

↑蝙蝠葛叶痕两侧不具凸起的圆形托叶痕，蝙蝠葛叶迹5~7个，排成3组，
叶痕螺旋状互生，圆形或椭圆形

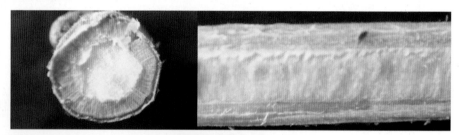

↑蝙蝠葛海绵质髓，粗，白色

↑蝙蝠葛一年生枝径2~3 mm，具纵棱，绿色或绿褐色，无毛或被黄白色柔毛

↑蝙蝠葛木质藤本

↑蝙蝠葛小枝

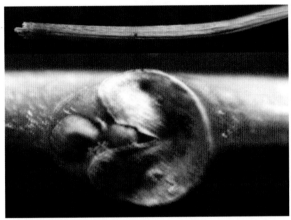

↑蝙蝠葛无顶芽，侧芽2个叠生或间有单生，黑紫色，无毛或微有毛，不密被长毛

→蝙蝠葛宿存核果肾形，熟时黑紫色

↑蝙蝠葛二年生枝

检 索 表

一、落叶乔木

1.枝干具有刺

 2.具枝刺

  3.叶痕对生

    （叶痕对生且具有枝刺的乔木石榴树，并非北方园林绿化常用树种，特此略去）

  3.叶痕互生

   4.具有分枝的枝刺、刺粗长

    5.枝刺横切面为圆形，红褐色或棕色

      宿存荚果直伸或微弯、不扭曲，长 10~30 cm，芽红褐色或棕色

        豆科，皂角属

           ——皂角 *Gleditsia sinansis* Lam

    5.枝刺横切面为扁圆形，紫褐色，宿存荚果扭曲或弯曲

     6.一年生枝紫褐色，表皮剥落后露出绿色内皮，表皮残存，芽暗紫色

        豆科，皂角属

           ——日本皂角 *Gleditsia japonica* Miq

     6.一年生枝灰绿色，表皮早期剥落，不残存，芽棕褐色

        豆科，皂角属

           ——山皂角 *Gleditsia melanacantha* Tang et Wang

   4.具有不分枝的枝刺或刺状小枝

    5.具有不分枝的枝刺

     6.枝刺粗壮，特长，可达 13 cm

       树高 15 m，树皮淡灰色纵裂，一年生枝细，红褐色，光滑无毛，叶痕扁圆形侧芽卵圆形，单生或并生

         榆科，刺榆属

           ——刺榆 *Hemiptelea davidii* （Hance）

     6.枝刺不粗壮，刺长 5 cm 之内

      7.小枝和芽被银色或锈色盾形鳞片

8. 一年生枝被银色盾形鳞片，花芽，叶芽同形，椭圆形或宽卵形

胡颓子科，胡颓子属

——沙枣 *Elaeagnus angustifolia* L

8. 一年生枝被锈褐色盾形鳞片，花芽，叶芽异形

叶芽小，宽卵形，长 1 mm

花芽大，椭圆形，长 2.5~3.0 mm

胡颓子科，沙棘属

——沙棘 *Hippophae rhamnoides* L

7. 小枝和芽不被银色或锈色鳞片

8. 无顶芽

树高 8 m，树皮灰黄色，浅纵裂

枝有明显长短枝之分，枝刺长 0.5~3.0 cm，一年生枝灰绿色，无毛

侧芽单生或并生，近球形，褐色，长 2~3 mm，疏被粉粒状毛

桑科，柘属

——柘，柘桑，柘刺 *Cudrania tricuspidata* （Carr）Bur

8. 有顶芽

9. 顶芽肥大，被毛，卵状圆锥形，一年生枝粗壮，径 3~6 mm，黄白色

侧芽为单芽

蔷薇科，梨属

——山梨（秋子梨）*Pirus ussuriensis* Maxim

9. 顶芽不大，无毛，近球形

10. 一年生枝无毛

11. 一年生枝有棱，黄褐色或向阳面紫红色，刺长 1~2 cm

果不宿存

蔷薇科，山楂属

——山楂 *Crataegus pinnatifida* Bunge

11. 一年生枝圆柱形无棱，紫红色，刺长 0.5~1.0 cm，顶芽扁卵形

宿存果球形，径约 1 cm

蔷薇科，山楂属

——辽宁山楂 *Crataegus sanguinea* Pall

10. 一年生枝被毛，粗壮，棕红色，刺长 1.5~3.5 cm，顶芽卵形

蔷薇科，山楂属

——毛山楂 *Crataegus maximowiczii* Schneid

　5. 具刺状小枝

　　6. 顶芽缺

　　　7. 侧芽单生或多数 2 个并生，紫黑色

　　　　树皮灰黑色、深纵裂，木栓层不发达

　　　　一年生枝灰色或灰褐色，无毛，节间较长，枝节部稍膨大

　　　　二年生枝紫灰色，表皮剥裂

　　　　　　蔷薇科，李属

　　　　　　　——山杏（西伯利亚杏）*Prunus sibirica* L

　　　7. 侧芽单生或多数 3 个并生

　　　　8. 侧芽 3 个并生时，两侧芽大，中间芽小，紫红色

　　　　　树皮灰褐色，浅纵裂，木栓层不发达

　　　　　一年生枝较细，淡褐色或灰褐色，无毛，节间较长，枝节部不膨大

　　　　　二年生枝灰褐色，光滑无毛

　　　　　　　蔷薇科，李属

　　　　　　　　——野杏 *Prunus armeniaca* L var *ansu* Maxim

　　　　8. 侧芽 3 个并生时，两侧芽小，中间芽大，紫褐色

　　　　　树皮暗灰色，纵裂，木栓层发达

　　　　　一年生枝微有钝棱，暗红色或淡绿色，无毛，疏生皮孔

　　　　　二年生枝灰紫色，具有裂纹

　　　　　　　蔷薇科，李属

　　　　　　　　——辽杏（东北杏）*Prunus mandshurica*（Maxim）Koehne

　　6. 有顶芽，顶芽长卵形

　　　　一年生枝略呈“之”字形曲折，微有棱，红褐色，无毛

　　　　具白色膜状表皮，侧芽单生，扁卵形，贴枝而生，上部紫红色

　　　　下部棕黄色

　　　　　　蔷薇科，苹果属

　　　　　　　——山丁子 *Malus baccata* L Borkh

2. 具托叶刺，叶刺，叶轴刺，皮刺

　3. 具托叶刺

　　4. 柄下芽（芽生于叶痕中离层下）

　　　5. 小枝具托叶刺较长，略扁，刺长 1~2 cm

　　　　高大乔木，树高 25 m。宿存带状荚果，果长 5~10 cm

　　　　　　豆科，刺槐属

　　　　　——刺槐（洋槐）*Robinia pseudoacacia* L

　　　　　　——香花槐 *Robinia pseudoacacia* L cv idaho

　　5. 小枝具托叶刺较短，另密生淡棕色刚毛状皮刺，刺长不足 1 cm

　　　　小乔木，树高 5 m 以内

　　　　　　　豆科、刺槐属

　　　　　　　　——毛刺槐（江南槐、红花洋槐）*Robinia hispida* L

　　4. 近柄芽。具托叶刺，一直伸长刺与一短小钩刺相对而生

　　　5. 乔木，主干明显，树高可达 10 m，小枝光滑无毛，紫红色，有皮孔

　　　　　鼠李科，枣属

　　　　　　　——大枣 *Ziziphus jujuba* Mill

　　　5. 灌木，主干不明显，树高 3~5 m，小枝纤细，小枝灰褐色，有白粉

　　　　　鼠李科，枣属

　　　　　　　——酸枣 *Ziziphus jujuba* Mill var spinosa（Bunge）Hu

　3. 不具托叶刺，仅具皮刺（乔木中没有具叶刺和叶轴刺的品种，略去）

　　4. 高大乔木，树高 20~30 m

　　　树皮暗灰色，残存皮刺，一年生枝粗壮，径 7~15 mm，紫灰色

　　　皮刺与枝垂直，紫褐色，叶痕 V 形

　　　顶芽发达，半球形，圆锥状球形，紫褐色

　　　　　五加科，刺楸属

　　　　　　——刺楸 *Kalopanax pictus*（Thunb）Nakai

　　4. 小乔木，树高 5~10 m

　　　5. 枝上疏生皮刺，皮刺较细，呈三角形

　　　　树高 5 m，分枝多而密，树皮黑褐色，一年生枝灰褐色，无毛

　　　　皮孔圆点形，隆起，叶痕 U 形，隆起，果序宿存，核果黑色

　　　　　　五加科，五加属

　　　　　　　——无梗五加 *Acanthopanax scssiliflorus*（Rupr et Maxim）

　　5. 枝上密生皮刺，皮刺粗壮

　　　6. 假顶芽卵状圆锥形，黑紫色，无毛

　　　　侧芽小，褐色，无毛

　　　　树高可达 10 m 以上，分枝少

　　　　一年生枝极粗壮，径 10~20 mm，淡灰黄色或淡灰褐色，无毛

　　　　　　五加科，楤木属

　　　　　　　——辽东楤木（刺龙牙）*Aralia elata*（Miq）Seem

6. 假顶芽卵状圆锥形，褐色，密被棕黄色绒毛

　　侧芽小，密包在棕黄色绒毛之中

　　一年生枝极粗壮，径 10~20 mm，淡灰白色或灰绿色

　　疏生黄白色长绒毛

　　　　　　五加科，楤木属

　　　　　　　　——楤木（虎阳刺） *Aralia chinensis* L

1. 枝干不具刺

　2. 叶痕对生或叶痕 3 个轮生

　　3. 叶痕对生

　　　4. 有顶芽

　　　5. 裸芽

　　　　6. 顶芽较大，长 6~12 mm，扁长方形，密被黄色短绒毛

　　　　　树冠近圆形，树皮灰色，平滑，老时有横裂纹

　　　　　一年生枝灰色或紫灰色，初被短柔毛，散生圆形或椭圆形白色皮孔

　　　　　二年生枝灰色，叶痕 3 裂半圆形，侧芽单生，扁圆锥形，有短毛

　　　　　海绵质髓，较粗，白色，聚伞状圆锥花序，蓇葖果，果序宿存

　　　　　　　　芸香科，吴茱萸属

　　　　　　　　　——臭檀（吴茱萸）*Evodia daniellii*（Benn）Hemsl

　　　　6. 顶芽较小，长 1~2 mm，圆锥形，被短柔毛，芽为裸芽

　　　　　一年生枝灰褐色或淡褐色，被黄褐色短柔毛，近稍较密

　　　　　有淡褐色皮孔，薄膜髓中有淡黄色薄片横隔膜

　　　　　侧芽 2 个叠生，主芽圆锥形或半球形，紫红褐色

　　　　　　　马鞭草科，大青属（赪桐属）

　　　　　　　　　——海州常山 *Clerodendron trichotomum* Thunb

　　　5. 鳞芽

　　　　6. 叶迹 1 个或 1 组，或更多

　　　　　7. 叶迹 1 个

　　　　　　8. 侧芽 2 个叠生

　　　　　　　树皮暗灰褐色，浅纵裂或卷剥裂，一年生枝灰绿色，无毛

　　　　　　　叶痕半圆形，叶迹 1 个，C 形

　　　　　　　　木樨科，流苏树属

　　　　　　　　　　——流苏树 *Chionanthus retusus* Lindi et Paxt

　　　　　　8. 侧芽单生

9. 直立小乔木，树高 8 m

　　顶芽小，宽卵形，长 2 mm，紫红色，侧芽小，贴枝或开张呈 30° 角

　　树冠近球形，分枝细密，树皮灰黑色，不规则纵裂

　　一年生枝暗绿色，或受光面紫红色，微具四棱，海绵质髓绿色，四边形

　　蒴果宿存，种子淡黄色，露出于橘红色假种皮之外

　　　　卫矛科，卫矛属

　　　　　　——桃叶卫矛（白杜）*Euonymus bungeanus* Maxim

9. 直立小乔木或蔓生半常绿灌木。

　　顶芽大，圆锥形，长 3~5 mm，淡红色，芽鳞 2~4 对，无毛

　　侧芽较大，卵状圆锥形，两侧具棱线，与枝开张呈 30° 角

　　一年生枝灰绿色，无毛，海绵质髓，白色

　　蒴果宿存，种子红褐色，露出于橘红色假种皮之外

　　　　卫矛科，卫矛属

　　　　　　——胶东卫矛 *Euonymus kiautshchovicus* Loes

7. 叶迹 1 组

　8. 顶芽长 4~5 mm

　　9. 顶芽长卵状圆锥形，紫褐色，被极短绒毛

　　　　一年生枝灰黄色，无毛或微被短毛，叶痕半圆形，隆起

　　　　　　木樨科，白蜡树属

　　　　　　　　——小叶白蜡 *Fraxinus bungeana* DC

　　9. 顶芽宽卵状圆锥形，褐色，具短柔毛

　　　　一年生枝灰褐色，初时微被短柔毛，具稀疏的白色圆形皮孔

　　　叶痕交互对生，新月形

　　　　　　木樨科，白蜡树属

　　　　　　　　——绒毛白蜡 *Fraxinus velutina* Torr

　8. 顶芽长 6~12 mm

　　9. 顶芽卵状圆锥形

　　　　顶芽黑色，只腹面被黄色柔毛，树皮灰褐色，浅纵裂

　　　　一年生枝绿色或灰绿色，无毛，散生黄白色皮孔，翅果，果序宿存

　　　　　　木樨科，白蜡树属

　　　　　　　　——水曲柳 *Fraxinus mandshurica* Rupr

　　9. 顶芽长卵形或宽卵形

　　　10. 顶芽长卵形，长 12 mm、最外 2 片芽鳞常向外指，栗棕色，密被锈色绒毛

一年生枝灰绿色，叶痕马蹄形，边缘棕红色

　　木樨科，白蜡树属

　　　　——花曲柳（大叶白蜡）*Fraxinus rhynchophylla* Hance

10. 顶芽宽卵形，为混合芽、长不足 10 mm，最外 2 片芽鳞向外指

　　密被棕黄色绒毛

　　一年生枝浅灰色，叶痕半圆形，棕色

　　木樨科，白蜡树属

　　　　——白蜡树 *Fraxinus chinensis* Roxb

6. 叶迹 3 个

　7. 顶芽较大，长 5~10 mm

　　顶芽宽 2.5~4.0 mm，卵状圆锥形，黄褐色、无毛，树皮暗灰褐色，环状剥裂

　　一年生枝径 3~5 mm，灰黄色，无毛，皮孔不明显，海绵质髓白色，圆形

　　　　鼠李科，鼠李属

　　　　　　——鼠李（老鸹眼） *Rhamuus davurica* Pall

　7. 顶芽较小，长 2~5 mm

　　8. 芽鳞 2 片

　　　9. 一年生枝灰绿色

　　　　10. 顶芽宽卵形，绒毛短，侧芽近球形

　　　　　树皮灰褐色，纵裂，一年生枝灰绿色，无毛，被白色蜡粉层

　　　　　散生长圆形皮孔，叶痕 C 形或 U 形，叶迹 3 个

　　　　　槭树科，槭树属

　　　　　　　——糖槭（羽叶槭）Acer negundo L

　　　　10. 顶芽卵状圆锥形，绒毛长，侧芽宽卵形

　　　　　其他特征与糖槭相同，是糖槭的栽培变种

　　　　　槭树科，槭树属

　　　　　　　——金叶复叶槭 *Acer negundo*（Aurea）

　　　9. 一年生枝红褐色

　　　　顶芽披针形，长 3~4 mm，紫色，芽鳞 2 片，密被锈色毛

　　　　一年生枝红褐色，枝稍密被白色"丁"字毛，叶痕 V 形，不隆起

　　　　　山茱萸科，山茱萸属

　　　　　　　——毛来（车梁木）*Cornus walteri* Wanger

　　8. 芽鳞 2~6 对

　　　9. 顶芽长卵形

顶芽长 5 mm，芽鳞 3~4 对，黑紫色，常被柔毛，树冠卵形至倒卵形

树皮灰褐色，浅纵裂，裂纹红褐色

一年生枝淡黄色，疏生黑褐色圆形皮孔

髓圆形，白色，伞房果序，两翅果开展成钝角，果翅长为果长的 2 倍

　　槭树科，槭树属

　　　——色木槭（五角枫）*Acer mono* Maxim

9. 顶芽卵形

　10. 顶芽长 2~3 mm，芽鳞 4 对，具缘毛，树皮灰褐色，纵裂

　　一年生枝紫褐色，髓圆形，白色，侧芽较小，贴枝而生

　　槭树科，槭树属

　　　——茶条槭 *Acer ginnala* Maxim

　10. 顶芽长 3~5 mm

　　芽鳞 2~3 对，淡褐色，几无毛，树皮灰褐色，深纵裂

　　一年生枝淡棕色，疏生黑棕色椭圆形皮孔

　　二年枝灰棕色髓圆形，淡绿色

　　伞房果序，两翅果开展成锐角，翅果长与果长相等

　　槭树科，槭树属

　　　——元宝槭（华北五角枫）*Acer truncatum* Bunge

4. 无顶芽

　5. 叶迹 1 个或 1 组，或更多

　6. 叶迹 1 个

　7. 一年生枝纵棱有时呈翅状

　　树冠近圆形，树皮淡褐色，薄片状剥落后很光滑

　　叶痕椭圆形，两侧无下延纵棱，叶痕间无连接线痕

　　二年生枝棕色，枝皮剥裂，宿存蒴果近球形，长 12 mm

　　　千屈菜科，紫薇属

　　　　——紫薇 *Lagerstroemia indica* L

　7. 一年生枝纵棱，不呈翅状，为叶痕两侧下延细纵棱，叶痕间无连接线痕

　　一年生枝淡黄褐色，无毛，树皮淡黄褐色

　　二年生枝淡黄色，枝皮有细裂纹

　　无顶芽，枝稍干枯，侧芽宽卵形，长 2~3 mm

　　　木樨科，雪柳属

　　　　——雪柳 *Fontanesia fortunei* Carr

6.叶迹 1 组

7.一年生枝径 3~5 mm，芽长 5 mm 以上

8.芽鳞暗紫红色

侧芽单生，并生或叠生，卵形，树高 5 m，树皮暗灰色，浅纵裂

木樨科，丁香属

——紫丁香（华北紫丁香）*Syringa oblata* Lindl

8.芽鳞绿色或上半部绿色下半部黑褐色

9.芽鳞绿色

一年生枝灰绿色

木樨科，丁香属

——白丁香 *Syringa oblata* Lindl var *affinia* Liagelsh

9.芽鳞上半部绿色下半部黑褐色

冬芽长圆形或近扁球形，树高 7 m，树皮灰褐色，纵裂

木樨科，丁香属

——洋丁香（紫丁香、欧洲丁香）*Syringa vulgaris* L

7.一年生枝径 1.5~3.0 mm，芽长 2~5 mm

8.芽卵形，树皮浅纵裂

树皮黑灰色，小枝细长，开展，侧芽卵形，先端尖

木樨科，丁香属

——北京丁香 *Siringa pekinensis* Rupr

8.芽宽卵形，树皮粗糙

树皮灰褐色，小枝较壮，直上开展，侧芽宽卵形，先端钝

木樨科，丁香属

——暴马丁香 *Siringa amurensis* Rupr

5.叶迹 3 个，3 组，3~5 个或多数

6.叶迹 3 个或 3 组

7.叶迹 3 个

8.一年生枝圆柱形，紫红色

二年生枝被蜡质白粉，髓横切面六边形，褐色

无假顶芽，侧芽单生，宽卵形，芽基部被淡棕色长丝状毛

槭树科，槭树属

——假色槭（紫花槭）*Acer pseudo-sieboldianum*（Pax）Kom

8.一年生枝绿褐色，受光面紫红色，无毛

二年生枝暗紫色，无蜡质白粉，髓横切面圆形，白色

有假顶芽 2 个在枝顶，侧芽单生，三角状卵形，长 1~2 mm

无毛或芽基部仅被疏短毛

　　槭树科，槭树属

　　　　——鸡爪槭 *Acer palmatum* Thunb

7. 叶迹 3 组

树皮淡灰色或灰褐色，有发达的木栓层，厚 2 cm

内皮鲜黄色，味苦，叶痕马蹄掌形，包芽，叶迹每组新月形

侧芽半球形，被黄褐色短绒毛

　　芸香科，黄檗属

　　　　——黄波椤（黄檗）*Phellodendron amurense* Rupr

6. 叶迹 3~5 个或多数

7. 叶迹 3~5 个

8. 树皮暗灰色，无木栓层

一年生枝径 5~10 mm，淡灰褐色，无棱，无毛

叶痕 V 形，长达 7 mm，宽 3~4 mm，侧芽单生或 3 个并生

并生时中间芽为主芽，近球形，径 3~6 mm，具有短柄

淡褐色，无毛，副芽较小

　　忍冬科，接骨木属

　　　　——接骨木 *Sambucus willamsii* Hance

8. 树皮暗灰色，有较厚的木栓层

一年生枝径 5~10 mm，褐色或紫褐色

有棱，具有柔毛（其余特点同接骨木）

　　忍冬科，接骨木属

　　　　——毛接骨木 *Sambucus buergerianum* Blume *Sambucus*

　　　　　　williamsii Hance var. *miquelii* (Nakai) Y.C.Tang

7. 叶迹多数

树冠宽大，伞形，侧枝开张角度大，几平展，主干不十分明显

树皮灰色，不规则浅裂，裂纹中淡褐色，一年生枝绿褐色，被短绒毛或分枝毛

密生圆形小皮孔，叶痕圆形或半圆形，叶迹多数呈 V 形或环形

顶芽处常被短绒毛，花、果序较紧密，花蕾近球形

果卵圆形，果皮厚近 1 mm

　　玄参科，玄参科

　　　　　　　——毛泡桐 *Paulownia tomentosa*（Thunb）Steud

3.叶痕 3 个轮生

　4.蒴果粗壮，径 6 mm 以上

　　果径 10~18 mm，种子两端翅圆，被流苏毛，连毛总长 45~60 mm

　　　　紫葳科，梓树属

　　　　　　　——黄金树 *Catalpa speciosa* Ward

　4.蒴果细长，径 6 mm 以内

　　一年生枝粗壮，径可达 15 mm，黄褐色，枝顶常被刚毛，侧芽宽卵形

　　芽鳞排列疏松，无白粉，蒴果长 22~25 cm，果径 5~6 mm

　　　　紫葳科，梓树属

　　　　　　　——梓树 *Catalpa ovata* Don

2.叶痕互生

3.叶痕 2 列互生

　4.顶芽发达，小枝具明显环状托叶痕

　5.芽密被灰黄色长绒毛

　　一年生枝黄褐色，枝稍密被灰黄色较长柔毛，微有光泽

　　顶生叶芽纺锤形，长 7~13 mm 芽有宿存叶柄，绿色，长约全芽的 1/6

　　　　木兰科，木兰属

　　　　　　　——白玉兰 *Magnolia denudata* Desr

　5.芽密被细短柔毛

　　6.一年生枝深褐色，枝稍被紧贴细柔毛，无光泽

　　　顶生叶芽披针形，长 5~25 mm，芽有宿存叶柄，长约全芽长的 1/2

　　　　木兰科，木兰属

　　　　　　　——天女木兰 *Magnolia sieboldii* K Koch

　　6.一年生枝深紫红色，无毛，顶生叶芽圆柱形，长 3~6 mm

　　　芽有宿存叶柄，长约全芽的 1/4

　　　　木兰科，木兰属

　　　　　　　——紫玉兰 *Magnilia liliflora* Desr

　4.无顶芽，小枝不具环状托叶痕

　5.叶迹 1 个，3 个或更多

　6.叶迹 1 个，C 形

　　小枝较细，径 1.5~3.0 mm，淡黄褐色，无毛而稍具光泽，髓淡黄褐色

　　侧芽长卵状三角形，稍扁，贴枝而生，黑色，无毛

柿树科，柿属

　　——君迁子（黑枣）*Diospyros lotus* L

6. 叶迹 3 个

　7. 侧芽单生或 2~3 个并生，2 个叠生或单生

　　8. 侧芽单生或 2~3 个并生，2 个叠生

　　　9. 海绵质髓；

　　　　树皮灰褐色，粗糙，老时鳞片状开裂

　　　　一年生枝红褐色，无毛，芽卵状圆锥形，暗褐色

　　　　　榆科，榉属

　　　　　　——光叶榉 *Zelkova serrata*（Thunb）Makino

　　　9. 分隔髓

　　　　10. 树皮浅灰色，光亮美丽，老时有不规则裂纹

　　　　　一年生枝灰棕色，无毛

　　　　　皮孔淡黄色，叶痕半圆形或新月形，长 1~2 mm

　　　　　侧芽卵形或三角状卵形，长 2~3 mm，栗棕色，无毛

　　　　　小枝常生有球状虫瘿

　　　　　榆科，朴属

　　　　　　——小叶朴（黑弹朴）*Celtis bungeana* Blume

　　　　10. 树皮灰褐色，有时具不规则裂纹

　　　　　一年生枝淡褐色，无毛，生淡黄色皮孔

　　　　　叶痕半圆形，长约 2.5 mm

　　　　　侧芽卵状圆锥形或长卵形，长 4~6 mm，红褐色，被锈色柔毛

　　　　　榆科，朴属

　　　　　　——大叶朴 *Celtis koraiensis* Nakai

　　8. 侧芽单生或 2 个叠生

　　　叶痕倒三角形，微隆起，暗褐色，叶迹 3 个

　　　树皮暗灰色，浅纵裂

　　　一年生枝节间短，褐色，无毛，密生绣色长圆形皮孔

　　　叶芽扁三角状卵形，2 个叠生，花芽在老枝上簇生，灰紫色

　　　实心髓细，白色

　　　　豆科，紫荆属

　　　　　——紫荆 *Cercis chinensis* Bunge

　7. 侧芽单生

8. 树皮粉白色或金黄褐色

　9. 树皮粉白色，呈多层纸片状剥裂，横线形皮孔，淡褐色
　　　一年生枝红褐色，无毛，有稀疏腺点，有时具白色膜层
　　　侧芽长卵形，无毛，微有黏液，雄花序 2~3 个宿存于枝顶
　　　　　桦木科，桦木属
　　　　　　　——白桦 *Betula platyphylla* Suk

　9. 树皮金黄褐色，呈单层大片纸状剥裂，具明显皮孔，白色
　　　一年生枝暗红色，微有毛，密生白色长圆形皮孔
　　　疏具暗黄色腺体
　　　侧芽窄卵状圆锥形，无毛，有树脂，雄花序单个宿存于枝顶
　　　　　桦木科，桦木属
　　　　　　　——黄桦（风桦）*Betula costata* Trautv

8. 树皮非粉白色或金黄褐色

　9. 芽有柄
　　　侧芽长达 12 mm，椭圆形或纺锤形，常具 1.0~1.5 mm 长的粗短芽柄
　　　暗红色，被细柔毛，树皮棕黑色
　　　一年生枝暗绿色，平滑有纵纹
　　　叶痕半圆形至椭圆形，叶迹 3 个
　　　　　樟科，钓樟属
　　　　　　　——三桠钓樟 *Lindera obtusiloba* Biume

　9. 芽无柄

　　10. 海绵质髓粗

　　　11. 髓黑棕色
　　　　　树皮灰褐色，片状剥落
　　　　　一年生枝灰绿色，略有细棱，无毛或顶端有疏缘毛
　　　　　侧芽宽卵形，略扁，长约 3 mm，木质部黑红色，茎皮有剧毒
　　　　　豆科，怀槐属（马鞍树属）
　　　　　　　——山槐 *Maackia amurensis* Rupr et Maxim

　　　11. 髓白色
　　　　　树皮灰褐色，浅纵裂，裂片常翘起呈薄片状剥裂
　　　　　一年生枝粗，2.5~4.5 mm，灰绿色或黄褐色，具横裂纹
　　　　　疏具锈色圆形皮孔，芽大，叶芽扁卵状圆锥形，长 5~9 mm
　　　　　花芽比叶芽略大

榆科，榆属

——裂叶榆（大叶榆）*Ulmus laciniata*（Trautv）Mayr

10. 海绵质髓细

11. 小枝具木栓翅或木栓棱

12. 小枝具 2 列木栓翅

枝皮深灰色，纵裂

一年生枝灰色或灰黄色，无毛或下部微有毛

散生棕色长圆形皮孔，二年生枝深灰色

榆科，榆属

——黄榆（大果榆）*Ulmus macrocarpa* Hance

12. 小枝具 5 列以上不规则木栓棱

枝皮灰白色，纵裂

一年生枝灰褐色至红褐色，被灰褐色短柔毛

稀无毛，疏生褐色圆形皮孔，二年生枝黑褐色

榆科，榆属

——翅春榆 *Ulmus propinqua* Koidz var *suberosa* Miyabe

11. 小枝不具木栓翅或木栓棱

12. 树皮灰色至灰白色

树皮灰色，浅纵裂，表层皮不剥落，一年生枝红褐色，无毛

散生黄色皮孔，叶芽卵形，紫红色，花芽卵圆形

榆科，榆属

——旱榆（灰榆）*Ulmus glaucescens* Franch

12. 树皮灰黑色至灰褐色

树皮灰黑色，深纵裂，一年生枝细，1.5~2.5 mm，灰白色

无毛，散生

疏棕色圆形皮孔，叶芽扁圆锥形或扁卵形，长 1.5~2.5 mm

黑紫色，花芽近球形，长 4~5 mm

榆科，榆属

——白榆（家榆）*Ulmus pumila* L

5. 叶迹 3 组或 3~5 组，5 个，5 个至多个或更多

6. 叶迹 3 组，3~5 组

7. 叶迹 3 组，各 C 形

乔木，树高 15 m，一年生枝棕色或橘黄色，无毛，疏生淡黄色皮孔

二年枝灰色或灰紫色，叶痕 2 列互生，半圆形，隆起

无顶芽，假顶芽发达，长卵状圆锥形，长 8~14 mm

侧芽略小，芽暗黄色或棕色，无毛

      桦木科，鹅耳枥属

          ——千金榆 *Carpinus cordata* Blume

  7.叶迹 3~5 组

   8.一年生枝密生灰黄色短星状毛，灰紫色

     树皮银灰白色，深纵裂

     近枝顶的侧芽较大，宽卵形，长 6~8 mm，密被苍黄色星状毛

        椴树科，椴树属

           ——糠椴 *Tilia mandshurica* Rupr et Maxim

   8.一年生枝无毛

    9.芽卵形，先端尖，芽鳞 2 片，大小片长度之比为 2：1

      树皮暗灰色，纵裂，成片状剥裂

      一年生枝黄褐色或红褐色，呈"之"字形，皮孔微凹起，明显

        椴树科，椴树属

          ——紫椴 *Tilia amrensis* Rupr

    9.芽卵形，先端钝，芽鳞 2 片，大小片长度之比为 3：2

      树皮灰褐色，碎片状浅纵裂

      一年生枝灰绿色或带褐色，呈"之"字形，具隆起的圆形皮孔

        椴树科，椴树属

          ——蒙椴 *Tilia mongolica* Maxim

6.叶迹 5 个，5 个至多个或更多

 7.叶迹 5 个

  8.叶迹 5 个至多个

    树冠宽圆形，一年生枝灰褐色，粗壮，径 5~8 mm，密生灰白色刚毛

    疏生锈色皮孔，二年枝灰白色，毛短，皮孔较明显

    叶痕半圆形，叶迹 5 个海绵质髓，粗，白色，萌枝髓空心，节间有隔

    侧芽扁圆锥形或卵状圆锥形，灰棕色

      桑科，构树属

         ——构树 *Broussonetia papyrifera* L

  8.叶迹 5 个或以上

   9.一年生枝紫红色，径 3~5 mm，无毛，具长圆形黄褐色皮孔

侧芽长达 8 mm，卵形，略扁，先端尖，微内曲，紫红色，具长缘毛

树皮灰褐色，纵裂

桑科，桑属

——蒙桑 *Morus mongolica* Schneid

9.一年生枝灰黄色，径 2.0~3.5 mm，稍部具短绒毛，散生灰白色小皮孔

侧芽长 5 mm，扁球形或倒卵形，淡黄褐色，近无毛

树皮灰黄色，不规则纵裂

桑科，桑属

——家桑（桑树）*Morus alba* L

7.叶迹 7~12 个或多数散生

8.叶迹 7~12 个

叶痕马蹄掌形，灰白色，叶迹 7 个，树皮浅灰色，平滑

一年生枝节间长，灰褐色，无毛，疏生皮孔

侧芽 2 个叠生，圆锥状球形，密被灰黄色绒毛

海棉质髓粗大，圆形，白色

八角枫科，八角枫属

——八角枫 *Alangium platannifolium*（Sieb et Zucc）Harms

8.叶迹多数，散生

树皮深灰色，不规则深纵裂

一年生枝径 3~5 mm，灰绿色或淡褐色，被绒毛，疏具皮孔

无顶芽，侧芽宽卵形或三角状卵形，密被淡黄色绒毛

宿存枯叶椭圆状披针形，有锯齿，齿端芒状

壳斗科，栗属

——板栗 *Castanea mollissima* Biume

3.叶痕螺旋状互生

4.小枝具明显环状托叶痕

5.有顶芽

6.顶芽长 30~50 mm

树皮平滑，淡紫色至紫褐色，老树皮有短纵裂纹

一年生枝粗壮，6~10 mm，绿紫色，无毛，皮孔散生，圆点形，开裂

顶芽发达，圆柱形，暗紫色

木兰科，木兰属

——日本厚朴 *Magnolia hypoleuca* Sieb et Zucc

　　6. 顶芽长 10~20 mm

　　　　树皮灰色，浅纵裂

　　　　一年生枝径 5~8 mm，灰色，无毛，皮孔少，圆点形，隆起

　　　　顶芽矩圆状椭圆形，长 12~18 mm，顶端圆钝扁，淡绿色，被白粉

　　　　　　木兰科，鹅掌楸属

　　　　　　　　——鹅掌楸（马褂木）*Liriodendron chinanse* Sarg

　5. 无顶芽（附：悬铃木属树种共同的形态特征）

　　6. 树皮浅纵裂，小方块状剥裂，宿存花柱短粗，小坚果凸出的部分无毛

　　　　果序轴只一个球形果序，小坚果之间的毛不露出

　　　　　　悬铃木科，悬铃木属

　　　　　　　　—— 一球悬铃木（美国梧桐）*Platanus occidentalis* L

　　6. 树皮不纵裂，只片状剥落，宿存花柱呈刺状，小坚果凸出的部分有毛

　　　7. 树皮小片剥落

　　　　果序轴通常具有 2 个球形果序，小坚果间露出极短绒毛

　　　　　　悬铃木科，悬铃木属

　　　　　　　　——二球悬铃木（英国梧桐）*Platanus hispanica* Muenchh

　　　7. 树皮大片剥落

　　　　果序轴通常具有 3 个球形果序，小坚果间露出长绒毛

　　　　　　悬铃木科，悬铃木属

　　　　　　　　——三球悬铃木（法国梧桐）*Platanus orientalia* L

　4. 小枝不具环状托叶痕

　5. 有顶芽

　6. 叶迹 1 个，叶痕密集，节间极短

　7. 有炬形短枝，有叶枕，有宿存球果，一年生枝棕色或褐色

　　8. 芽球形或近球形，芽鳞先端钝圆

　　9. 球果种鳞上部边缘波状，显著向外反曲

　　　　一年生枝淡红褐色，有白粉

　　　顶芽近球形，径 2 mm

　　　　　松科，落叶松属

　　　　　　——日本落叶松 *Larix kaimpferi* Carr

　　9. 球果种鳞上部边缘直伸，不向外反曲

　　　　一年生枝淡褐色，密生毛

　　　顶芽近卵形或卵状圆锥形，径 1.5~2.0 mm

松科，落叶松属

　　——长白落叶松（黄花松）*Larix olgensis* Henry

8.芽卵形、芽鳞先端尖锐

长枝较细，节间距较短，枝上有密集成环状的叶枕，顶芽卵形

球果当年成熟，种鳞脱落，仅存球果轴，种鳞木质，成熟后脱落

松科，金钱松属

　　——金钱松 *Pseudolarix amabilis* Rehd in

7.无炬形短枝，无叶枕，常有残存的绿色鳞状叶，一年枝绿色或褐色

一年生枝较细，皮孔不明显，无毛，叶痕小，交互对生，近圆形

顶芽发达，纺锤形具四棱

杉科，水杉属

　　——水杉 *Metasequoia glyptostroboidea* Hu rt Cheng

6.叶迹2个或3个

7.叶迹2个

大乔木，高达40 m，树冠雌株宽卵形，雄株长卵形

树皮灰褐色，长块状开裂或不规则纵裂

一年生枝淡褐黄色，无毛，二年生枝灰色枝皮不规则裂纹

短枝炬形，有密集叶痕，叶痕半圆形，棕色，叶迹2个

顶芽发达，顶芽宽卵形，长3~5 mm，侧芽略小

银杏科，银杏属

　　——银杏 *Ginkgo biloba* L

7.叶迹3个或3组，或更多

8.叶迹3个

9.海绵质髓，淡褐色，深黄色或红褐色

10，海棉质髓，淡褐色

11.二年枝灰褐色

一年生枝径4~6 mm，红褐色，稍部疏被绒毛，具白色薄膜状表皮

顶芽长卵状圆锥形，长10~20 mm，先端渐尖，红褐色

被灰白色绒毛

蔷薇科，花楸属

　　——花楸树 *Sorbus pohuashanansis*（Hance）Hedl

11.二年生枝红褐色

树皮，一年生枝，二年生枝均为红褐色

叶痕新月形，顶芽长卵形，侧芽中间腹面被子白色长毛

蔷薇科，花楸属

——水榆花楸（凉子木）*Sorbus aleifolia*（Sieb et Zucc）K Kocc

10. 海绵质髓，深黄色或红褐色

11. 海棉质髓，深黄色

树皮暗褐色，浅纵裂

一年生枝红褐色，被灰色短绒毛，散生椭圆形锈色皮孔

顶芽宽卵形，暗紫色，被短柔毛

漆树科，黄栌属

——毛黄栌 *Cotinus coggygria* Scop var *pubescens* Engl

11. 海绵质髓，红褐色

树皮灰褐色，浅纵裂

一年生枝灰褐色，近无毛，密被近圆形皮孔

顶芽近球形，栗褐色，无毛

无患子科，文冠果属

——文冠果 *Xanthoceras sorbifolia* Bunge

9. 海绵质髓，白色

10. 顶芽与侧芽并生

11. 树皮暗紫红色，平滑，有光泽，具横裂皮孔

一年生枝灰紫色，无毛，具剥落的膜状表皮层，二年生枝具纵裂纹

叶痕略隆起，三角状半圆形，黑褐色，边缘具黑色环带

有时有残存托叶

蔷薇科，李属

——山桃（山毛桃）*Prunus davidiana*（Carr）Franch

11. 树皮紫褐色，浅纵裂，无光泽，无皮孔

12. 一年生枝绿色，向阳面暗红色，无毛，有光泽

二年生枝黄褐色，有横生皮孔，年连节处略膨大

冬芽3个并生，具白色柔毛，中间芽为叶芽，两侧芽为花芽，红褐色

蔷薇科，李属

——碧桃 *Prunus persica* Batsch. var. *duplex* Rehd

12. 一年生枝绿色，具白色绒毛，皮孔不明显

二年生枝绿褐色，有褐色皮孔，顶芽发达，侧芽3个并生

中间的为叶芽，两侧的为花芽，均具白色柔毛，髓细，白色

蔷薇科，李属

　　——紫叶碧桃 *Prunus persica* f. *atropurea-plena*

10. 顶芽单生

　11. 顶芽卵状圆锥形

　　12. 树皮暗灰色，平滑

　　　13. 树皮平滑，稍有光泽，有横纹

　　　　一年生枝栗褐色，无毛，有光泽，皮孔圆形，棕色

　　　　　蔷薇科，李属

　　　　　　——日本樱花 *Prunus yedoensis* Matsum

　　　13. 树皮粗糙

　　　　一年生枝淡褐色，具密伏生毛

　　　　顶芽单生，卵状圆锥形

　　　　　蔷薇科，李属

　　　　　　——深山樱 *Prunus maximowiczii* Rupr

　　12. 树皮暗褐色，粗糙

　　　　一年生枝灰黄色，无毛

　　　　皮孔圆形，褐色，二年生枝灰白色，具剥落的膜状表皮

　　　　落后露出紫色内皮，髓粗，近四边形，褐色

　　　　　蔷薇科，李属

　　　　　　——大山樱（樱花）*Prunus sargentii* Rehd

　11. 顶芽非卵状圆锥形

　　12. 顶芽长卵状圆锥形

　　　13. 侧芽卵状圆锥形，芽鳞淡黄褐色及黑紫色，不弯曲，不贴枝

　　　　树皮灰黑色，粗糙，具纵斑纹，剥时有臭味

　　　　一年生枝灰紫红色，无毛，光滑，被白色圆形凸起皮孔

　　　　二年生枝灰紫色，无毛，被黄白色圆形凸起皮孔

　　　　髓五角形，白色

　　　　　蔷薇科，李属

　　　　　　——稠李（臭李子）*Prunus padus* L

　　　13. 侧芽长卵状圆锥形，先端尖，芽鳞黄褐色及褐色，弯曲，贴枝

　　　　树皮淡灰色，较粗糙，具横斑纹，剥时有臭味

　　　　一年生枝灰褐色，无毛，具剥落的白色蜡质薄层，无皮孔

　　　　二年生枝灰褐色，无毛，具剥落的白色蜡质薄层，无皮孔

髓近五角形，白色

　蔷薇科，李属

　　——紫叶稠李 *Prunus wilsonii*（Prunus virginiana）

12. 顶芽卵形或长卵形或长椭圆形

　13. 顶芽卵形，叶痕与芽之间有毛

　　顶芽长 5~6 mm，紫红褐色，侧芽扁卵形，上部黑紫色

　　中下部红褐色，不贴枝

　　一年生枝径 2~4 mm，曲折，红褐色，枝顶部密被短柔毛

　　　蔷薇科，苹果属

　　　　——西府海棠 *Malus micromalus* Makino

　13. 顶芽长卵形或长椭圆形，叶痕与芽之间无毛

　　顶芽大，长 7~10 m，淡绿带红色，侧芽常缺或较小

　　一年生枝径 1~6 mm，通直，深紫红色，无毛

　　树皮暗灰色，平滑，浅纵裂，叶痕新月形，隆起

　　　山茱萸科，梾木属

　　　　——灯台树 *Cornus controversa* Hemsl

8. 叶迹 3 组或更多

　9. 叶迹 3 组

　10. 分隔髓

　11. 裸芽

　　芽有柄，芽被褐色盾状腺鳞，树皮灰褐色，幼时平滑，老时深纵裂

　　一年生枝灰棕色，无毛

　　二年生枝灰绿色有褐色长圆形皮孔，有锈色腺鳞

　　髓褐色，顶芽大，长 10~25 mm，侧芽较大，长 3~15 mm

　　　核桃科，枫杨属

　　　　——枫杨（平安柳）*Pterocarya stenoptera* C DC

　11. 鳞芽

　12. 分隔髓褐色，树皮灰绿至灰白色，幼时平滑，老时纵裂

　　一年生枝灰绿色，无毛，常有灰白色膜质层

　　叶痕倒三角形，长 8~10 mm

　　顶芽近球形，灰绿色，芽鳞 4~6 片，无毛或被疏毛

　　　胡桃科，胡桃属

　　　　——核桃 *Juglans regia* L

12.分隔髓淡黄色，树皮灰色至暗灰色，幼时平滑，老时浅纵裂

一年生枝驼黄色，被黄色绒毛或星状毛

叶痕盾形或三菱形，长 5~10 mm

顶芽三角状卵形，驼黄色，芽鳞 2 片，密被黄色绒毛

胡桃科，胡桃属

——核桃楸 *Juglans mandshurica* Maxim

10.均质髓

11.小枝波浪形扭曲

12.树冠窄圆锥形，树皮灰白色，平滑，菱形皮孔较小，较密

整个树体中树枝不直，呈波浪形弯曲

顶芽长卵形，长 5 mm，顶端略尖

杨柳科，杨属

——新疆杨 *Populus alba* L var *pyramidalis* Bunge

12.树冠宽圆锥形，树皮灰绿色，较平滑，菱形皮孔较大，密集

树体中只有一年、二年生枝有轻度波浪形弯曲

杨柳科，杨属

——银中杨 *Populus alba* x *P. berolinensis*

11.小枝非波浪形扭曲

12.树皮灰白色或灰褐色

13.树皮灰白色

一年生枝径 3~5 mm，橄榄绿色，幼时有毛渐无毛，有白色膜质层

顶芽较大，长 10~15 mm，卵状圆锥形，淡褐色

密被灰白色绒毛渐脱落

杨柳科，杨属

——毛白杨 *Populus tomentosa* Carr

13.树皮灰褐色，粗糙，树干上有多条纵棱

14.树冠开展，侧枝开张角大于 60°

一年生枝径 3~5 mm，红褐色

顶芽较大，长 10~12 mm，黄褐色

杨柳科，杨属

——中华红叶杨 *Populus deltoids* cv. Zhonghua hongye

14.树冠狭窄，侧枝开张角小于 45°

15.顶芽紫红色，圆锥形，长 10~12 cm，芽鳞上有黄褐色蜡层

一年生枝黄褐色，具有黄白色长圆形皮孔

树皮灰褐色至褐色，粗糙，幼树皮上具有多条纵棱

　　杨柳科，杨属

　　　　——107 杨 *Populus × euramiricana* 'NaVa'

15.顶芽绿色，圆锥形，长 10~12 cm，芽鳞上部红褐色

　　一年生枝黄褐色，密被白色短绒毛，具有黄白色长圆形皮孔

　　树皮灰褐色至淡褐色，较平滑，幼树皮上纵棱较轻

　　　　杨柳科，杨属

　　　　　　——108 杨 *Populus × euramiricana* 'Guariento'

9.叶迹 5 个或 5 个以上，或叶迹多数散生

10.叶迹 5 个

　　树皮灰褐色，窄条状剥裂

　　一年生枝灰褐色，径 7~12 mm，被白色绒毛，散生锈黄色圆形皮孔

　　断枝有香气，叶痕倒盾形，淡黄棕色，叶迹 5 个，V 形排列

　　顶芽卵状圆锥形，长 9~15 mm，淡棕色，密被绒毛

　　　　楝科，香椿属

　　　　　　——香椿 *Toona sinansis*（A Jucc）Roem

10.叶迹 6 个以上，或叶迹多数散生

11.叶迹 6 个以上

　　树皮灰褐色，粗糙，一年生枝粗壮，径 5~11 mm，圆柱形，黄灰色

　　被苍黄色或灰黄色柔毛，散生近圆形锈色皮孔

　　二年生枝灰色或灰黄色，枝韧皮部有棕色乳浆

　　顶芽宽卵形或圆锥形，长 5~11 mm，被锈黄色绒毛

　　侧芽较小，长 1~5 mm

　　　　漆树科、漆树属

　　　　　　——漆树 *Toxicodendron vernicifluum*（Stokes）F A Barkley

11.叶迹多数散生

12.一年生枝粗壮，径 6~10 mm

　　高大乔木，树 25 m，树皮灰褐色，浅纵裂，一年生枝有深沟槽

　　密被苍黄色星状毛，叶痕半圆形，顶芽卵形，长 5~10 mm，密被绒毛

　　宿存枯叶倒卵形，叶缘有波状缺刻叶背被绒毛

　　　　壳斗科，栎属

　　　　　　——槲树 *Quercus dentata* Thunb

12. 一年生枝较细，径 1.2~5.0 mm

　13. 枝上宿存枯叶边缘为波状缺刻

　　14. 一年生枝紫褐色

　　　　树皮灰褐色，纵裂，裂片较宽

　　　　顶芽长卵形，先端尖，红褐色

　　　　　壳斗科，栎属

　　　　　　——蒙古栎 *Quercus mongolica* Fisch

　　14. 一年生枝灰绿色

　　　15. 顶芽卵形或卵状圆锥形，长 4~8 mm，先端钝，暗红色，被疏毛

　　　　　侧芽长 3~4 mm，贴枝而生

　　　　　壳斗科，栎属

　　　　　　——辽东栎 *Quercus liaotungensis* Koidz

　　　15. 顶芽圆锥形，长 6~10 mm，先端尖，略具棱，红褐色

　　　　疏被绒毛

　　　　　侧芽长 3~6 mm，不贴枝，与枝开张角为 30°

　　　　　壳斗科，栎属

　　　　　　——槲栎 *Quercus aliena* Bl

　13. 枝上宿存枯叶边缘具芒状刺尖

　　14. 枯叶披针形，边缘无裂，有锯齿

　　　15. 一年生枝灰绿色，无毛，枯叶背面密被灰白色星状毛

　　　　树皮暗灰色，深纵裂，具有很厚的木栓层

　　　　　壳斗科，栎属

　　　　　　——栓皮栎 *Quercus variabilis* Blume

　　　15. 一年生枝灰褐色，密被绒毛，枯叶背面无毛

　　　　树皮灰褐色，深纵裂，不具木栓层

　　　　　壳斗科，栎属

　　　　　　——麻栎 *Quercus acutissima* Carruth

　　14. 枯叶边缘具波状深裂，枯叶非披针形

　　　15. 一年生枝灰黑色，具 5 条纵棱，密被绒毛

　　　　顶芽圆锥形，褐色，微具白色短绒毛

　　　　枯叶倒卵形，齿尖具有芒刺

　　　　侧芽卵状圆锥形，红褐色，开张角约 45°

　　　　　壳斗科，栎属

　　　　　　　——红槲栎 *Quercus rubra* L

　　　　15.一年生枝灰褐色至红褐色，平滑或微具棱，无毛，具蜡质白粉

　　　　　　芽卵状圆锥形，褐色，无毛或疏具白色短绒毛

　　　　　　沼生栎枯叶 5~7 深裂，具芒刺尖

　　　　　　侧芽小褐色，球形，密被白色短绒毛

　　　　　　　壳斗科，栎属

　　　　　　　　——沼生栎 *Quercus palustris* Muench

5.无顶芽

　6.叶迹 1 个、3 个或更多

　　7.叶迹 1 个

　　　8.裸芽

　　　　裸芽 2~3 个叠生，柄下芽，卵状球形，主芽长 5~8 mm

　　　　墨绿色或黄绿色，密被绒毛，副芽小，树皮灰褐色，平滑

　　　　一年生枝红褐色，无毛，外皮常翅裂，髓粗，圆形

　　　　叶痕圆环形，枝条下部叶痕为马蹄形或 V 形，叶迹多而小

　　　　　野茉莉科（安息香科），野茉莉属

　　　　　　　——玉铃花（老开皮）*Styrax obassius* Sieb et Zucc

　　　8.鳞芽

　　　　9.侧芽极小，只长 1 mm 左右

　　　　　小乔木，树高 7 m，有胸径 20 cm，树皮暗褐色，浅纵裂

　　　　　枝细，下垂，常宿存细小卵状披针形叶，叶痕小

　　　　　一年生枝侧枝无芽，常脱落，留有圆形枝痕，紫红色或橘红色

　　　　　侧芽近球形，生于叶腋内或枝痕旁

　　　　　　柽柳科，柽柳属

　　　　　　　——柽柳 *Tamarix chinansis* Lour

　　　　9.侧芽不极小，长 4~6 mm

　　　　　树皮、枝皮、叶、翅果均具有白色胶丝

　　　　　树皮灰褐色，浅纵裂，一年生枝棕色或灰棕色，散生圆形皮孔

　　　　　淡黄色，微隆起，侧芽卵形，长 4~6 mm，先端尖，紫红色

　　　　　　杜仲科，杜仲属

　　　　　　　——杜仲 *Eucommia ulmoides* Oliv

　　7.叶迹 3 个、3 组或更多

　　　8.叶迹 3 个

9. 芽鳞 1 片，风帽状

　10. 枝条不下垂

　　11. 树冠半圆形，枝直伸，斜平直生长，开张角度大

　　　　树皮深灰色，纵裂

　　　　　　杨柳科，柳属

　　　　　　　　——旱柳（柳树）*Salix matsudana* Koidz

　　11. 树冠倒卵形，枝直伸，斜向上生长

　　　　枝叶长在树冠的最外面一圈，分枝密，枝梢内扣

　　　　　　杨柳科，柳属

　　　　　　　　——馒头柳 *Salix matsudana* cv. Umbraculifera Rehd

　10. 枝条下垂

　　11. 树皮深灰色，纵裂，一年生枝紫褐色，无毛，节间长 3 cm 以上

　　　　　　杨柳科，柳属

　　　　　　　　——垂柳 *Salix babylonica* L

　　11. 树皮黄褐色，纵裂，幼年树皮黄色或黄绿色

　　　　　　杨柳科，柳属

　　　　　　　　——金丝垂柳 *Salix X aureo-pendula*

9. 芽鳞 2 片以上，非风帽状

　10. 侧芽单生

　　11. 侧芽半隐于叶痕内

　　　12. 树冠宽卵形或近球形，树皮灰褐色，纵裂

　　　　　一年生枝暗绿色，具淡黄色皮孔

　　　　　叶痕 V 形或 3 裂形，长 3~4 mm，略隆起

　　　　　宿存荚果念珠状，肉质不开裂

　　　　　　　豆科，槐属

　　　　　　　　——国槐 *Sophora japonica* L

　　　12. 树冠呈伞形，小枝曲屈下垂，是国槐的变种，其他特征同国槐

　　　　　　　豆科，槐属

　　　　　　　　——龙爪槐 *Sophora japonica* L var *pendula* loud

　　11. 侧芽不隐于叶痕内

　　　12. 侧芽小，长 1 mm

　　　　　乔木，树高 16 m，胸径达 50 cm

　　　　　树冠倒圆锥形，树皮灰褐色，幼时平滑，老时有浅裂纹

一年生枝灰绿色或淡黄绿色

叶痕倒三角形，长 3~4 mm，叶迹 3 个

二年生枝灰黄色，皮孔明显

侧芽宽卵形，长 1 mm，栗褐色，微有毛

荚果扁平，长 10~17mm，常宿存

豆科，合欢属

——合欢 *Albizia Julibrissin* Durazz

12. 侧芽长 2 mm 以上

13. 树皮金黄褐色，有光泽，薄片状环裂，具横生皮孔

一年生枝径 2~3 mm，棕色，具钝棱，大部分被柔毛，少无毛

二年枝灰黄色，皮孔锈色，隆起

顶芽圆锥形，长 3~5 mm，棕红色

蔷薇科，李属

——山桃稠李 *Prunus maackii* Rupr

13. 树皮紫灰色，无光泽，幼树皮平滑，老树皮环状剥裂

一年生枝径 2~3 mm，暗红色，无毛，皮孔不明显，木瓜枝无刺

二年生枝红褐色，疏生白以长绒毛，表皮有白色蜡质薄膜

无顶芽，假顶芽发达，半球形，紫红色，疏被白毛

侧芽三角状半球形，紫红色，无毛

蔷薇科，木瓜属

——木瓜 *Chaenomeles sinensis*（Thouia）Ko

10. 侧芽单生或 2~3 个并生

11. 侧芽 3 个并生时，中间的叶芽较小，两边的花芽较大

12. 树皮灰黑色，浅纵裂，一年生枝棕红色或棕色，无毛，有光泽

二年生枝节部不膨大

蔷薇科，李属

——李子 *Prunus salicina*　Lindi

12. 树皮黑褐色，纵裂

一年生枝暗红色或背光面棕红色，无毛，散生皮孔

二年生枝节部膨大

蔷薇科，李属

——杏 *Prunus armeniaca* L

11. 侧芽 3 个并生时，中间芽大两侧芽小

树皮灰紫色，平滑，枝，芽均为灰紫红色，常有宿存枯叶

蔷薇科，李属

——紫叶李（红叶李）*Prunus cerasifera* Ehrh f *atropurpurea*

8. 叶迹 3 组、3 个至 3 组或更多

9. 叶迹 3 组

树皮灰褐色，细纵裂，一年生枝灰绿色或深褐色，有纵棱

密生小圆点形皮孔，二年生枝灰白色，叶痕倒三角形，长 3~4 mm

侧芽三角状宽卵形，长 3~4 mm，无毛，褐色，蒴果常宿存

无患子科，栾属

——栾树 *Koelreuteria paniculata* Laxim

9. 叶迹 3 个至 3 组，4~10 个或更多

10. 叶迹 3 个至 3 组，芽有柄

11. 一年生枝无纵棱，灰褐色，密被短柔毛，皮孔长圆形，黄色

树皮暗灰色，平滑，有长 1 cm 的横线形皮孔

叶痕肾形或三角状半圆形，二年生枝灰色

假顶芽有柄，卵形，暗紫色，有光泽，被暗黄色柔毛

桦木科，赤杨属

——毛赤杨（辽东桤木）*Alnus sibirica* Fisch ex Turcz

11. 一年生枝具纵棱，黄褐色或灰黄色，无毛，皮孔小，近圆形

树皮灰褐色，平滑或有不规则浅纵裂

叶痕半圆形，二年生枝灰色

假顶芽有柄，长圆形，灰棕色，无毛

桦木科，赤杨属

——水冬瓜（日本桤木）*Alnus Japonica*（Thunb）Steud

10. 叶迹 4~10 个，叶迹 7~13 组或更多

11. 叶迹 4~10 个

侧芽与枝痕花序痕混生，树皮暗灰色，浅裂纹

一年生枝灰绿色，被子稀疏星状毛

侧芽与枝痕或与花序痕混生，被白色星状毛，贴枝

锦葵科，木槿属

——木槿 *Hibiscus siriacus* L

11. 叶迹 7~13 组，7 至多数

12. 叶迹 7~13 组

一年生枝粗壮、径 7~12 mm，树冠椭圆形，树枝稀疏粗壮

树皮灰色或深灰色，幼时平滑，老时粗糙或不规则浅裂

一年生枝红褐色，无毛，皮孔明显，二年生枝具有剥落的薄膜

髓粗壮，淡褐色，断枝有特殊气味，叶痕盾形或肾形

侧芽近球形，径 3 mm，黄红褐色，被黄色绒毛或无毛

　　苦木科，臭椿属

　　　　——臭椿 *Ailanthus altissima*（Mill）Swingle

12. 叶迹 7 至多数

13. 髓较粗，一年生枝具直伸的粗毛，毛长约 2 mm，疏具褐色皮孔

树冠圆形，树皮褐色，粗糙，树枝粗壮

二年生枝密被深灰色粗绒毛，侧芽近球形，密被淡褐色绒毛

一年生枝顶常残留紫红色火炬状果序

海绵质髓，黄褐色，比木质部宽

　　漆树科，盐肤木属

　　　　——火炬树 *Rhus typhina* L

13. 髓较细，一年生枝具伏贴或弯曲的细毛，毛较短

疏具淡褐色圆形皮孔，树皮灰褐色，不开裂

二年生枝灰褐色，叶痕马蹄形，略隆起

侧芽扁球形，密被金黄色绒毛

海绵质髓，淡褐色，与木质部等宽

　　漆树科，盐肤木属

　　　　——盐肤木 *Rhus chinrnsis* Mill

二、落叶灌木

1. 枝具有刺

 2. 具叶轴刺及托叶刺

叶轴刺长 5~30 mm，托叶刺长 5~10 mm

树高 1 m，一年生枝灰绿色、有细纵棱、无毛、具短横线形皮孔

均质髓白色，圆形，托叶刺状，平直，长 6~7 mm

顶芽缺，侧芽卵形，棕色，无毛，荚果不宿存

　　豆科，锦鸡儿属

　　　　——红花锦鸡儿 *Caragana rosea* Turcz

2. 不具叶轴刺，分别具有托叶刺、叶刺、皮刺、枝刺

 3. 仅具托叶刺

托叶刺长 5 mm，与芽长近相等，树体较高，2~5 m

树皮黄绿色或灰绿色，卷裂

一年生枝灰绿色，微有纵棱，树皮剥裂后露出淡绿色内皮

　　　　豆科、锦鸡儿属

　　　　　　——树锦鸡儿 *Caragana arborescens*（Amm）Lam

3. 不具托叶刺，分别具叶刺、皮刺、枝刺

　4. 具叶刺（小檗属）

　5. 刺长 10~20 mm

　　　一年生枝灰黄色，无毛，有黑色皮孔

　　　叶刺与枝开张呈 90° 角

　　　　小檗科，小檗属

　　　　　　——大叶小檗（阿穆尔小檗）*Berberis amurensis* Rupr

　5. 刺长 10 mm 以内

　　6. 一年生枝灰褐色，有细棱，无毛，髓白色

　　　叶刺与枝开张呈 45° 角

　　　　小檗科，小檗属

　　　　　　——细叶小檗 *Berberis poiretii* Schneid

　　6. 一年生枝紫红色，有细纵棱，无毛，髓黄色

　　　叶刺与枝开张呈 90° 角

　　　　小檗科，小檗属

　　　　　　——小檗（日本小檗）*Berberis thunbergii* DC

　　　附：小檗的变种，除叶为紫色之外，其他特征同小檗

　　　　小檗科，小檗属

　　　　　　——紫叶小檗 *Berberis thunbergii* DC cv atropurpurea

　4. 不具叶刺，分别具皮刺，枝刺

　5. 具皮刺

　　6. 茎蔓生

　　　茎长达 3 m，一年生枝微呈 "之" 字形曲折，绿色或灰绿色

　　　向阳面暗红色，无毛，皮刺长 3 mm，微弯

　　　圆锥果序生于枝顶，果近球形或卵形，径 5~6 mm，红色，萼宿存

　　　　蔷薇科，蔷薇属

　　　　　　——野蔷薇（多花蔷薇、白玉堂）*Rosa multiflora* Thunb

　　6. 茎直立

7. 一年生枝及皮刺均被毛

一年生枝无棱，灰紫色或局部紫红色，密被淡黄色短柔毛及腺毛

每枝节具 2 皮刺，长约 6 mm，被柔毛

蔷薇科，蔷薇属

——玫瑰 *Rosa rugosa* Thunb

7. 一年生枝及皮刺均无毛

8. 皮刺弯曲或钩形

9. 皮刺粗大

一年生枝绿色并向阳面红色，无毛，皮刺粗大而弯曲

芽长卵形，暗红色

蔷薇科，蔷薇属

——月季 *Rosa Chinansis* Jacq

9. 皮刺较小

10. 皮刺一型（只有弯刺）

11. 枝节处只有 2 个微钩弯曲的皮刺，刺灰白色或灰黄色

一年生枝无棱，暗红色，无毛

有顶芽，圆锥形，侧芽单生，扁卵形，长 2~3 mm

芽顶部微被毛

蔷薇科，蔷薇属

——达乌里蔷薇（刺玫果）*Rosa davurica* Pall

11. 枝节处没有 2 个微钩弯曲的皮刺，只在枝上疏生微钩弯皮刺

一年生枝具纯棱，红褐色，无毛，枝稍常枯死

顶芽缺，侧芽单生或叠生，主芽三角状卵形，紫褐色，无毛

海绵质髓五边形，白色

蔷薇科，悬钩子属

——托盘儿（山楂叶悬钩子）*Rubus crataegifolius* Bunge

10. 皮刺二型（具有弯刺和直刺）

皮刺二型，细直刺散生，钩弯刺成对生于小枝上或托叶下部

一年生枝紫褐色或黄褐色，无毛

灌木高约 1 m。枝弓形，细长，常具伏枝

蔷薇科，蔷薇属

——伞花蔷薇 *Rosa maximowicziana* Regel

8. 皮刺直伸

9. 有顶芽

10. 叶迹 3 个

11. 树高 3 m，树皮灰褐色

一年生枝紫红色或紫色，无毛，皮孔瘤状，不开裂

皮刺散生，近等长，长 6~8 mm、紫红色，基部膨大或圆盘形

顶芽卵形，侧芽单生，卵形，髓粗大，圆形，白色

蔷薇科，蔷薇属

——黄刺梅 *Rosa xanthina* Lindl

11. 树高 1 m，树皮灰色，一年生枝灰黄色，密被黄色短柔毛

节间密被皮刺毛，枝节部具 3~7 个针状皮刺，刺长 5~10 mm

二年生枝剥裂时露出紫色内皮，叶痕细窄，C 形，叶迹 3 个

顶芽与侧芽等长，窄圆锥形，长 5~9 mm，黄色或深黄色，无毛

虎耳草科，茶蔍子属

——刺果茶蔍子（刺李）*Ribes burejense* Fr Schmidt

10. 叶迹 5 个或多数

11. 叶迹 5 个，排成单裂

树高 2 m，常丛生，老枝节部具有气生根，具有炬状短枝

一年生枝淡灰褐色，无毛。皮孔淡灰色、椭圆形或裂孔形

皮刺单生于叶痕下部，先端尖锐，略下弯

叶痕 U 形，环绕芽周围而生

有顶芽，与侧芽均为卵状球形，芽鳞先端尖三角形

具长突刺尖，灰褐色，无毛

五加科，五加属

——五加 *Acanthopanax gracilistylus* W W Smith

11. 叶迹多数，排成单裂

树高 2 m，树皮褐色，浅纵裂、密生细刺，一年生枝淡褐色

密生细针状皮刺，刺向下倾斜成锐角，而叶痕周围的针刺向上伸展

叶痕 V 形或马蹄掌形，叶迹多数

顶芽比侧芽大，长 5~6 mm，淡红褐色，具黄白色缘毛

五加科，刺五加属

——刺五加（刺拐棒）*Eleutherococcus senticosus* Maxim

Acanthopanax senticosus（Rupr et Maxim）Harms

9. 顶芽缺

除节部有 2 枚托叶状扁平皮刺外，节间也散生皮刺

一年生枝灰色，无毛，散生灰黄色皮孔，果基部不延长成柄状

芸香科，花椒属

——香花椒（崖椒）*Zanthoxylum schinifolium* Sieb et Zucc

5. 不具皮刺，具枝刺

6. 枝顶端呈刺状

7. 且枝上有刺

8. 叶迹 1 个

树高 4 m，树皮深灰色，枝常呈拱弯下垂

一年生枝具细棱，黄白色，无毛，顶端常呈刺状

叶痕半圆形或新月形，叶迹 C 形

无顶芽，侧芽单生或 2~4 个簇生，球形，黄棕色，微被毛

茄科，枸杞属

——枸杞 *Lycium chinanse* Maill

8. 叶迹 3 个

树体较矮，高 2 m，枝条直立而开展

一年生不具棱，紫红色，疏被白色星状毛，顶端常呈刺状

叶痕半圆形或倒三角形，叶迹 3 个，无顶芽

侧芽单生，花芽在老枝上簇生，三角状，先端空尖，紫红色，无毛

蔷薇科，木瓜属

——贴梗海棠 *Chaenomeles speciosa*（Sweet）Nakai

7. 且枝上无刺，叶痕对生

8. 侧芽较小

9. 一年生枝径 2~3 mm，紫色，无毛

短枝上顶芽卵形，长 2.5~3.5 mm

侧芽扁卵形，不被托叶所包，无毛

树高 1~3 m，分枝多，宿存线状披针形托叶

鼠李科，鼠李属

——金刚鼠李 *Rhamnus diamantiaca* Nakai

9. 一年生枝径 1~2 mm，灰棕色，被短柔毛

短枝上顶芽近球形或宽卵形，长 2.0~2.5 mm

侧芽卵形，被托叶所包、密被短柔毛或短绒毛、具缘毛

树高 1~3 m，宿存线状披针形托叶

鼠李科，鼠李属

———圆叶鼠李 *Rhamnus globosa* Bunge

8. 侧芽较大，长 3.5~8.0 mm

树高 3~5 m，分枝少，一年生枝灰棕色，无毛，无宿存托叶

鼠李科，鼠李属

———乌苏里鼠李（老鸹眼）*Rhamnus ussuriensis* J Vass

6. 枝顶端非刺状，只具枝刺

7. 分隔髓

树高 2~3 m，树皮暗灰色，条状剥落

一年生枝灰白色，无毛，分隔髓白色，托叶宿存

叶痕及托叶暗红色，无顶芽，侧芽疏被柔毛

蔷薇科，扁核木属

———东北扁核木（扁担胡子）*Prinsepia uniflora* Batal

7. 海绵质髓

叶迹 3 个

树体较高，3~6 m，有粗大枝刺，托叶不宿存

树皮片状脱落，具显著褐色痕迹

一年生枝较粗，暗紫红色，幼时被淡黄色绒毛，托叶宿存

蔷薇科，木瓜属

———木瓜海棠 *Chaenomeles cathayensis*（Hemsl）Schnei

1. 枝不具刺

2. 叶痕对生

3. 有顶芽

4. 叶迹 1 个

5. 枝具有宽木栓翅

树高 2 m，一年生枝绿色，受光面略带红色

有 2~4 条宽 10 mm 的木栓翅，无毛，皮孔不明显

顶芽宽卵形，长 1~3 mm，棕色，无毛，海绵质髓，“十”字形

卫矛科，卫矛属

———卫矛（鬼见羽）*Euonymus alatus*（Thunb）Sieb

5. 枝不具有木栓翅

6. 顶芽大

顶芽细长圆锥形，长 7~17 mm，紫黑色，无毛

    树可达 5 m，一年生枝灰绿色，髓淡绿色

        卫矛科，卫矛属

           ——垂丝卫矛（球果卫矛）*Euonymus oxyphyllus* Miq

  6. 顶芽小

   7. 顶芽卵形，长 2~3 mm，黄褐色，被短柔毛

    树高 3 m，树皮灰色

     一年生枝细，1~2 mm，具有 4~6 条棱线，淡褐色至褐色

     具棕色圆形小皮孔

     二年生枝灰褐色，近无毛，侧芽扁卵形，被疏柔毛

        木樨科，女贞属

           ——水蜡 *Ligustrum obtusifolium* Sieb et Zucc

   7. 顶芽扁三角状圆锥形，两侧具棱，长 2~3 mm，灰黄色，无毛

    树高 3 m，树皮灰黄色

     一年生枝径 2~3 mm，圆柱形，无棱线，黄褐色至灰褐色

     具褐色长椭圆形 2 裂皮孔，二年生枝灰褐色，具褐色裂纹，无毛

     侧芽扁圆锥形，芽鳞外分，无毛

        木樨科，女贞属

           ——金叶女贞 *Ligustrum vicaryi*

4. 叶迹 1 组或 3 个

 5. 叶迹 1 组

  6. 海绵质髓

    顶芽卵形长近 9 mm，先端尖，棕黄色，疏被白色绒毛

    侧芽单生，扁三角状卵形，长 2~5 mm

        木樨科，丁香属

           ——红丁香 *Syringa villosa* Vahl

  6. 空心髓或分隔髓

   7. 空心髓

    枝节部具隔节，树高 3 m，枝条常呈弓形下弯

     一年生枝黄褐色，沿叶痕两侧具有下延的纵棱

     叶痕间有连线，无毛，散生椭圆形皮孔

     叶痕半圆形或倒三角形，叶迹 1 组，线状新月形

     顶芽纺锤形，长 4~8 mm，侧芽叠生或单生，叠生时主芽在上

        木樨科，连翘属

　　　　　　——连翘 *Forsythia suspensa*（thunb）Vahl

　　7. 分隔髓

　　　8. 枝节部无隔节

　　　　　树高 3 m，枝条不弓形下弯，一年生枝灰黄色，沿叶痕无下延的纵棱

　　　　　叶痕间无连线，无毛，散生圆形凸起的皮孔

　　　　　叶痕倒三角形，两边角下延，叶迹 1 组，线状新月形

　　　　　顶芽卵形，侧芽单生或 2 个叠生

　　　　　芽具棱脊，黑紫红色，外层芽鳞及芽尖黄色

　　　　　　木樨科，连翘属

　　　　　　　——东北连翘 *Forsythia mandshurica* Uyeki

　　　8. 枝节部具隔节

　　　　　树高 3 m，枝条弓形下弯

　　　　　一年生枝向阳面紫红色或红褐色，背阳面深绿色

　　　　　沿叶痕具两条下延的纵棱

　　　　　叶痕间有连线，无毛，散生长圆形凸起的皮孔

　　　　　叶痕倒三角形，两边角不下延，叶迹 1 组，线状新月形

　　　　　顶芽常败育，侧芽单生或 2 个叠生

　　　　　　木樨科，连翘属

　　　　　　　——金钟连翘 *Forsythia viridissima* Lindl

5. 叶迹 3 个

　6. 裸芽

　　7. 芽具柄，一年生枝密被灰白色或黄白色星状毛，叶痕新月形或 V 形

　　　有顶芽，无托叶痕，侧芽小，均密被星状毛

　　　花序裸露越冬，核果宿存，蓝黑色

　　　　忍冬科，荚蒾属

　　　　　——绣球荚蒾（木绣球、大花水桠木）*Viburnus macrocephalum* Fort

　　7. 芽无柄，树皮暗灰色，较软，一年生枝幼时被星状短柔毛

　　　二年生枝无毛，淡灰色

　　　裸芽，长圆形，中间具一纵沟，密被褐色柔毛，核果宿存，蓝黑色

　　　　忍冬科，荚蒾属

　　　　　——暖木条子 *Viburnus burejacticum*

　6. 鳞芽

　　7. 空心髓

树高近 4 m，树皮灰白色，剥裂，一年生枝灰褐色，被稀疏短毛

枝皮剥裂后成灰白色，空心髓，近髓木质部褐色

顶芽圆锥形，长 5~8 mm，灰紫色，芽鳞 6~8 对，背面有脊

有白色长缘毛，侧芽单生，稀 2~3 个叠生

    忍冬科，忍冬属

      ——黄花忍冬（金花忍冬）*Lonicera chirysantha* Turcz

7. 海绵质髓

 8. 一年生枝四棱形

  树高可达 5 m，一年生枝灰黄褐色，密被子灰褐色绒毛

  二年生枝色较深，海绵质髓，白色

  顶芽扁球形，密被子黄色绒毛，侧芽单生或 2 个叠生

  常有宿存果序

    马鞭草科，牡荆属

      ——荆条 *Vitex negundo* L var *heterophylla* Rehd

 8. 一年生枝非四棱形

  9. 一年生枝血红色，被白粉

   树高 3 m，暗红色，平滑

   一年生枝径 1~3 mm，血红色，常被白粉，有"丁"字毛，疏生皮孔

   海绵质髓，大而白色，叶痕 V 形，隆起，两叶痕间有连线痕

   顶芽卵状披针形，长 5 mm，紫红色，侧芽单生，贴枝

   常有宿存白色核果

    山茱萸科，梾木属

      ——红瑞木 *Cornus alba* L

  9. 一年生枝非血红色

   10. 顶芽四棱锥形

    11. 一年生枝淡黄色，树高 3 m，树皮灰褐色，不开裂

      二叶痕间有一纵棱，棱上有 1 列柔毛，皮孔隆起

      二年生枝灰褐色，两叶痕间有连接线痕

      顶长 5 mm，侧芽三棱锥状圆锥形

        忍冬科，锦带花属

          ——锦带花 *Weigela florida*（Bunge）A DC

    11. 一年生枝淡红色，树高 1~2 m，树皮灰褐色

      其余同锦带花

忍冬科，锦带花属

　　　——红王子锦带 *Welgela florida*（Bunge）A DC Var *prince*

10.顶芽非四棱锥形

　11.芽有柄，两侧具棱线

　　　一年生枝密被黄白色星状毛，叶痕新月形或 V 形

　　　有顶芽，顶牙与侧芽灰褐色，基部有短柄，均密被黄白色星状毛

　　　花序裸露越冬，核果宿存，蓝黑色

　　　忍冬科，荚蒾属

　　　　　——蝴蝶荚蒾 *Viburnum plicatum* Thunb

　　　　　　　　　　　　f *tomentosum*（Thunb）Rehd

　11.芽无柄，两侧无棱线

　12.顶芽宽卵形

　　13.树高 4 m，树皮红褐色，片状剥落

　　　　一年生枝径 2~4 mm，褐色至栗褐色，无毛

　　　　顶芽小，长 5 mm，黄褐色，叶痕 V 形，长 3 mm

　　　　侧芽近球形，长 2~3 mm，淡褐色，与枝开张呈 90° 角

　　　　虎耳草科，绣球花属

　　　　　　——东陵绣球花 *Hydrangea bretschneideri* Dippel

　　13.树高 1~3 m，树皮淡灰褐色，不剥落，粗糙

　　　　一年生枝径 2~3 mm，黄褐色，无毛

　　　　顶芽小，长 5 mm，红褐色，叶痕 V 字形，长 3 mm

　　　　侧芽近球形，长 2~3 mm，红褐色，与枝开张呈 90° 角

　　　　虎耳草科，绣球花属

　　　　　　——大花圆锥绣球花 *Hydrangea paniculata* Sieb var *Grandiflora* Sieb

　12.顶芽卵形

　　　树高 1~2 m，灰白色，层片状剥落

　　　一年生枝径 1.0~1.5 mm，褐色，有毛

　　　顶芽小，长 3 mm，背部有脊，具长毛，侧芽长 2~3 mm

　　　忍冬科，忍冬属

　　　　　——早花忍冬 *Lonicera praeflorens* Batalia

3.无顶芽

　4.叶迹 1 个

　　5.一年生枝圆柱形，绿褐色，密被灰白色绒毛

树高 1.2 m，树冠 1 m，枝条黄褐色，向上直伸，海绵质髓粗，白色

叶痕小，长 1 mm，半圆形，侧芽球形，常 2 个叠生，宿存聚伞果序

　　　　马鞭草科，莸属

　　　　　　——金叶莸 *Caryopteris clandonensis*'Worcester Gold'

5. 一年生枝四棱形，深绿色，无毛

　　树高 2 m，树冠 2m，枝条绿色，弓形下弯

　　叶痕隆起，长 3~5 mm，半圆形，侧芽单生，四棱状长卵形或圆锥形

　　无宿存果序

　　　　　木樨科，素馨属

　　　　　　——迎春花 *Jasminum nudiflorum* Lindi

4. 叶迹 3 个或 5 个

5. 叶迹 3 个

6. 芽鳞 1 片，风帽状

7. 果实宿存

　　宿存红色浆果，果有臭味，树高 4 m，树皮灰褐色，纵裂，有少量木栓

　　一年生枝 3~5 mm，黄褐色或灰绿色，有纵棱，无毛

　　散生白色凸圆形皮孔

　　叶痕新月开或 V 形，侧芽长卵形，长 4~6 mm，紫红色，贴枝

　　　　忍冬科，荚蒾属

　　　　　　——鸡树条荚蒾（天目琼花）*Viburnum sargentii* Koeh

7. 果实不宿存

　　叶痕弯线形，叶迹 3 个

　　树高 1~3 m，树皮灰绿色，有纵裂纹

　　一年生枝黄绿色微带红色，无毛，有光泽

　　花芽卵状圆锥形，长 7 mm，黄褐色，无毛

　　叶芽线形，两侧有棱，无毛，贴枝

　　　　杨柳科，柳属

　　　　　　——杞柳 *Salix integra* Thunb

6. 芽鳞 2 片以上，非风帽状

7. 空心髓，枝节部具隔节

8. 近空心髓的木质部褐色

9. 顶芽败育

　　树高 3 m，树皮灰褐色，剥裂，一年生枝灰白色，具短柔毛或脱落

近空心髓的木质部黑褐色，顶芽败育呈卵形，长2~3 mm，褐色

芽鳞2~3对，背部无脊，被子短毛，侧芽单生，稀2~3个叠生

忍冬科，忍冬属

——长白忍冬 *Lonicera ruprechtiana* Regel

9. 具假顶芽

树高近5 m，树皮灰褐色或灰白色，纵裂，一年生枝灰白色或灰褐色

有柔毛，空心髓，近髓木质部褐色，假顶芽卵状圆锥形，长3~5 mm

淡黄色带褐色，芽鳞2~3对，背部有脊，芽上部有缘毛

侧芽2~3个叠生或单生，稀有并生

忍冬科，忍冬属

——金银忍冬（王八骨头）*Lonicera maackii*（Rupr）Maxim

8. 近空心髓的木质部非褐色

9. 空心周围由褐色海绵质髓与木质部结合

侧芽四棱状圆锥形，长6~7 mm，棕色，被星状毛

树高2 m，一年生枝灰褐色，被稀疏星状毛

宿存聚伞果序具1~3个蒴果，蒴果半球形，径4~5 mm

虎耳草科，溲疏属

——大花溲疏 *Deutzia grandiflora* Bunge

9. 空心周围的木质部淡绿色

侧芽长卵形，长2~3 mm，被星状毛

树高1 m，一年生枝褐色，无毛，皮剥落

宿存伞房状果序，蒴果扁球形，径2~3 mm

虎耳草科，溲疏属

——东北溲疏 *Deutzia amurensis*（regel）Airy–Shaw

7. 实心髓

8. 侧芽单生或2~3个并生

9. 海绵质髓，粗，淡褐色

树皮红灰色，一年生枝紫灰褐色，幼枝绿色

忍冬科，接骨木属

——东北接骨木 *Sambucus mandshurica* Kitag

9. 海绵质髓，细，菱形，白色

芽鳞6~14片，背面无棱，无毛或先端两面有缘毛

侧芽3个并生或单生，主芽三角状卵形，先端尖，紫褐色

一年生枝黄褐色或灰褐色，无毛

散生褐色小皮孔，常有宿存的黑色干燥核果

蔷薇科，鸡麻属

——鸡麻 *Rhodotypos scandens*（Thunb）Makino

8.侧芽单生

9.老枝具明显六棱

树高3m，树皮深灰色

一年生枝紫红色或灰白色，有光泽，几无毛，枝节部膨大

叶痕处有残存囊状叶柄包围侧芽，叶痕U形，侧芽小，顶端有毛

忍冬科，六道木属

——六道木（双花六道木） *Abelia biflora* Turcz

9.老枝不具明显六棱

10.髓淡褐色

树高3m，树皮灰褐色，老枝灰褐色，枝皮剥裂

一年生枝径1mm，紫褐色，密被灰白色粗毛，皮孔不明显，无顶芽

侧芽三角状卵形，长2mm，紫红色，具缘毛，与枝开展呈40°角

宿存瘦果状核果，2个合生，纺锤形，密被黄褐色长刚毛

忍冬科，蝟实属

——蝟实 *Kolkwitzia amabilis* Graebn

10.髓白色

11.一年生枝及果梗无毛

褐色，枝皮剥裂，髓圆形，白色

叶痕倒三角形，宿存蒴果的萼片无毛，果径约4mm

虎耳草科，山梅花属

——北京山梅花（太平花）*Philadelphus pekinensis* Rupr

11.一年生枝及果梗被长毛

果径约7mm，其余与太平花同

虎耳草科，山梅花属

——东北山梅花 *Philadelphus schrenkii* Rupr

5.叶迹5个

叶痕半圆形，叶迹5个

树高3m，树皮薄，紫红色

一年生枝淡灰褐色，有纯棱，无毛，皮孔细小而密

侧芽扁宽卵形，长 3~4 mm，紫红色，芽鳞 1 片，风帽状

芽开张角度呈 30°

省沽油科，省沽油属

——省沽油 *Staphylea bumalda* DC

2. 叶痕互生

3. 叶痕 2 列互生

4. 有顶芽

叶迹 3 个

树高 1 m，剥裂

一年生枝 1~1.5 mm，深褐色，有纵棱，无毛，皮孔不明显

二年生枝灰色，剥裂，髓粗，圆形，白色

叶痕微隆起，淡黄色，下部外围红褐色

顶芽披针形或窄圆锥形，长 9~10 mm，先端尖，黄色，无毛

侧芽略小，披针形，长 7~10 mm，微内曲，微具短缘毛

虎耳草科，茶藨子属

——北方茶藨子（尖叶茶藨子）*Ribes maximowiczianum* Kom

4. 无顶芽

5. 叶迹 3 个，叶迹 3 组或多数

6. 叶迹 3 个

7. 一年生枝绿色，有细棱

树高 1~3 m，树皮灰绿色，树枝绿色

叶痕 U 形，有时叶柄基部宿存，叶迹 3 个

无顶芽，枝顶端常枯死

侧芽单生或 3 个并生，纺锤状长圆形，先端钝，暗紫红色，无毛

蔷薇科，棣棠花属

——棣棠花 *Kerria japonica*（L，）DC

7. 一年生枝非绿色，无细棱

树高 4 m，树皮灰褐色，枝条成弓形弯曲

一年生枝径 1~2 mm，紫红色或红褐色，无毛，有光泽

表皮白色薄膜状，皮孔细小，叶痕新月形，托叶痕及叶迹不明显

侧芽卵形，先端圆，芽内密生黄白色长毛，外露，梨果球形，红色

蔷薇科，枸子木属

——水枸子 *Cotoneaster multiflorus* Bunge

6.叶迹 3 组，3 个至 3 组或多数

  7.叶迹 3 组

    髓心淡褐色，顶芽缺

    树高 2.5 m，树皮紫灰色，一年生枝细弱，径 1~2 mm，紫红色

    老枝黄褐色，枝皮剥裂，髓疏圆形，淡褐色，叶痕倒三角形，隆起

    有假顶芽，卵形，与侧芽等大，紫红色，无毛

    宿存蓇葖果，近球形，被柔毛

        蔷薇科，野珠兰属

           ——小野珠兰（小米空木）*Stephanandra incisa*（Thunb）Zabel

  7.3 个至 3 组，3 组至多数

   8.叶迹 3 个至 3 组

    芽较小

    芽卵形或宽卵形，长 2~4 mm，紫红色，无毛或疏被柔毛

    树高 1~3 m，树皮浅灰色，一年生枝 1~2 mm，灰黄色，被子短柔毛

    疏生圆形皮孔，二年生枝深灰色

    芽卵形或宽卵形，紫红色无毛或疏短柔毛

    宿存雄花序短圆柱形，长不足 1 cm

       桦木科，虎榛子属

          ——虎榛子 *Ostryopsis davidiana* Decae

   8.叶迹 3 组至多数

    9.一年生枝灰紫色，被灰色短柔毛

     树皮黄灰色，茎常弯曲，枝开张角度大

     顶芽缺，假顶芽较大，长 3~5 mm，球形或卵圆形，稍扁，无毛

     髓心四边形，褐色

     叶痕半圆形，极隆起

       桦木科，榛属

         ——榛（平榛子）*Corylus heterophylla* Fisch et Trautv

    9.一年生枝灰黄色，疏具白色长柔毛

     树皮暗灰色，茎常直立，枝开张角度小

     顶芽缺，假顶芽较大，长 4~8 mm，芽卵形，黄褐色，密被灰白色柔毛

     髓心四边形，黄褐色

     叶痕倒三角形，极隆起

       桦木科，榛属

　　　　——毛榛子 *Corylus mandshurica* Maxim

3. 叶痕螺旋状互生

　4. 有顶芽

　　5. 叶迹 1 个

　　　6. 叶痕 5 个轮生于枝顶

　　　　树高 1~2 m，枝条轮生

　　　　一年生枝有腺毛，后渐脱落，淡棕色，二年生枝灰色，无毛

　　　　顶芽发达，侧芽单生，蒴果炬圆状卵形，褐色，具腺毛

　　　　　　杜鹃花科，杜鹃花属

　　　　　　　——大字香（达子香）*Rhdodendron schlippenbachii* Maxim

　　　6. 叶痕非 5 个轮生于枝顶

　　　　7. 叶痕互生于枝径上

　　　　　树高 1.5 m，多分枝，枝皮淡灰色至暗灰色，剥裂

　　　　　一年生枝细长，黄褐色带绿色，有腺鳞，无毛，疏生鳞片

　　　　　顶芽发达，花芽卵状圆锥形，先端凸尖，长 10~15 mm，红褐色，无毛

　　　　　叶芽稍小，侧芽极小或缺，蒴果圆柱形，暗褐色，有密鳞片

　　　　　　　杜鹃花科，杜鹃花属

　　　　　　　　——映山红（迎红杜鹃）*Rhdodendron mucronulatum* Turcz

　　　　7. 叶痕互生于枝顶端

　　　　　树高 1~2 m，一年生枝条较细，枝具褐色鳞片

　　　　　叶互生于枝顶，促进倒披针形，顶端钝尖，向下渐狭

　　　　　叶面稍有鳞片，叶背面密生淡棕色鳞片，顶生密总状花序宿存

　　　　　蒴果炬圆形

　　　　　　　杜鹃花科，杜鹃花属

　　　　　　　　——照白杜鹃（照山白）*Rhdodendron micranthum* Turcz

　　5. 叶迹 3 个或 3~5 个

　　　6. 叶迹 3 个

　　　　7. 树皮紫红色或红褐色

　　　　　8. 侧芽单生

　　　　　　高达 2 m，小枝圆柱形，无毛，幼时红紫色，老时暗褐色

　　　　　　冬芽卵形，先端圆钝，无毛或近于无毛，紫红色

　　　　　　叶痕倒三角状新月形

　　　　　　宿存蒴果倒圆锥形，具 5 脊棱，5 室，无毛

蔷薇科，白鹃梅属

——榆叶白鹃梅（齿叶白鹃梅）*Exochorda serratifolia* S. Moore

8. 侧芽 2~3 个并生

9. 假顶芽卵形，一年生枝紫红色，无毛，表皮剥裂，疏具黄白色小皮孔

宿存托叶不裂或少裂，叶痕两侧和中央各有 1 条下延纵棱

蔷薇科，李属（樱属）

——榆叶梅 *Prunus triloba* Lindl

9. 假顶芽长卵形或圆锥形

一年生枝红褐色，密被绒毛，有纵裂纹，皮孔不明显

宿存托叶呈多裂状，叶痕无下延纵棱

蔷薇科，李属（樱属）

——毛樱桃 *Prunus tomentosa* Thunb（*P tomentosa*）Thunb Wall

7. 树皮灰褐色

8. 托叶宿存，合生，叶座伸长成鞘状

小灌木，高 1.5 m

一年生枝红褐色或灰褐色，被丝状柔毛，枝皮剥裂

基部有宿存芽鳞，叶座伸长 3~4 mm

叶痕小，下方有明显三纵棱，托叶长 5 mm

侧芽单生，圆柱形，被白色长柔毛，髓褐色

蔷薇科，金老梅属（委陵菜属）

——金老梅（金露梅）*Potentilla fruticosa* L

8. 托叶不宿存

9. 一年生枝无毛或微被短柔毛

树高 2 m，树皮灰色

一年生枝叶痕两侧有下延纵棱，灰黄色或褐色，无毛，或微被短柔毛

二年生枝灰褐色，枝皮剥裂

顶芽短圆锥形或卵形，长 6~8 mm

侧芽先端尖，黄白色间紫色，被黄白色柔软毛

虎耳草科，茶藨子属

——东北茶藨子 *Ribes mandshuricum*（Maxim）Kom

9. 一年生枝被白色短柔毛

树高 1~2 m，树皮紫灰色

一年生枝棕色，或红褐色，被白色短柔毛

二年生枝灰色，被白色短柔毛，枝皮不规则条状剥裂

顶芽卵形，长 3~5 mm，褐色，叶痕褐色，稍隆起

侧芽三角状卵形，略扁，内曲，具凸尖头，背部有纵脊，具缘毛

内部芽鳞桃红色

虎耳草科，茶藨子属

——香茶藨子 *Ribes odoratum* Wendl

6. 叶迹 3~5 个

7. 树高 3 m

一年生枝稍弯曲，叶痕下面有明显三纵棱，无毛

侧芽单生，卵形，内弯，贴枝，宿存蓇葖果常膨大，卵形

蔷薇科，风箱果属

——风箱果（托盘幌子）*Physocarpus amurensis*（Maxim）Maxim

7. 树高 1~2 m

8. 一年生枝淡栗褐色

树高 1~2 m，树皮黄白色，条状剥裂

一年生枝不弯曲，淡栗褐色，叶痕下面有明显三纵棱，无毛

二年生枝灰褐色，枝皮薄片状剥裂

侧芽单生，长卵状圆锥形，不内弯，不贴枝，宿存蓇葖果膨大，卵形

蔷薇科，风箱果属

——金叶风箱果 *Physocarpus opulifolium* var luteus

8. 一年生枝暗紫红色

树高 1~2 m，树皮灰褐色，枝皮条状剥裂

一年生枝弯曲，暗紫红色，叶痕下面有明显三纵棱，无毛

二年生枝灰紫色，枝皮条状剥裂

侧芽单生，扁卵状圆锥形，内弯，贴枝，宿存蓇葖果膨大，卵形

蔷薇科，风箱果属

——紫叶风箱果 *Physocarpus opulifolium* 'Summer Wine'

4. 无顶芽

5. 叶迹 1 个

6. 叶迹 1 个，一点状或"一"字形

7. 髓白色

8. 矮小灌木，株高 0.4~0.6 m，冠幅 0.7~0.8 m

新梢顶端宿存枯叶暗红色，宿存蓇葖果直立，褐色，无毛

蔷薇科，绣线菊属

——金焰绣线菊 *Spiraea* x *bumalda* cv. Coldfiame

8. 灌木，株高 1.0~3.0 m

  9. 树高 1~3 m，枝细

    一年生枝 1~2 mm，干稻秆色或灰黄色，有角棱，无毛

    二年生枝淡褐色

    叶芽淡褐色，无毛，芽鳞 2 片，对生，上边 1 片露出

    花芽簇生于叶腋

      大戟科，叶底珠属

        ——叶底珠（狗杏条）*Securinega suffruticosa*（Pall）Rehd

  9. 树高 1.5 m，一年生枝具细棱，紫黑色，初被毛，后脱落

    二年生枝灰紫色，枝皮易剥裂

    花芽卵形，长 1 mm，棕色，无毛，叶芽极小

    宿存蓇葖果无毛，萼片直立或反曲

      蔷薇科，绣线菊属

        ——珍珠绣线菊（珍珠花）*Spiraea thunbergii* Sieb et Blume

7. 髓淡褐色或水红色

 8. 髓淡褐色

  9. 芽鳞 2 片

    树高 2 m，一年生枝具纵棱，暗红色或灰紫色，无毛，花枝有被短柔毛

    侧芽单生，圆锥形，长 2~4 mm，先端扭曲，贴枝，棕色，无毛

    宿存蓇葖果直立，合成圆筒形，密被短绒毛，萼片直立

      蔷薇科，绣线菊属

        ——毛果绣线菊 *Spiraea trichocarpa* Nakai

  9. 芽鳞 20 片

    树高 1~2 m，一年生枝具棱，灰紫色，被短柔毛，枝皮易剥裂，内皮白色

    侧芽单生，圆锥形，先端尖，贴枝

    芽鳞披针形，20 片以上，密被短毛，褐色

    宿存蓇葖果直立，无毛或沿腹缝线有短毛，萼片反曲

      蔷薇科，绣线菊属

        ——柳叶绣线菊（绣线菊）*Spiraea salicifolia* L

 8. 髓水红色

  灌木，树高 1.5 m

灌木株高侧芽卵状圆锥形，芽鳞卵状披针形，3~10 片，无毛或被疏毛

红褐色或黄褐色，宿存蓇葖果无毛或沿腹缝线被柔毛，萼片直立

蔷薇科，绣线菊属

——日本绣线菊（粉花绣线菊）*Spiraea japonica* L.F

6. 叶迹 1 个，C 形或半圆形

7. 叶迹 1 个，C 形

灌木或小乔木

树高 2~4 m，树皮灰白色、老树皮浅纵裂

一年生枝有的"之"字形曲折，淡褐色

无毛，疏生皮孔，叶痕半圆形，稍隆起，均质髓，质硬，深绿色

侧芽单生或 2~3 个并生，卵圆形，先端纯圆，褐色，无毛

山矾科，山矾属

——白檀山矾（灰木）*Symplocos paniculata*（Thunb）

7. 叶迹 1 个，半圆形

灌木或小乔木，树高 3~4 m，树皮灰白色，平滑不裂，枝开展而密生

叶宿存，革质而坚硬，有光泽，矩圆形，长 4~8 cm，顶端扩大

有 3 枚坚硬刺齿，中间 1 枚背向弯曲，基部两侧各有 1~2 枚刺齿

一年生枝淡黄色，光滑无毛，从叶痕下延 3 条沟状纵棱

二年生枝淡灰黄色，具网状浅裂纹

无顶芽，侧芽小，近球形，单生，多数为 2~3 个并生或叠生

海绵质髓，淡土红黄色

冬青科，冬青属

——构骨 *Ilex cornuta* Lindl

5. 叶迹 3 个

6. 髓白色

7. 宿存荚果弯角状

树高 4 m，树皮暗灰色，平滑，一年生枝灰绿色或灰褐色

有棱线，幼时密被短柔毛

有凸起的锈色皮孔，枝稍端常枯死，侧芽 2 个叠生，灰褐色，被短柔毛

常宿存弯角状小荚果，内有种 1 粒

豆科，蝶形花亚科，紫穗槐属

——紫穗槐（棉槐）*Amorpha fruticosa* L

7. 宿存荚果非弯角状

8. 宿存荚果圆筒形，种子多数

树高 1 m，树皮灰褐色，一年生枝纤细，呈"之"字形曲折，有细纵棱

灰绿色或绿褐色，被白色"丁"字毛，有灰白色蜡质层及黑点状皮孔

侧芽单生或 3 个并生，卵形

荚果圆筒形，先端狭尖，褐色至赤褐色，光滑

长 3.5~7.0 cm，种子多数

豆科，槐蓝属

——花木蓝（樊梨花）*Indigofera Kirilowii* Maxim et Palibin

8. 宿存荚果扁平，种子 1 个

侧芽 2~3 个并生或单生，芽均无柄，宿存荚果萼下部果梗无关节

一年生枝淡黄色或灰黄色，无丁字毛，无毛或有短柔毛

海绵质髓白色，托叶宿存或脱落，宿存托叶时，凿形

荚果斜卵形，扁平，先端有尖，两面微凸，脉络明显，密被柔毛

长 0.5~0.7 cm，种子 1 个

豆科，胡枝子属

——胡枝子 *Lespedeza bicolor* Turcz

6. 髓淡褐色

树高 2 m，枝梢常枯死

小枝红褐色或黄褐色，无毛或有短柔毛，叶迹 3 点状

侧芽单生，卵形，先端纯，紫褐色，无毛或顶端微有毛

蔷薇科，珍珠梅属

——珍珠梅 *Sorbaria sorbifolia*（L）A Br

三、木质藤本

1. 叶痕对生

2. 枝条节部有气生根

3. 叶迹 1 组，C 形

一年生枝径 3~5 mm，淡黄色，无毛，海绵质髓，白色

叶痕半圆形，长 5~8 mm

无顶芽，侧芽单生，宽卵形，长 2 mm，无毛

紫葳科，凌霄属

——凌霄 *Campsis grandiflora*（Thunb）Loisel

3. 叶迹 3 个

空心髓，枝条节部有气生根

茎皮灰白色，条状剥裂

一年生枝径 2~3 mm，棕色，幼时密生柔毛和腺毛

二年生枝暗棕色，叶痕 V 形，叶痕间有连接线

侧芽卵状圆锥形，长 3~4 mm，被隆起的叶座所掩盖

宿存浆果球形，黑色

　　　　　　忍冬科，忍冬属

　　　　　　　——忍冬（金银花）*Lonicera japonica* Thunb

2. 枝条节部无气生根

　3. 叶迹 1 个、实心髓

　　一年、二年生枝径 2~3 mm，灰绿色至红褐色，无毛，散生圆形皮孔

　　叶痕半圆形，隆起极高，叶痕间有连接线痕

　　顶芽缺，侧芽有小，为宿存的叶柄基部所遮蔽

　　　　　　萝藦科，杠柳属

　　　　　　　——杠柳 *Periploca sepium* Bunge

1. 叶痕互生

　2. 茎和小枝具有卷须

　　3. 卷须先端无吸盘，不具结节状短枝

　　　4. 叶迹多数，海绵质髓，褐色，节部具横隔，一年生枝皮孔不明显

　　　　藤长达 15 m，树皮红褐色，条状剥裂，一年生枝径 3~4 mm，具细棱

　　　　红褐色或黄棕色，无毛或微被白色柔毛

　　　　卷须长 10 cm，分枝，叶痕半圆形，整齐

　　　　叶迹多数，排成 C 形或环形

　　　　侧芽卵状圆锥形，长 2.5~4.0 mm，褐色，先端纯尖，被锈色柔毛

　　　　　　　葡萄科，葡萄属

　　　　　　　　——山葡萄 *Vitis amurensis* Rupr

　　　4. 叶迹 5 个，薄膜质髓，白色，局部为分隔髓，一年生枝皮孔明显

　　　　藤长 10 m，树皮粗糙、灰褐色，一年生枝粗壮，径 4~6 mm，具细纵棱

　　　　淡褐色或黄棕色，无毛或微有毛，具锈色圆形隆起皮孔

　　　　叶痕三角状卵圆形，淡黄色，边缘褐色

　　　　芽隐于皮层下，3~4 个或更多个叠生，上面的为主芽

　　　　　　　葡萄科，蛇葡萄属。

　　　　　　　　——蛇葡萄（蛇白蔹）*Ampelopsis brevipedunculata*（Maxim）Trautv

　　3. 卷须先端具吸盘，具结节状短枝

4.一年生枝无毛

    树皮暗褐色，卷须长 1~5 cm，5~7 分枝

    一年生枝灰褐色或红褐色，具椭圆形皮孔

    二年生枝粗壮，表皮有菱形裂纹，具气生根，叶痕近圆形，淡黄色

    叶迹多数，排成环形，侧芽卵状圆锥形，长 1~3 mm，褐色

        葡萄科，爬山虎属

            ——爬山虎（爬墙虎）*Parthenocissus tricuspidata*（Siep et Zucc）Planch

4.一年生枝被刚毛

    树皮红褐色，小枝带红色，卷须与叶对生，5~8 分枝

        葡萄科，爬山虎属

            ——五叶地锦 *Parthenocissus quinquefolia*（L）Planch

2.茎和小枝不具有卷须，缠绕藤本

 3.叶迹 1 个，C 形或 U 形

  4.叶迹 C 形

   5.芽隐于皮层下或半隐芽或全隐芽，叶迹 1 个，C 形

    6.海绵质髓，白色，侧牙为半隐芽

      一年生枝紫褐色，无毛，散生长圆形皮孔

      无顶芽，侧芽大部分隐藏在叶痕隆起的皮层里仅露出芽的上部

        猕猴桃科，猕猴桃属

            ——葛枣猕猴桃 *Actinidia polygama*（Sieb et Zucc）Maxim

    6.分隔髓，黄褐色或褐色，侧芽为全隐芽

     7.分隔髓黄褐色

       一年生枝灰色或淡灰色，嫩时有灰白色绒毛，老时无毛

       无顶芽，侧芽全部隐藏在叶痕隆起的皮层里，不露出

        猕猴桃科，猕猴桃属

            ——软枣猕猴桃 *Actinidia arguta*（Sieb et Zucc）Planch

     7.分隔髓褐色，一年生枝红褐色，其余特性同软枣猕猴桃

        猕猴桃科，猕猴桃属

            ——狗枣猕猴桃 *Actinidia kolomikta*（Rupr et Maxim）Maxim

   5.芽不隐于皮层下，明显

    6.芽鳞呈钩刺状，实心髓，五角形，淡绿色

      藤长 8 m，树皮褐色，粗糙有皱纹

      一年生枝细，径 1.0~2.5 mm，无棱，褐色

二年生枝灰褐色，叶痕椭圆形、长 1.5 mm

无顶芽，侧芽宽卵形，无毛

长 1.0~1.5 mm，最外 1 对芽鳞成钩刺状，侧芽与枝开张呈 90° 角

　　　卫矛科，南蛇藤属

　　　　　——刺苞南蛇藤 *Celastus flagellaris* Rupr

　6. 芽鳞不呈钩刺状，海绵质髓，圆形，白色

　　一年生枝粗，径 2~7 mm，无棱，灰褐色或灰紫色

　　密生淡褐色小皮孔

　　叶痕半圆形，长 3 mm

　　无顶芽，侧芽近球形，长 2~3 mm，栗棕色，无毛，开张呈 70° 角

　　　　卫矛科，南蛇藤属

　　　　　——南蛇藤 *Celastus orbiculatus* Thunb

　4. 叶迹 U 形

　　一年生枝径 2~3 mm，红褐色至黄色，无毛，具长圆形暗红色疣状皮孔

　　二年生枝深褐色，髓淡褐色，叶痕半圆形，长 2 mm

　　顶芽缺，侧芽圆锥形，长 2~4 mm，红褐色，无毛，开张角度为 45°~60°

　　　　卫矛科，雷公藤属

　　　　　——东北雷公藤 *Tripterygium regeli* Sprague et Tak

3. 叶迹 3 个或 3 组

　4. 叶迹 3 个，无顶芽

　　5. 叶痕两侧各具角状凸起 1 个

　　　大藤本，藤长 15 m，径达 20 cm，树皮灰褐色，平滑或浅裂

　　　一年生枝灰绿色至灰褐色，被短毛或无毛，叶痕半圆形，隆起

　　　侧芽单生，卵形或卵状圆锥形，长 5~8 mm，褐色

　　　残存荚果，长 10~15 cm，灰绿色，密被灰白色绒毛

　　　　　豆科，紫藤属

　　　　　　——紫藤 *Wisteria sinansis* Sweet

　　5. 叶痕两侧无角状凸起

　　　6. 木质部淡绿色，小枝折断有香气

　　　　一年生枝径 1.5~3.0 mm，微具棱，灰褐色，无毛，散生圆形隆起皮孔

　　　　叶痕半圆形或近圆形 2.0~2.5 mm，叶迹集中排在中上部

　　　　侧芽并生或单生，卵形，长 3 mm，红褐色，无毛或具少许缘毛

　　　　　　木兰科，五味子属

————北五味子 *Schisandra chinensis*（Turcz）Baill

6.木质部非淡绿色，有射线，小枝折断有特殊气味

　　一年生枝径 3~5 mm，圆柱形，黑紫色，微有短毛

　　具灰黄色长圆形皮孔

　　叶痕 V 形或马蹄掌形，叶迹分散排列在中间和两端

　　侧芽 2~3 个叠生，上面芽腋生，下面芽为柄下芽，半球形

　　芽鳞不明显，密被白色柔毛

　　　　马兜铃科，马兜铃属

　　　　　　————木通马兜铃 *Aristolochia mandshuriensis* Kom

4.叶迹 3 组

5.叶痕两侧各具明显凸起的圆形托叶痕 1 个

　　藤本，常有肥大块根，茎右旋缠绕

　　一年生枝灰绿色至灰棕色，有刚毛

　　二年生枝深灰色，韧皮纤维发达

　　叶痕扁圆形或倒三角形，托叶痕较大

　　侧芽单生或并生，卵形或宽卵形，长 3 mm，淡黄色，开张角度 30°

　　荚果条形，长 5~10 cm，扁平，先端短渐尖，密生褐色长硬毛

　　　　豆科，葛藤属

　　　　　　————葛藤 *Pueraria lobata*（Willd）Ohwi

5.叶痕两侧具无托叶痕

　　侧芽叠生或间有单生，无毛或微有毛，不密被长毛

　　叶痕圆形或椭圆形

　　一年生枝径 2~3 mm，无毛或被黄白色柔毛，叶迹 5~7 个，排成 3 组

　　　　防己科，蝙蝠葛属

　　　　　　————蝙蝠葛（山豆根）*Menispermum dauricum* DC

中文名索引

拉丁文名索引

参考文献

［1］许成文.沈阳树木冬态［M］.北京：科学出版社，1957.

［2］任宪威.中国落叶树木冬态［M］.北京：中国林业出版社，1990.

［3］刘慎谔.东北植物检索表［M］.北京：科学出版社，1959.

［4］郑万钧.中国树木志［M］.北京：中国林业出版社，1985.

［5］李延生.辽宁树木志［M］.北京：中国林业出版社，1990.

［6］周以良.黑龙江树木志［M］.哈尔滨：黑龙江科学技术出版社，1986.

［7］孙立元.河北树木志［M］.北京：中国林业出版社，1997.

［8］黑龙江野生经济植物图志［M］.哈尔滨：黑龙江人民出版社，1963.

［9］赵大昌.长白山木本植物冬态图谱［M］.沈阳：沈阳出版社，2011.